全国水利行业精品规划教材　高职高专水利水电类

中国水利教育协会策划组织

建筑材料

（第3版·修订本）

主　编　武桂芝　朱英明　孟祥礼

副主编　石玉东　胡朝仲　芈书贞

仇　军　路文丽　王　超

周　琼

主　审　刘道南

黄河水利出版社

·郑州·

内 容 提 要

本书是全国水利行业精品规划教材，是根据中国水利教育协会职业技术教育分会高等职业教育教学研究会组织制定的建筑材料课程教学标准编写的。全书共十个项目，系统介绍了水利工程常用建筑材料的原料及生产工艺、技术性能、应用、性能试验等基本理论及应用技术，主要内容包括：建筑材料的基本性质、气硬性胶凝材料、水泥、混凝土、砂浆、砌体材料、建筑钢材、防水材料、木材、其他种类建筑材料等。本书每个项目均有学习指导、工程实例分析和小结。本书还配套《建筑材料实训指导（第3版）》（孟祥礼等主编，黄河水利出版社出版），材料检测部分介绍了各种建筑材料实验的一般规定、实验目的、实验方法，并附有实验报告，是学生上实验课的得力助手；习题部分包括名词解释、填空、判断、简答、计算、工程案例分析，可以帮助学生对课本知识进行系统复习掌握。

本书可作为高职高专院校水利水电建筑工程、水利水电工程技术、建筑工程技术、市政工程、水利工程等专业的教材，也可供土木建筑类其他专业、中等职业学校相应专业的师生及相关工程技术人员学习参考。

图书在版编目（CIP）数据

建筑材料/武桂芝，朱英明，孟祥礼主编．—3版．—郑州：黄河水利出版社，2021.5 （2024.2 修订本重印）
全国水利行业精品规划教材
ISBN 978-7-5509-2901-2

Ⅰ.①建… Ⅱ.①武… ②朱… ③孟… Ⅲ.①建筑材料-高等职业教育-教材 Ⅳ.①TU5

中国版本图书馆 CIP 数据核字（2021）第 017209 号

组稿编辑：王路平 电话：0371-66022212 E-mail：hhslwlp@163.com
陈俊克 0371-66026749 hhslcjk@126.com

出 版 社：黄河水利出版社 网址：www.yrcp.com
地址：河南省郑州市顺河路黄委会综合楼14层 邮政编码：450003
发行单位：黄河水利出版社
发行部电话：0371-66026940、66020550、66028024、66022620（传真）
E-mail：hhslcbs@126.com
承印单位：河南育翼鑫印务有限公司
开本：787 mm×1 092 mm 1/16
印张：13.5
字数：310千字 印数：16 001—20 000
版次：2009年8月第1版 2021年5月第3版 印次：2024年2月第5次印刷
2016年1月第2版 2023年8月修订本

定价：40.00元

第 3 版前言

本书是贯彻落实《国家职业教育改革实施方案》(国发〔2019〕4 号)、《国务院关于加快发展现代职业教育的决定》(国发〔2014〕19 号)和《水利部 教育部关于进一步推进水利职业教育改革发展的意见》(水人事〔2013〕121 号)等文件精神,依据教育部印发的《高等职业学校专业教学标准(试行)》中关于课程的教学要求,在中国水利教育协会指导下,由中国水利教育协会职业技术教育分会高等职业教育教学研究会组织编写的第四轮水利水电类专业规划教材。第四轮教材以学生能力培养为主线,体现出实用性、实践性、创新性的教材特色,是一套理论联系实际、教学面向生产的高职教育精品规划教材。

为了不断提高教材质量,编者于 2023 年 8 月,根据近年来国家及行业最新颁布的规范、标准、规定等,以及在教学实践中发现的问题和错误,对全书进行了修订完善。本次修订补充了课程思政内容,将党的二十大精神融入教学实践中。

本书第 1 版、第 2 版于 2009 年、2016 年出版以来,因其通俗易懂,全面系统,应用性知识突出,实用性强等特点,受到全国高职高专院校水利类专业师生及广大水利从业人员的喜爱。第 3 版教材编写的指导思想是结合高等职业技术教育人才培养模式的改革,不仅培养学生掌握有关的专业知识,更注重学生基本技能的培养,所以本书继续配套出版《建筑材料实训指导(第 3 版)》;为引导学生理论联系实际,培养分析问题、解决问题的能力,主要项目均有工程实例分析;为使学生在学习时目标明确,每个项目的开头均有学习指导,指出了教学大纲所要求的教学目标;项目结尾对本项目的主要内容做了总结。每一项目在配套教材《建筑材料实训指导(第 3 版)》里设置了类型多样的习题,以方便学生对所学知识的进一步理解和巩固。本书的编写采用了国家及行业最新的标准、规范,并简要介绍了新材料、新技术的发展趋势。各专业可根据自身的教学目标及教学时数,对教材内容进行取舍。

本书编写人员与编写分工如下:河南水利与环境职业学院武桂芝编写绪论,项目一;云南水利水电职业学院胡朝仲编写项目二;河南水利与环境职业学院芈书贞编写项目三、项目八;辽宁生态工程职业学院石玉东、孟祥礼编写项目四任务一、任务二、任务三;河南水利与环境职业学院周琼编写项目四任务四、任务五、任务六;安徽水利水电职业技术学院朱英明编写项目五,项目六;河南水利与环境职业学院王超编写项目七;大理农林职业技术学院路文丽编写项目九;福建水利电力职业技术学院仇军编写项目十。本书由武桂芝、朱英明、孟祥礼担任主编,武桂芝负责全书统稿;由石玉东、胡朝仲、芈书贞、仇军、路文丽、王超、周琼担任副主编;由江西水利职业学院刘道南担任主审。

本书在编写过程中得到了黄河水利出版社、河南水利与环境职业学院等单位的大力支持,在此一并表示感谢!

由于建筑工程材料品种繁多,新材料发展快,且各行业技术标准不完全一致,又限于编者水平,书中难免存在不妥之处,望广大师生、读者提出宝贵意见。

编　者
2023 年 8 月

目 录

绪 论

一、建筑材料的定义及分类

建筑材料是指各类建筑工程中所应用的材料及制品。它是一切工程建设的物质基础,其性能、种类、规格、使用方法是影响工程坚固、耐久、适用等工程质量的关键因素。建筑材料质量的提高和新型建筑材料的开发与应用,直接影响着国民经济的发展及人类社会文明的进步。

建筑材料种类繁多,可以从不同的角度来分门别类,其中按照化学成分的不同,可将建筑材料分为无机材料、有机材料和复合材料三大类,如表 0-1 所示。

表 0-1 建筑材料的分类

无机材料	金属材料	黑色金属	钢、铁及其合金
		有色金属	铝、铜及其合金
	非金属材料	天然石材	砂、石料及石材制品等
		烧土制品	砖、瓦、砌块、玻璃、陶瓷等
		胶凝材料	石灰、石膏、水玻璃、水泥等
有机材料	植物材料		木材、竹材、植物纤维及其制品
	沥青材料		石油沥青、煤沥青及沥青制品
	合成高分子材料		建筑塑料、合成橡胶、建筑涂料、胶粘剂
复合材料	非金属材料与非金属材料复合		水泥混凝土、砂浆等
	无机非金属材料与有机材料复合		沥青混凝土、聚合物水泥混凝土、玻璃纤维增强塑料等
	金属材料与无机非金属材料复合		钢筋混凝土、钢纤维增强混凝土
	金属材料与有机材料复合		塑钢复合型材、轻质金属夹心板、铝箔面油毡

复合材料是指两种或两种以上不同性质的材料,经加工而组合成一体的材料。复合材料有利于发挥各个组成材料的性能优势,克服单一材料的弱点,是现代材料科学发展的趋势。

二、建筑材料在工程中的地位与作用

建筑材料与建筑设计、工程施工、结构维护之间存在着相互促进、相互依存的密切关系。建筑材料是各项基本建设的重要物质基础。在各项工程的建设中,建筑材料的用量相当大,如潘家口水库混凝土用量达 3 003 万 m^3,葛洲坝水电站混凝土用量在 990 万 m^3 以上。据统计,在工程总价中,材料费所占的比例可达 50%~70%,重要工程可达 70%~80%。建筑材料的品种、规格、性能及质量,对建筑结构的形式、使用年限、施工方法和工程造价都有着直接的影响。建筑工程中许多技术问题的突破,往往依赖于建筑材料问题的解决,而新的建筑材料的出现,往往会促进结构设计及施工技术的革新和发展。因此,加强建筑材料的研究,提高建筑材料生产和应用的技术水平,对于合理利用各种有限的自然资源,改善建筑物的使用功能,提高建筑工程施工的工业化和机械化水平,加快工程建设速度,降低工程造价,从而促进我国社会经济的发展,具有十分重要的意义。

三、建筑材料的发展

建筑材料的发展是人类社会发展的一个重要方面。古代人类就会利用天然材料搭建一些非常简陋的房屋,到封建社会,“秦砖汉瓦”和石灰、石膏的烧制,使建筑材料由天然材料进入人工生产阶段。进入 18、19 世纪,工业革命兴起,促进了工商业和交通运输业的蓬勃发展,原有的建筑材料已不能满足社会的需要,在其他科学技术的推动下,建筑材料进入了一个新的发展时期,钢铁、水泥和混凝土这些具有优良性能的无机材料相继问世,为现代建筑奠定了基础。进入 20 世纪,社会生产力的提高、科学研究的发展以及高新技术的应用,尤其是材料科学与工程技术学的形成与发展,使无机材料的性能和质量不断改善,品种不断增加,以有机材料为主的化学建筑材料更是异军突起,高性能和多功能的新型建筑材料也有了长足的发展,建筑材料轻质、高强、多功效的性能更加突出。

改革开放以来,我国的建筑材料有了很大的发展,从而也促进了建筑技术的进步。例如,以水泥混凝土为基础发展起来的泵送混凝土成功地应用在上海南浦大桥和广州白天鹅宾馆这类高层建筑的施工中;喷射混凝土、防水混凝土在地下工程的施工中得到了推广应用;碾压混凝土已成为坝工建设的热门材料,有取代传统塑性混凝土柱状浇筑的趋势。高强混凝土、高性能混凝土的研究和逐步推广应用,将成为 21 世纪混凝土科学研究与应用的热点。

随着社会的发展,人类对建筑工程的功能要求越来越高,从而对所使用建筑材料的性能要求也越来越高。轻质、高强、耐久、高效、方便施工、优良的综合性能是未来建筑材料发展的基本方向。今后,随着人们环境保护与可持续发展意识的增强,保护环境、节约能源、合理开发和综合利用自然资源、尽量利用工业废料,也是建筑业发展的一种趋势。

四、建筑材料的检验与技术标准

(一)建筑材料的检验

在工程施工中,应对所用建筑材料进行合格性检查,这是保证工程质量的最基本环节。根据有关规定,无出厂合格证明或没有按规定复试的原材料,不得用于工程施工;在施工现场配制的材料,均应在实验室确定配合比,并在现场抽样检验。各项建筑材料的检验结果是工程施工及工程质量验收必备的技术依据。因此,在工程的整个施工过程中,始终贯穿着材料的检验工作，它是一项经常化的、责任性很强的工作，也是控制工程施工质量的重要手段之一。建筑材料的验收及检验，均应以产品标准及有关的规范、规程、技术要求为依据。

（二）建筑材料的技术标准体系

技术标准是人们从事产品生产、工程设计、科学研究及商品流通等工作所必须共同遵守的技术依据。建筑材料的技术标准（又称规范）通常包括原料、材料及产品的质量、规格、等级、性质要求，以及检验方法、生产与设计的技术规定等内容。

1. 技术标准的分类

根据发布单位与适用范围，技术标准可分为国家标准、行业标准、地方标准和企业标准四类。

1）国家标准（GB）

国家标准是需要在全国范围内统一的技术要求，是国内的最高标准。

2）行业标准

行业标准是全国性的某行业范围内的技术标准。例如，JG 表示建工行业标准、SL 表示水利行业标准、SD 表示水电行业标准等。当国家有相应标准颁布实施时，该项行业标准即废止。

3）地方标准（DB）

地方标准是在没有国家标准和行业标准的情况下而又需要在省、自治区、直辖市范围内统一的技术标准。在公布国家标准或行业标准之后，该地方标准即应废止。

4）企业标准（QB）

当企业生产的产品没有国家标准和行业标准依据时，企业应当制定企业标准，以作为组织生产的依据。已有国家标准或行业标准的，国家鼓励企业制定严于国家标准或行业标准的企业标准，在企业内部使用。

2. 技术标准的表示方法

技术标准的表示形式中，通常包括标准的代号、编号和内容名称三个部分。例如，通用硅酸盐水泥的技术标准可表示为：《通用硅酸盐水泥》（GB 175—2007）。其中，GB 为标准代号，即标准的类型；175—2007 为标准编号，包括顺序号 175 和颁布或修改的年份 2007，均用阿拉伯数字表示；通用硅酸盐水泥为标准名称，即标准的内容。另外，地方标准的编号，需要顺序前加行政区号；企业标准的编号，需要顺序前加企业代号。

按照我国标准法的规定，标准的法律属性可分为强制性和推荐性两种。强制性标准是国家要求对其规定的各项内容必须无条件遵照执行的标准；否则，国家将依法追究当事人的法律责任。推荐性标准是国家鼓励自愿采纳、具有指导作用而不宜强制执行的标准。但是，推荐性标准一旦经法律、法规或经济合同采纳，被引用的推荐性标准在规定的相应范围内强制执行。

表示推荐性的技术标准时，在标准代号后加字母“T”，以示与强制性标准的区分。我国国家标准及有关的几个行业标准代号示例如表 0-2 所示。

表 0-2 国家标准和行业标准代号示例

<table>
<tr><th>标准名称</th><th colspan="2">代号(汉语拼音缩写)</th><th>示例</th></tr>
<tr><td rowspan="2">国家标准</td><td colspan="2">强制性:GB</td><td>《通用硅酸盐水泥》(GB 175—2007)</td></tr>
<tr><td colspan="2">推荐性:GB/T</td><td>《混凝土强度检验评定标准》(GB/T 50107—2010)
《碳素结构钢》(GB/T 700—2006)</td></tr>
<tr><td rowspan="4">行业标准</td><td rowspan="2">住房和城乡建设部建工类</td><td>强制性:JGJ</td><td>《普通混凝土用砂、石质量及检验方法标准》(JGJ 52—2006)</td></tr>
<tr><td>推荐性:JGJ/T</td><td>《砌筑砂浆配合比设计规程》(JGJ/T 98—2010)</td></tr>
<tr><td rowspan="2">中国新型建筑材料公司</td><td>强制性:JC</td><td rowspan="2">《雷氏夹膨胀测定仪》(JC/T 962—2005)</td></tr>
<tr><td>推荐性:JC/T</td></tr>
<tr><td>地方标准</td><td colspan="2">DB</td><td>《水利工程质量检测规范》(DB41/T 1959—2020)</td></tr>
<tr><td>企业标准</td><td colspan="2">QB</td><td></td></tr>
</table>

技术标准具有时效性,只反映某一时期内的技术水平和技术要求。随着新材料、新技术、新工艺和新结构的不断涌现,技术标准也要做相应的修订和完善。目前,国内外都确定技术标准的修订周期为每5年左右一次。

3. 建筑材料检测常用的技术标准

1)产品标准

产品标准是衡量产品质量好坏的技术依据,如《通用硅酸盐水泥》(GB 175—2007)等。

2)方法标准

方法标准是以试验、检查、分析、抽样、统计、计算、测定作业等各种方法为对象制定的标准,如《水泥胶砂强度检验方法(ISO法)》(GB/T 17671—1999)及《水泥标准稠度用水量、凝结时间、安定性检验方法》(GB/T 1346—2011)等。

3)基础标准

基础标准是在一定范围内作为其他标准的基础,并普遍使用的、具有广泛指导意义的标准,如《水泥的命名原则和术语》(GB/T 4131—2014)等。

检测机构对接收的委托检测项目,应依据委托方指定的标准进行检测;对承担的见证检测项目,应依据国家标准、行业标准中的强制性标准进行检测。

五、本课程的任务

建筑材料是各工程类专业的一门重要的专业基础课,其目的是使学习者初步掌握一些主要建筑材料的基本性能和特点,在工作中能够根据工程实际条件合理选择和有效使用各种建筑材料;同时,通过本课程的学习,应掌握常用建筑材料的验收、保管、贮存和应用方面的基本知识与方法,并具有进行建筑材料试验及其质量评定的基本技能。对于建筑材料的性能,为知其然并知其所以然,还应了解材料的原料、生产、组成、工作机制等方面的一般知识。

六、本课程的特点与学习方法

在本课程的学习过程中应注意以下几点：

(1)建筑材料种类繁多，内容繁杂，在学习中要避免死记硬背，要注意理解、抓住重点，注重学好各种材料的性质与应用，以及材料的技术要求。材料的组成与结构是决定材料性质的内在因素，外界条件是影响材料性质的外在因素。不同种类的材料具有不同的性质，同类材料的不同品种则既有共性又有各自的特性，因此在学习中要注意了解内因与外因的关系，把握共性与特性的关系，抓住典型材料的一般性质，运用对比方法理解其他材料的个性，做到举一反三。

(2)重视试验，并通过实际操作和观察，加深对教材理论部分内容的理解，以达到本课程的学习目的。

项目一　建筑材料的基本性质

【学习指导】

掌握表示材料物理性质参数的含义、计算方法,材料强度的计算及影响强度的因素,材料耐久性的含义。

了解建筑材料应具备的基本技术性质及影响材料基本性质的因素。

【课程思政】

党的二十大报告强调,教育、科技、人才是全面建设社会主义现代化国家的基础性、战略性支撑。材料是土木工程的物质基础,决定着建筑物的功能性、适用性、耐久性、美观性和造价等。作为一个未来的优秀工程师,除了要有过硬的专业基础知识、深入的专业知识、高超的实践技能,更要具有高尚的道德文化修养和思想品质。为了中华民族的伟大复兴,以勤奋、踏实、严谨的作风投入到学习中去,做个有理想、有道德、有知识、有能力的"四有"新人。

任务一　材料的物理性质

材料的物理性质主要包括材料与质量、水、热有关的三个方面的性质。

一、材料与质量有关的性质

(一)材料的体积构成及含水状态

1. 材料的体积构成

块状材料在自然状态下的体积是由固体物质体积及其内部孔隙体积组成的。材料内部的孔隙按孔隙特征又分为开口孔隙和闭口孔隙。闭口孔隙不进水;开口孔隙与材料周围的介质相通,材料在浸水时易被水饱和,如图1-1所示。

散粒材料是指具有一定粒径材料的堆积体,如工程中常用的砂、石子等。其体积构成包括固体物质体积、颗粒内部孔隙体积及固体颗粒之间的空隙体积,如图1-2所示。

2. 材料的含水状态

材料在大气中或水中会吸附一定的水分,根据材料吸附水分的情况,将材料的含水状态分为干燥状态、气干状态、饱和面干状态及湿润状态四种,如图1-3所示。材料的含水状态会对材料的多种性质产生影响。

(二)材料与质量及体积有关的参数

1. 密度

密度是指材料在绝对密实状态下单位体积的质量,用下式表示:

$$\rho = \frac{m}{V} \tag{1-1}$$

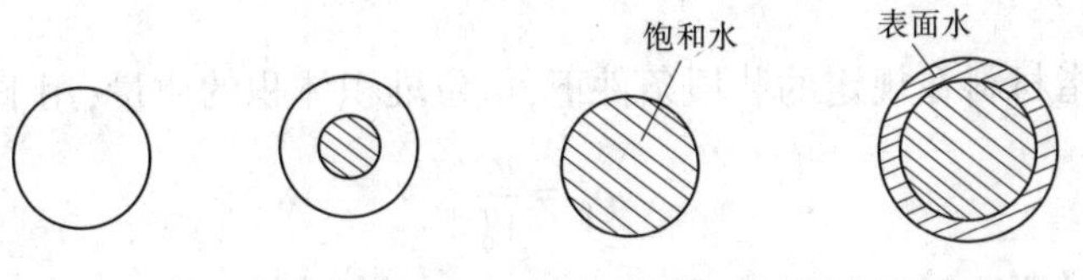

(a)干燥状态　(b)气干状态　(c)饱和面干状态　(d)湿润状态

图 1-3　材料的含水状态

式中　ρ——材料的密度,g/cm^3 或 kg/m^3;

m——材料在干燥状态下的质量,g 或 kg;

V——材料在绝对密实状态下的体积,cm^3 或 m^3。

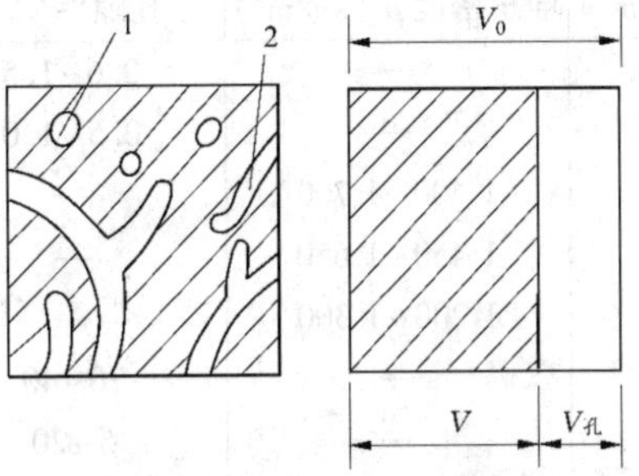

1—闭口孔隙;2—开口孔隙

图 1-1　块状材料体积构成示意

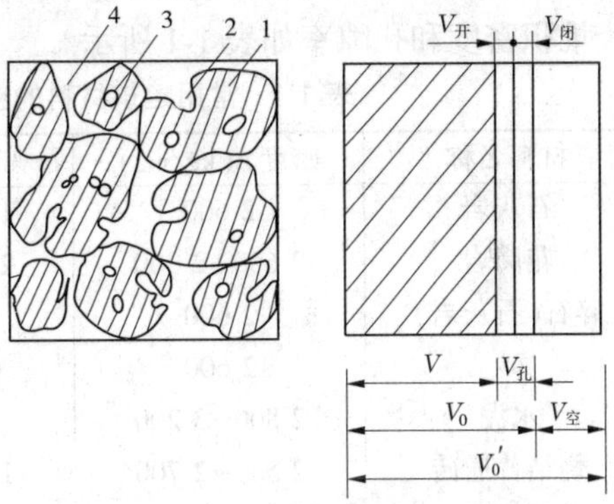

1—颗粒中固体物质;2—颗粒中的开口孔隙;
3—颗粒中的闭口孔隙;4—颗粒之间的空隙

图 1-2　散粒材料体积构成示意

材料在绝对密实状态下的体积,可将材料磨制成规定细度的粉末,用排液法求得。材料磨得越细,所测得的体积越接近绝对体积。钢材、玻璃等少数密实材料可根据外形尺寸求得体积。

2. 表观密度

表观密度是指材料在自然状态下单位体积的质量,用下式表示:

$$\rho_0 = \frac{m}{V_0} \tag{1-2}$$

式中　ρ_0——材料的表观密度,g/cm^3 或 kg/m^3;

m——材料的质量,g 或 kg;

V_0——材料在自然状态下的体积,cm^3 或 m^3。

材料在自然状态下的体积,对外观形状规则的材料,按材料的外形计算。对外观形状不规则的材料,可以加工成规则外形后得到外形体积;否则将材料表面封蜡,再用排水法求其体积。对于相对比较密实的散粒体材料(如砂石),可直接用排水法求其体积。

材料含有水分时,其质量及体积均会发生改变,故在测定材料的表观密度时,须注明其含水状态。

3. 堆积密度

堆积密度是指材料在规定的装填条件下,单位堆积体积的质量,用下式表示:

$$\rho_0' = \frac{m}{V_0'} \tag{1-3}$$

式中 ρ_0'——材料的堆积密度,kg/m^3;

V_0'——材料的堆积体积,m^3。

材料的堆积体积包括固体颗粒体积、颗粒内部孔隙体积和颗粒之间的空隙体积,用容量筒测定。堆积密度与材料的装填条件及含水状态有关。

在建筑工程中,计算材料的用量、构件的自重、配料,确定材料的堆放空间以及运输量时,经常要用到材料的密度、表观密度和堆积密度等参数。常用建筑材料的密度、表观密度、堆积密度和孔隙率如表1-1所示。

表1-1 常用建筑材料的密度、表观密度、堆积密度和孔隙率

材料名称	密度ρ(kg/m^3)	表观密度ρ_0(kg/m^3)	堆积密度ρ_0'(kg/m^3)	孔隙率(%)
石灰岩	2 600	1 800~2 600	—	0.6~1.5
花岗岩	2 600~2 900	2 500~2 800	—	0.5~1.0
碎石(石灰岩)	2 600	—	1 400~1 700	—
砂	2 600	—	1 450~1 650	—
水泥	2 800~3 200	—	1 200~1 300	—
烧结普通砖	2 500~2 700	1 600~1 800	—	20~40
普通混凝土	2 600	2 100~2 600	—	5~20
轻质混凝土	2 600	1 000~1 400	—	60~65
木材	1 550	400~800	—	55~75
钢材	7 850	7 850	—	—
泡沫塑料	—	20~50	—	95~99

(三)材料的孔隙率与密实度

1. 孔隙率

孔隙率是指块状材料中孔隙体积与材料在自然状态下总体积的百分比,用下式表示:

$$P = \frac{V_{孔}}{V_0} \times 100\% \tag{1-4}$$

$$P = \frac{V_0 - V}{V_0} \times 100\% = (1 - \frac{V}{V_0}) \times 100\% = (1 - \frac{\rho_0}{\rho}) \times 100\% \tag{1-5}$$

式中 P——材料的孔隙率(%);

$V_{孔}$——材料中孔隙的体积,cm^3;

ρ_0——材料的表观密度,g/cm^3。

孔隙率的大小直接反映了材料的致密程度。材料的许多性质如强度、热工性质、声学性质、吸水性、吸湿性、抗渗性、抗冻性等都与孔隙率有关。这些性质不仅与材料的孔隙率大小有关,而且与材料的孔隙特征有关。孔隙特征是指孔隙的种类(开口孔隙与闭口孔隙)、孔隙的大小及孔的分布是否均匀等。

2. 密实度

密实度是材料固体部分的体积占材料总体积的百分比，用 D 表示，按下式计算：

$$D=\frac{V}{V_0}\times 100\%=\frac{\rho_0}{\rho}\times 100\%=1-P \tag{1-6}$$

含有孔隙的材料密实度均小于1。材料的密度与表观密度越接近，D 就越接近于1，材料结构越密实。

(四)材料的空隙率与填充率

1. 空隙率

材料的空隙率是指散粒材料在堆积状态下，颗粒之间的空隙体积与堆积体积的百分比，用下式表示：

$$P'=\frac{V_0'-V_0}{V_0'}\times 100\%=(1-\frac{V_0}{V_0'})\times 100\%=(1-\frac{\rho_0'}{\rho_0})\times 100\% \tag{1-7}$$

空隙率反映了散粒材料颗粒之间互相填充的疏密程度，在混凝土配合比设计时，可作为控制混凝土骨料级配以及计算含砂率的依据。

【例1-1】　一块石灰岩，体积为 10 m^3，密度为 2.7 g/cm^3，孔隙率为 0.8%，现将石灰岩轧成碎石，并测得碎石的堆积密度为 1 600 kg/m^3，求碎石的堆积体积。

解： 由 $\rho=\frac{m}{V}$ 得碎石的质量为

$$m=\rho V=2.7\times 1\,000\times 10\times(1-0.8\%)=26\,784(\text{kg})$$

由 $\rho_0'=\frac{m}{V_0'}$ 得碎石的堆积体积为

$$V_0'=\frac{m}{\rho_0'}=\frac{26\,784}{1\,600}=16.74(\text{m}^3)$$

故碎石的堆积体积为 16.74 m^3。

2. 填充率

填充率是指散粒或粉状材料的颗粒体积占自然堆积体积的百分比，用 D' 表示，按下式计算：

$$D'=\frac{V_0}{V_0'}\times 100\%=\frac{\rho_0'}{\rho_0}\times 100\%=1-P' \tag{1-8}$$

二、材料与水有关的性质

(一)亲水性与憎水性

材料在使用过程中常常遇到水，不同的材料遇水后和水的作用情况是不同的。根据材料能否被润湿，将材料分为亲水性材料和憎水性材料。

在材料、空气、水三相交界处，沿水滴表面作切线，切线与材料和水接触面的夹角 θ 称为润湿角。θ 越小，浸润性越强，当 θ 为零时，表示材料完全被水润湿。一般认为，当 $\theta\leq 90°$ 时，水分子之间的内聚力小于水分子与材料分子之间的吸引力，此种材料称为亲水性材料。当 $\theta>90°$ 时，水分子之间的内聚力大于水分子与材料分子之间的吸引力，材料表面不易被水湿润,此种材料称为憎水性材料,如图1-4所示。建筑材料中水泥制品、玻璃、陶瓷、金属材料、石材等无机材料和部分木材等为亲水性材料,沥青、油漆、塑料、防水油膏等为憎水性材料。

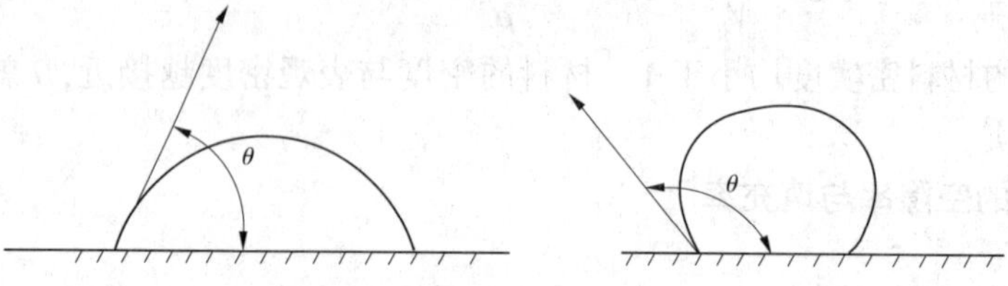

(a) 亲水性材料　　(b) 憎水性材料

图1-4　材料润湿示意

(二)吸水性与吸湿性

1.吸水性

材料的吸水性是指材料在水中吸收水分的性质。吸水性的大小用吸水率表示,吸水率有质量吸水率和体积吸水率两种。

质量吸水率是指材料吸水饱和时,其吸收水分的质量与材料干燥状态下质量的百分比,用下式计算:

$$W_m = \frac{m_{饱} - m}{m} \times 100\% \tag{1-9}$$

式中　W_m——质量吸水率(%);

$m_{饱}$——材料在饱和状态下的质量,g;

m——材料干燥至恒重的质量,g。

体积吸水率是指材料吸水饱和时,所吸收水分的体积与干燥材料自然体积的百分比,用下式计算:

$$W_v = \frac{V_w}{V_0} \times 100\% = \frac{m_{饱} - m}{V_0} \frac{1}{\rho_w} \times 100\% \tag{1-10}$$

式中　W_v——体积吸水率(%);

V_w——材料吸水饱和时水的体积,cm^3;

V_0——干燥材料在自然状态下的体积,cm^3;

ρ_w——水的密度,g/cm^3。

材料吸水率的大小主要取决于材料的孔隙率及孔隙特征。材料具有较多开口、细微且连通的孔隙,吸水率较大;粗大开口的孔隙,水分虽易进入,但仅能润湿孔隙表面而不易在孔内留存,封闭的孔隙,水分则不易进入,故具有粗大开口或封闭孔隙的材料,其吸水率较小。

各种材料的吸水率相差很大,如花岗岩等致密岩石的吸水率仅为0.5%~0.7%,普通混凝土的吸水率为2%~3%,黏土砖的吸水率为8%~20%,而木材或其他轻质材料的吸水率可大于100%。

材料吸水后，自重增加，强度降低，保温性能下降，抗冻性能变差，有时还会发生明显的体积膨胀。

2. 吸湿性

材料的吸湿性是指材料在潮湿空气中吸收水分的性质。吸湿性的大小用含水率表示。含水率是指材料中所含水的质量与材料干燥状态下质量的百分比，用下式计算：

$$W_{含} = \frac{m_{含} - m}{m} \times 100\% \quad (1\text{-}11)$$

式中　$W_{含}$——材料的含水率(%)；

$m_{含}$——材料含水时的质量，g；

其他符号意义同前。

材料的吸水率除与材料的组成、构造有关外，还与所处环境的温度和湿度有关。一般环境温度越低，相对湿度越大，材料的含水率越大。当材料中的湿度与空气湿度达到平衡时的含水率称为平衡含水率。材料吸水饱和时的含水率即为吸水率。

(三) 耐水性

材料的耐水性是指材料长期在水的作用下不破坏，强度也不显著降低的性质。材料的耐水性用软化系数表示：

$$K_{软} = \frac{f_{饱}}{f} \quad (1\text{-}12)$$

式中　$K_{软}$——材料的软化系数；

$f_{饱}$——材料在吸水饱和状态下的抗压强度，MPa；

f——材料在干燥状态下的抗压强度，MPa。

一般材料遇水后，会因含水而使其内部的结合力减弱，同时材料内部的一些可溶性物质发生溶解导致其孔隙率增加，因此材料的强度都有不同程度的降低。例如，花岗岩长期浸泡在水中，强度将下降3%。普通黏土砖和木材等浸水后强度降低更多。

软化系数的波动范围为0~1。通常将软化系数大于0.85的材料看作耐水材料。软化系数的大小，有时成为选择材料的重要依据。受水浸泡或长期处于潮湿环境的重要建筑物或构筑物所用材料的软化系数不应低于0.85。

(四) 抗渗性

材料的抗渗性是指材料抵抗压力水渗透的能力。材料的抗渗性通常用渗透系数或抗渗等级表示。渗透系数的表达式为

$$K = \frac{Qd}{AtH} \quad (1\text{-}13)$$

式中　K——材料渗透系数，cm/s；

Q——透水量，cm^3；

d——试件厚度，cm；

A——透水面积，cm^2；

t——透水时间，s；

H——静水压力水头，cm。

渗透系数 K 的物理意义是:一定时间内,在一定的水压作用下,单位厚度的材料单位面积上的透水量。K 值越小,表明材料的抗渗能力越强。

抗渗等级常用于混凝土和砂浆等材料,是指在规定试验条件下,材料所能承受的最大水压力,用符号"P"表示。例如,混凝土的抗渗等级划分为 P4、P6、P8、P10、P12、大于 P12 等六个等级,相应表示能抵抗 0.4 MPa、0.6 MPa、0.8 MPa、1.0 MPa 及 1.2 MPa 的静水压力而不渗水。

材料抗渗性的好坏,与材料的孔隙率和孔隙特征有密切的关系。材料越密实,闭口孔隙越多,孔径越小,越难渗水;具有较大孔隙率,且孔连通、孔径较大的材料抗渗性较差。

对于地下建筑物、屋面、外墙及水工构筑物等,因常受到水的作用,所以要求材料有一定的抗渗性。对于专门用于防水的材料,则要求具有较高的抗渗性。

(五)抗冻性

材料的抗冻性是指材料在水饱和状态下,经受多次冻融循环而不破坏,其强度也不显著降低的性质。

材料在吸水后,如果在负温下受冻,水在毛细孔内结冰,体积膨胀约 9%,体积膨胀所产生的冻胀压力将造成材料的内应力,使材料遭到局部破坏。随着冻结和融化的循环进行,材料表面将出现裂纹、剥落等现象,造成质量损失、强度降低。这是材料内部孔隙中的水分结冰使体积增大对孔壁产生很大的压力,冰融化时压力又骤然消失所致。无论是冻结还是融化都会在材料冻融交界层间产生明显的压力差,并作用于孔壁使之破坏。

材料的抗冻性用抗冻等级来表示。抗冻等级表示吸水饱和后的材料在规定的条件下所能经受的最大冻融循环次数,用符号"F"来表示。例如,混凝土的抗冻等级为 F50、F100 等,分别表示在标准试验条件下,经过 50 次、100 次等的冻融循环后,其质量损失、强度降低不超过规定值。抗冻等级越高,材料的抗冻性能越好。

材料的抗冻性主要与其孔隙率、孔隙特征、含水率及强度有关。抗冻性良好的材料,抵抗温度变化、干湿交替等破坏作用也较强。对于室外温度低于-15 ℃的地区,其主要材料必须进行抗冻性试验。

三、材料与热有关的性质

(一)导热性

当材料两侧存在温度差时,热量将由温度高的一侧通过材料传递到温度低的一侧,材料的这种传导热量的能力称为导热性。材料的导热性用导热系数 λ 表示,表达式如下:

$$\lambda = \frac{Q\delta}{At(T_2 - T_1)} \tag{1-14}$$

式中 λ ——材料的导热系数,W/(m·K);

Q——传导的热量,J;

A——热传导面积,m^2;

δ ——材料厚度,m;

t——导热时间,s;

T_1、T_2——材料两侧的温度,K。

导热系数 λ 的物理意义是：单位厚度的材料，当两侧的温度差为 1 K 时，在单位时间内，通过单位面积的热量。λ 值越大，表明材料的导热性越强。

材料的导热能力与材料的孔隙率、孔隙特征及材料的含水状态有关。密闭空气的导热系数很小[0.025 W/(m·K)]，故材料的闭口孔隙率大时导热系数小。开口连通孔隙具有空气对流作用，材料的导热系数较大。受潮时，由于水的导热系数较大[0.58 W/(m·K)]，材料的导热系数增大。

材料的导热系数越小，隔热保温效果越好。有隔热保温要求的建筑物宜选用导热系数小的材料做围护结构。工程中通常将 $\lambda<0.23$ W/(m·K)的材料称为绝热材料。

常用材料的导热系数及比热容见表 1-2。

表 1-2　常用材料的导热系数及比热容

材料	导热系数[W/(m·K)]	比热容[J/(g·K)]	材料	导热系数[W/(m·K)]	比热容[J/(g·K)]
铜	370	0.38	绝热纤维板	0.05	1.46
钢	55	0.46	泡沫塑料	0.03	1.70
花岗岩	2.9	0.8	水	0.58	4.19
普通混凝土	1.8	0.88	冰	2.20	2.05
黏土空心砖	0.64	0.92	密闭空气	0.025	1.00
松木(横纹—顺纹)	0.17~0.35	2.51			

(二)热容量和比热容

材料的热容量是指材料受热时吸收热量或冷却时放出热量的能力。热容量的大小用比热容表示。比热容是指 1 g 的材料在温度改变 1 K 时所吸收或放出的热量，用下式表示：

$$Q = cm(T_2 - T_1) \tag{1-15}$$

或

$$c = \frac{Q}{m(T_2 - T_1)} \tag{1-16}$$

式中　Q——材料吸收或放出的热量，J；

c——材料的比热容，J/(g·K)；

m——材料的质量，g；

T_2-T_1——材料受热或冷却前后的温差，K。

材料的热容量对保持材料温度的稳定性有很大的作用。热容量值高的材料，对室温的调节作用大。

常用材料的比热容见表 1-2。

【工程实例分析 1-1】　加气混凝土砌块吸水分析。

现象：某施工队原使用普通烧结黏土砖砌墙，后改用表观密度为 700 kg/m^3 的加气混凝土砌块。在抹灰前采用同样的方式往墙上浇水，发现原使用的普通烧结黏土砖易吸足水量，而加气混凝土砌块虽表面浇水不少，但实际吸水不多，试分析原因。

原因分析:加气混凝土砌块虽多孔,但其气孔大多数为"墨水瓶"结构,肚大口小,毛细管作用差,只有少数孔是水分蒸发形成的毛细孔,因此吸水及导湿性能差。材料的吸水性不仅要看孔的数量多少,而且要看孔的结构。

任务二 材料的力学性质

材料的力学性质是指材料在外力作用下的变形性质和抵抗破坏的性质。

一、材料的强度

(一)强度

强度是指材料抵抗外力破坏的能力。当材料承受外力作用时,内部就产生应力,外力逐渐增大,应力也相应加大,直到质点间作用力不能再承受时,材料即破坏。此时极限应力值就是材料的强度。

材料的强度按外力作用方式的不同,分为抗压强度、抗拉强度、抗弯强度等,如表1-3所示。

表1-3 常用材料的强度 (单位:MPa)

材料	抗压强度	抗拉强度	抗弯强度
花岗岩	100~250	5~8	10~14
烧结多孔砖	7.5~30	—	1.6~4.0
混凝土	10~100	1~8	—
松木(顺纹)	30~50	80~120	60~100
建筑钢材	240~1 500	240~1 500	—

不同种类的材料具有不同的强度特点。例如,砖、石材、混凝土和铸铁等材料具有较高的抗压强度,而抗拉强度、抗弯强度均较低;钢材的抗拉强度与抗压强度大致相同,而且都很高;木材的抗拉强度大于抗压强度。在实际工程中应根据材料在工程中的受力特点合理选用。

相同种类的材料,由于其内部构造不同,其强度也有很大差异。孔隙率越大,材料强度越低。

另外,试验条件的不同对材料强度值的测试结果会产生较大影响。试验条件主要包括试验所用试件的形状、尺寸、表面状态、含水率及环境温度和加荷速度等几方面。

受试件与承压板表面摩擦的影响,棱柱体长试件的抗压强度较立方体短试件的抗压强度低;大试件由于材料内部缺陷出现机会的增多,强度会比较小试件低一些;表面凹凸不平的试件受力面较表面平整试件受力面受力不均,强度较低;试件含水率的增大,环境温度的升高,都会使材料强度降低。由于材料破坏是其变形达到极限变形而被破坏,而应变发生总是滞后于应力发展,故加荷速度越快,所测强度值越高。因此,测定强度时,应严格遵守国家规定的标准试验方法。

几种材料的静力强度计算公式如表1-4所示。

表 1-4　几种材料的静力强度计算公式

强度类别	计算简图	计算式	说明
抗压强度 f_c	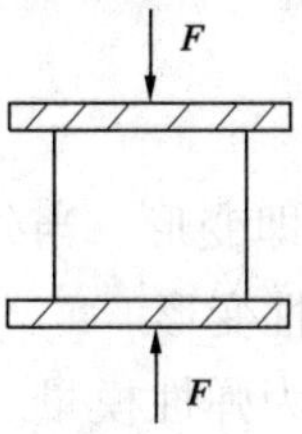	$f_c=\frac{F}{A}$	
抗拉强度 f_t	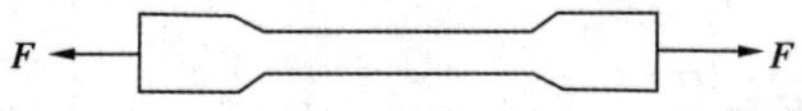	$f_t=\frac{F}{A}$	
抗剪强度 f_v	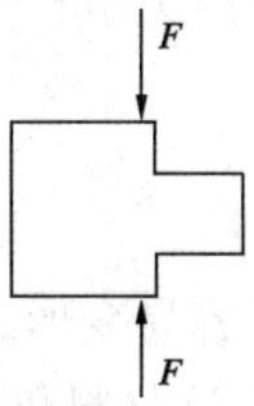	$f_v=\frac{F}{A}$	F——破坏荷载，N A——受力面积，mm^2 l——跨度，mm b——断面宽度，mm h——断面高度，mm f——静力强度，MPa
抗弯强度 f_{tm}	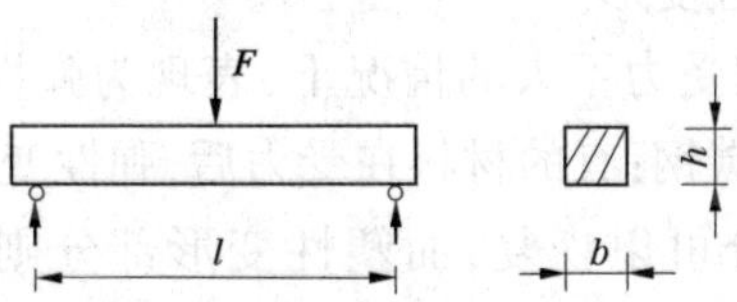	$f_{tm}=\frac{3Fl}{2bh^2}$	

(二) 比强度

比强度是指按单位质量计算的材料强度，其值等于材料的强度与其表观密度之比。比强度越大，表明单位质量的材料具有的强度越高，材料具有轻质高强的特点。比强度对于建(构)筑物保证强度、减小自重、向空间发展及节约材料有重要的实际意义。几种常用建筑材料的比强度见表 1-5。

表 1-5　几种常用建筑材料的比强度

材料	表观密度(kg/m^3)	强度(MPa)	比强度($MPa\cdot m^3/kg$)
玻璃钢	2 000	450	0.225
松木(顺纹抗拉)	500	100	0.200
低碳钢	7 850	420	0.054
普通混凝土(抗压)	2 400	40	0.017
烧结普通砖(抗压)	1 700	10	0.006

(三) 强度等级

强度等级是将材料按强度特性进行的分级。例如，普通混凝土、建筑砂浆等脆性材料,在结构中主要承受压力,通常以抗压强度来划分强度等级;建筑钢材在建筑物中主要承受拉力,所以用抗拉强度来划分等级;各种通用水泥则根据其3 d、28 d的抗压强度和抗折强度来划分强度等级。强度等级是人为划分的,具有数值不连续的特点。

二、材料的弹性与塑性

材料在外力的作用下会发生形状、体积的改变,即变形。当外力去除后,能完全恢复原有形状的性质,称为材料的弹性,这种变形称为弹性变形。

弹性变形的大小与外力成正比,比例系数E称为弹性模量。在材料的弹性范围内,弹性模量是一个常数,用下式表示:

$$E=\frac{\sigma}{\varepsilon} \tag{1-17}$$

式中 E——材料的弹性模量,MPa;

σ——材料所受的应力,MPa;

ε——材料的应变,无量纲。

弹性模量是材料刚度的度量,E值越大,材料越不容易变形。

材料在外力作用下产生变形,但不破坏,除去外力后材料仍保持变形后的形状、尺寸的性质,称为材料的塑性,这种变形称为塑性变形。

完全的弹性材料是没有的,有的材料在受力不大的情况下,表现为弹性变形,但受力超过一定限度后,则表现为塑性变形,如低碳钢;有的材料在受力后,弹性变形和塑性变形同时产生,如果取消外力,则弹性变形部分可以恢复,而塑性变形部分则不能恢复,如混凝土。

三、材料的脆性与韧性

脆性是指材料在外力作用下,无明显塑性变形而突然破坏的性质。具有这种性质的材料称为脆性材料。

脆性材料的抗压强度比其抗拉强度往往要高很多倍,这对承受振动作用和抵抗冲击荷载是不利的,所以脆性材料一般只适用于承受静压力的结构或构件,如砖、石材、混凝土、铸铁等。

韧性是指材料在冲击或振动荷载作用下,能够吸收较大的能量,同时能产生一定的变形而不发生破坏的性质。材料的韧性是用冲击试验来检验的,因而又称为冲击韧性。建筑钢材、木材、沥青、橡胶等属于韧性材料。桥梁、路面、吊车梁及某些设备基础等有抗震要求的结构,应考虑材料的冲击韧性。

四、材料的硬度与耐磨性

硬度是指材料表面抵抗其他较硬物体压入或刻划的能力。不同材料硬度的测定方法也不同,常用的有压入法和刻划法。金属、木材等材料常用压入法(布氏硬度法)测定,以单位压痕面积上所受的压力来表示。天然矿物材料的硬度按刻划法分为10级,由软到硬依次为滑石、石膏、方解石、萤石、磷灰石、正长石、石英、黄玉、刚玉、金刚石。一般硬度较大的材料耐磨性较强，但不易加工。工程中有时用硬度来间接推算材料的强度，如回弹法用于测定混凝土表面硬度，间接推算混凝土强度。

耐磨性是材料表面抵抗磨损的能力。材料的硬度大、韧性好、构造均匀密实时，其耐磨性较强。多泥沙河流上水闸的消能结构的材料，要求使用耐磨性较强的材料。

【工程实例分析 1-2】 强度与加荷速度的关系。

现象：人们在测试混凝土等材料的强度时可以观察到，同一试件，加荷速度过快，所测值偏高。

原因分析：材料的强度除与其组成结构有关外，还与测试条件有关。当加荷速度快时，荷载的增长速度大于材料裂缝扩展速度，测出的值就会偏高。为此，在材料的强度测试中，一般都规定其加荷速度范围。

任务三 材料的耐久性

耐久性是指材料在使用过程中，能长期抵抗各种环境因素作用而不破坏，且能保持原有性质的性能。各种环境因素的作用可概括为物理作用、化学作用和生物作用三个方面。

物理作用包括干湿变化、温度变化、冻融变化、溶蚀、磨损等。这些作用会引起材料体积的收缩或膨胀，导致材料内部裂缝的扩展，长时间或反复多次的作用会使材料逐渐破坏。

化学作用包括酸、碱、盐等物质的溶解及有害气体的侵蚀作用，以及日光和紫外线等对材料的作用。这些作用使材料逐渐变质破坏，如钢筋的锈蚀、沥青的老化等。

生物作用包括昆虫、菌类等对材料的作用，它将使材料由于虫蛀、腐蚀而破坏，如木材及植物纤维材料的腐烂等。

实际上，材料的耐久性是多方面因素共同作用的结果，即耐久性是一个综合性质，无法用一个统一的指标去衡量所有材料的耐久性，而只能对不同的材料提出不同的耐久性要求。例如，水工建筑物常用材料的耐久性主要包括抗渗性、抗冻性、大气稳定性、抗化学侵蚀性等。

对材料耐久性的判断，需要在其使用条件下进行长期的观察和测定，通常是根据材料的使用要求，在实验室进行有关的快速试验，如干湿循环、冻融循环、加湿与紫外线干燥循环、碳化、盐溶解浸渍与干燥循环、化学介质浸渍等。

任务四 材料的组成、结构和构造

材料的组成、结构和构造是决定材料性质的内部因素。

一、材料的组成

材料的化学成分、矿物成分不同,其物理、化学及力学性质也不同。例如,水泥熟料矿物成分比例改变,水泥性质即发生相应的变化;冶炼钢材时,加入适量的铝和镍,就可以提高钢材的防锈蚀能力;配制混凝土时,加入外加剂即可改善混凝土的某些技术性能等。在使用材料时,可以根据工程特点或所处的环境条件合理调整材料的化学组成来改善材料的性能,以满足功能的使用要求。

二、材料的结构

材料的结构是指其微观组织状态,按其成因及存在形式可分为晶体结构、玻璃体结构和胶体结构。

(一)晶体结构

晶体结构是由离子、原子或分子按照规则的几何形状排列而成的固体格子(称为晶格)组成的。晶格组成的每个晶粒具有各向异性,但它们排列起来组成的晶体材料却是各向同性的。晶格中离子、原子或分子的密集程度和它们之间的相互作用力以及晶粒的外形都将影响材料的性质,晶格中质点的密集程度越高,材料的塑性变形能力越大。晶粒越小,分布越均匀,材料的强度越高。在使用材料时,常用改变晶粒大小和结构的方法来改善材料的性质,如对钢材进行冷加工和热处理,通过使晶粒细化和晶粒扭曲滑移,从而达到提高钢材强度的目的。

(二)玻璃体结构

熔融物冷却后可以生成晶体。当冷却速度较快,接近凝固温度时,尚具有很大的黏度,质点来不及按一定规则排列便凝固成固体状态,即得玻璃体结构。玻璃体结构是无定形结构,其质点的排列是没有规律的,因此它们没有一定的几何外形,而具有各向同性的玻璃体没有一定的熔点,只是出现软化现象。

玻璃体结构内部贮存有大量的内能,具有化学不稳定性,在一定条件下易与其他物质起化学反应,如具有玻璃体结构的火山灰、粒化高炉矿渣,与石灰混合后,在有水的条件下会表现出水硬性胶凝材料的性质,故在工程中常被用作水泥的掺和材料。

(三)胶体结构

胶体是由细小的离子分散在介质中组成的。胶体的质点微小,其表面积很大,具有很大的表面能,吸附能力很强,这是胶体具有很大黏结力的原因。例如,水泥浆是胶体结构,具有很强的黏结力。

三、材料的构造

材料的构造是指用肉眼或放大镜能够看到的宏观组织状态。按构造不同,材料可分为聚集状、多孔状、纤维状或层状等。

材料的性质除与材料的组成和结构有关外,还与材料的构造状态有着极密切的关系。同类材料的构造越密实、均匀,强度就越高。材料内部含有孔隙,它不仅减小了材料的实际受力面积,而且在孔隙边缘产生应力集中现象而使强度降低。例如,混凝土的孔隙率每增加1%，强度会降低3%~5%。材料的抗渗性、抗冻性及保温性也都与材料的孔隙构造有关。具有层理或纹理构造的材料是各向异性的，如木材的物理力学性质等是随木纹方向而改变的。加气混凝土是轻质、保温的材料，而密实混凝土则可做成防水或高强度的建筑材料。

小　结

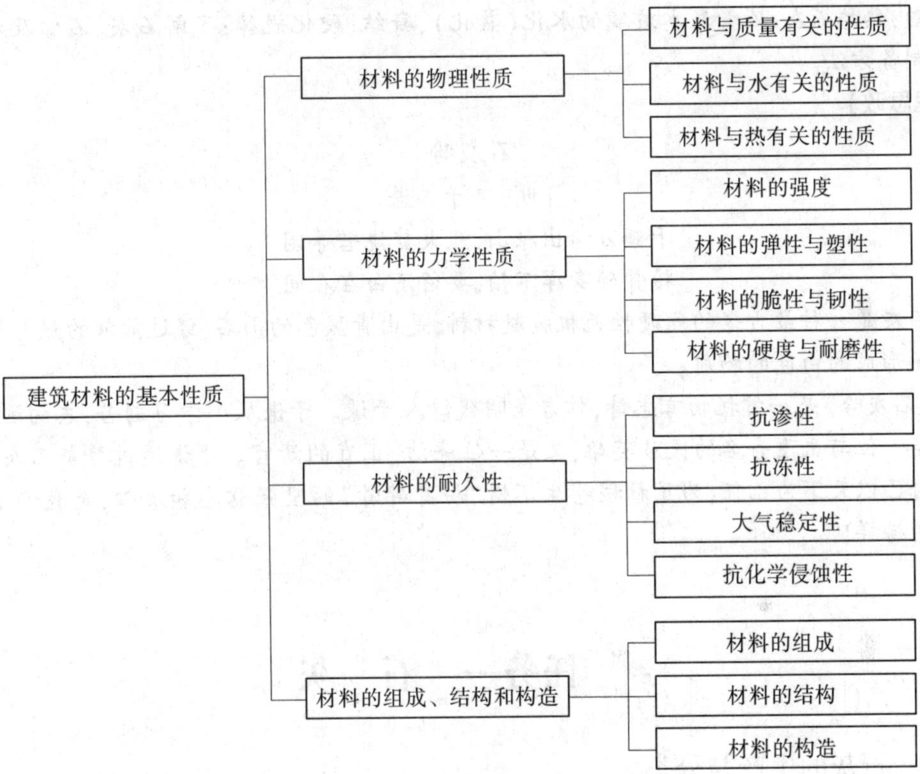

项目二　气硬性胶凝材料

【学习指导】

掌握石灰、石膏及水玻璃的技术性质和用途,以及它们在配制、贮运和使用中应注意的问题;熟悉石灰、石膏及水玻璃的水化(熟化)、凝结、硬化规律;了解石灰、石膏及水玻璃的制备方法。

【课程思政】

石灰吟

[明]　于　谦

千锤万凿出深山,烈火焚烧若等闲。

粉骨碎身浑不怕,要留清白在人间。

石灰是一种最古老的气硬性无机胶凝材料,是由青黑色的山石,经过熊熊的烈火焚烧之后而形成的白色的物质。

《石灰吟》是一首托物言志诗,作者是明代诗人于谦。于谦从小学习刻苦,志向远大!其既是一位与岳飞齐名的民族英雄,又是一位廉洁、正直的清官。于谦通过赞美石灰,表达了自己以天下为己任,为了社稷苍生不惜"粉身碎骨"的坚强意志和决心,是我们永远学习的榜样!

任务一　石　灰

一、石灰的生产与分类

(一)石灰的生产

石灰的原料是石灰石,它的主要成分是碳酸钙($CaCO_3$),石灰石在900 ℃左右的温度下煅烧,使碳酸钙分解成氧化钙(CaO),这就是所谓的生石灰。生石灰的主要成分是氧化钙,其中还含有一定量的氧化镁(MgO)。反应式为

$$CaCO_3 \xrightarrow{900\sim1\,200\ ℃} CaO+CO_2\uparrow$$

煅烧良好的生石灰,质轻色匀。煅烧温度太低则产生欠火石灰,欠火石灰中含有未分解的碳酸钙,加水后不能熟化,因此降低了石灰的利用率。煅烧温度太高时,由于石灰岩中的二氧化硅(SiO_2)和三氧化二铝(Al_2O_3)等杂质与石灰反应生成熔融物质而成为过火石灰,过火石灰有颜色较深的玻璃质包层,熟化很慢。当未熟化过火石灰的细粒和灰浆一起应用在建筑物上时,将在已经硬化的灰浆中继续熟化而膨胀,常会发生崩裂、隆起或脱落现象,影响工程质量。

(二)石灰的分类

建筑工程中常用的石灰有建筑生石灰、建筑生石灰粉、建筑消石灰粉三种。由于生产生石灰的原料中常含有碳酸镁($MgCO_3$),因此在建筑生石灰中也常含有氧化镁。根据我国建筑行业标准《建筑生石灰》(JC/T 479—2013)的规定,将石灰分为钙质和镁质两大类。

根据成品加工方法不同分类如下:

(1)块灰。直接煅烧所得的块状石灰,主要成分为 CaO。

(2)磨细生石灰粉。它是将块灰破碎、磨细并包装成袋的生石灰粉,克服了传统石灰消化时间长等缺点,使用时不用提前消化,直接加水使用即可。不仅提高了工效,而且节约了场地,改善了施工环境,其硬化速度加快,强度提高,还提高了石灰的利用率。但缺点是成本高,不易贮存。

(3)消石灰粉。由生石灰加适量水充分消化所得的粉末,主要成分为 $Ca(OH)_2$。

工程中通常将消石灰粉的优等品、一等品用于饰面层和中间层抹面或涂刷,合格品仅用于砌筑。

(4)石灰膏。由消石灰和水组成的具有一定稠度的膏状物,主要成分为 $Ca(OH)_2$ 和 H_2O。

(5)石灰乳。由生石灰加大量水消化而成的一种乳状液体,主要成分为 $Ca(OH)_2$ 和 H_2O。

二、石灰的熟化与硬化

(一)石灰的熟化

生石灰的熟化(又称消化或消解),是指生石灰与水作用生成氢氧化钙的化学反应过程,其反应式如下:

$$CaO+H_2O \longrightarrow Ca(OH)_2+64.9\ kJ$$

经消化所得的氢氧化钙称为消石灰(又称熟石灰)。生石灰具有强烈的水化能力,水化时放出大量的热,同时体积膨胀 1~2.5 倍。一般煅烧良好、氧化钙含量高、杂质少的生石灰,不但消化速度快、放热量大,而且体积膨胀也大。

过火石灰消化速度极慢,当石灰抹灰层中含有这种颗粒时,由于它吸收空气中的水分继续消化,体积膨胀,致使墙面隆起、开裂,严重影响施工质量。为了消除这种危害,生石灰在使用前应提前洗灰,使灰浆在灰坑中贮存(陈伏)两周以上,以使石灰得到充分消化。陈伏期间,为防止石灰碳化,应在其表面保存一定厚度的水层,以与空气隔绝。

(二)石灰的硬化

石灰浆体的硬化包含了干燥、结晶和碳化三个交错进行的过程。

干燥时,石灰浆体中多余水分蒸发或被砌体吸收而使石灰粒子紧密接触,获得一定强度,随着游离水的减少,氢氧化钙逐渐从饱和溶液中结晶出来,形成结晶结构网,使强度继续增加。

由于空气中有 CO_2 存在,$Ca(OH)_2$ 在有水的条件下与之反应生成 $CaCO_3$:

$$Ca(OH)_2+CO_2+nH_2O = CaCO_3+(n+1)H_2O$$

新生成的碳酸钙晶体相互交叉连生或与氢氧化钙共生,构成较紧密的结晶网,使硬化浆体的强度进一步提高。显然,碳化对于强度的提高和稳定是十分有利的。但是,由于空气中 CO_2 含量很低,且表面形成碳化层后,CO_2 不易深入内部,还阻碍了内部水分的蒸发,故自然状态下的碳化干燥是很缓慢的。

三、石灰的性质与技术指标

(一)石灰的性质

1. 可塑性和保水性好

生石灰消化为石灰浆时,能自动形成极微细的呈胶体状态的氢氧化钙,表面吸附一层厚的水膜,因此具有良好的可塑性。在水泥砂浆中掺入石灰膏,能使其可塑性和保水性(保持浆体结构中的游离水不离析的性质)显著提高。

2. 吸湿性强

生石灰吸湿性强,保水性好,是传统的干燥剂。

3. 凝结硬化慢,强度低

石灰浆在空气中的碳化过程很缓慢,导致氢氧化钙和碳酸钙结晶的量少,其最终的强度也不高。通常,1:3石灰砂浆 28 d 的抗压强度只有 0.2~0.5 MPa。

4. 体积收缩大

石灰浆在硬化过程中,由于水分的大量蒸发,引起体积收缩,使其开裂,因此除调成石灰乳做薄层涂刷外,不宜单独使用。工程上应用时,常在石灰中掺入砂、麻刀、纸筋等,以抵抗收缩引起的开裂和增加抗拉强度。

5. 耐水性差

石灰水化后的成分——氢氧化钙能溶于水,若长期受潮或被水浸泡,会使已硬化的石灰溃散,所以石灰不宜在潮湿的环境中使用,也不宜单独用于承重砌体的砌筑。

(二)石灰的技术指标

1. 生石灰技术指标

《建筑生石灰》(JC/T 479—2013)标准中,按生石灰的化学成分分为钙质石灰和镁质石灰两类,根据 CaO+MgO 的百分含量,每类生石灰各个等级见表 2-1。生石灰的识别标志由产品名称、加工情况和产品依据标准编号组成。生石灰块在代号后加 Q,生石灰粉在代号后加 QP。例如,符合 JC/T 479—2013 的钙质生石灰粉 90 标记为:CL90-QP JC/T 479—2013。建筑生石灰的化学成分和物理性质应符合表 2-2 中要求。

表 2-1 建筑生石灰分类

类别	名称	代号
钙质石灰	钙质石灰 90	CL 90
	钙质石灰 85	CL 85
	钙质石灰 75	CL 75
镁质石灰	镁质石灰 85	ML 85
	镁质石灰 80	ML 80

2. 消石灰粉技术指标

《建筑消石灰粉》(JC/T 481—2013)标准中，建筑消石灰按扣除游离水和结合水后 CaO+MgO 的百分含量加以分类，如表 2-3 所示。消石灰的识别标志由产品名称和产品依据标准编号组成。例如，符合 JC/T 481—2013 的钙质生石灰粉 90 标记为：HCL 90 JC/T 481—2013。建筑消石灰的化学成分和物理性质应符合表 2-3 中要求。

四、石灰的应用

(一)配制石灰砂浆和石灰乳涂料

用石灰膏和砂或麻刀、纸筋配制成的石灰砂浆、麻刀灰、纸筋灰等广泛用作内墙、顶棚的抹面工程。用石灰膏和水泥、砂配制成的混合砂浆通常做墙体砌筑或抹灰之用。由石灰膏稀释成的石灰乳常用做内墙和顶棚的粉刷涂料。

表 2-2　建筑生石灰的化学成分和物理性质

名称	化学成分				物理性质		
	CaO+MgO (%)	MgO (%)	CO_2 (%)	SO_3 (%)	产浆量 (dm^3/10 kg)	0.2 mm 筛余量 (%)	0.9 μm 筛余量 (%)
CL90-Q	≥90	≤5	≤4	≤2	≥26	—	—
CL90-QP					—	≤2	≤7
CL85-Q	≥85	≤5	≤7	≤2	≥26	—	—
CL85-QP					—	≤2	≤7
CL75-Q	≥75	≤5	≤12	≤2	≥26	—	—
CL75-QP					—	≤2	≤7
ML85-Q	≥85	>5	≤7	≤2	—	—	—
ML85-QP						≤2	≤7
ML80-Q	≥80	>5	≤7	≤2	—	—	—
ML80-QP						≤7	≤2

表 2-3　建筑消石灰的化学成分和物理性质

名称	化学成分			物理性质			
	CaO+MgO (%)	MgO (%)	SO_3 (%)	游离水 (%)	0.2 mm 筛余量 (%)	0.9 μm 筛余量 (%)	安定性
HCL90	≥90	≤5	≤2	≤2	≤2	≤7	合格
HCL85	≥85						
HCL75	≥75						
HML85	≥85	>5	≤2				
HML80	≥80						

(二)配制灰土和三合土

灰土(石灰+黏土)和三合土(石灰+黏土+砂、石或炉渣等填料)的应用,在我国有很长的历史。经夯实后的灰土或三合土广泛用作建筑物的基础、路面或地面的垫层,其强度和耐水性比石灰和黏土都高。其原因是黏土颗粒表面的少量活性氧化硅、氧化铝与石灰起反应,生成水化硅酸钙和水化铝酸钙等不溶于水的水化矿物。另外,石灰改善了黏土的可塑性,在强力夯打下密实度提高,也是其强度和耐水性改善的原因之一。在灰土和三合土中,石灰的用量为灰土总质量的6%~12%。

(三)制作碳化石灰板

碳化石灰板是将磨细的生石灰、纤维状填料(如玻璃纤维)或轻质骨料(如矿渣)搅拌、成型,然后经人工碳化而成的一种轻质板材。为了减小表观密度和提高碳化效果,多制成空心板。这种板材能锯、刨、钉,适宜做非承重内墙板、天花板等。

(四)制作硅酸盐制品

磨细生石灰或消石灰粉与砂或粒化高炉矿渣、炉渣、粉煤灰等硅质材料经配料、混合、成型,再经常压或高压蒸汽养护,就可制得密实或多孔的硅酸盐制品。例如,灰砂砖、粉煤灰砖及砌块、加气混凝土砌块等。

(五)配制无熟料水泥

将具有一定活性的材料(如粒化高炉矿渣、粉煤灰、煤矸石灰渣等工业废渣),按适当比例与石灰配合,经共同磨细,可得到具有水硬性的胶凝材料,即为无熟料水泥。

【工程实例分析2-1】 石灰砂浆的拱起开裂分析。

现象:某住宅使用石灰厂处理的下脚石灰做粉刷。数月后粉刷层多处向外拱起,还看见一些裂缝,请分析原因。

原因分析:石灰厂处理的下脚石灰往往含有过火的CaO或较高的MgO,其水化速度慢于正常的石灰,且水化后体积膨胀,所以导致粉刷层拱起和开裂。

【工程实例分析2-2】 石灰的选用分析。

现象:某工地急需配制石灰砂浆。当时有消石灰粉、生石灰粉及生石灰材料可供选用。因生石灰价格相对较便宜,便选用,并马上加水配制石灰膏,再配制石灰砂浆。使用数天后,石灰砂浆出现众多凸出的膨胀性裂缝,请分析原因。

原因分析:该石灰的陈伏时间不够,数日后部分过火石灰在已硬化的石灰砂浆中熟化,体积膨胀,以致产生膨胀性裂纹。如果选用生石灰粉,它可以克服传统石灰消化时间长等缺点,使用时不用提前消化,直接加水使用即可,不仅提高了工效,而且节约场地,改善了施工环境,其硬化速度加快,强度提高,还提高了石灰的利用率。因此,在可能条件下使用生石灰粉是有效利用石灰的措施;工程中通常将主要成分为$Ca(OH)_2$的消石灰粉的优等品、一等品用于饰面层和中间层抹面或涂刷,合格品仅用于砌筑。

任务二　石　膏

一、石膏的种类

石膏是以硫酸钙为主要成分的气硬性胶凝材料。由于石膏具有质轻、隔热、耐火、吸声、有一定强度等特点，被广泛用于水利工程中的特殊部位。

工程上常用的石膏是由天然二水石膏（$CaSO_4 \cdot 2H_2O$，又称软石膏）矿石加热至107~170 ℃时，部分结晶水脱出后得到半水石膏（$CaSO_4 \cdot 0.5H_2O$），再经磨细成粉状而成的。

将天然二水石膏在不同的压力和温度下煅烧，可以得到结构和性质均不相同的石膏产品，如建筑石膏、模型石膏、高强度石膏、天然无水石膏等。本书仅介绍建筑石膏。

二、建筑石膏的凝结与硬化

在使用石膏前，先将半水石膏加水调和成浆，使其具有要求的可塑性，然后成型。石膏由浆体转变为具有强度的晶体结构，历经水化、凝结、硬化三个阶段。

（一）水化

半水石膏溶解于水中，与水化合生成二水石膏，此时的溶液为不稳定的过饱和溶液。二水石膏在过饱和溶液中，其胶体粒子很快结晶析出，此时的溶液又称为不饱和溶液，半水石膏又向不饱和溶液中溶解，如此反复，二水石膏结晶析出，半水石膏不断溶解，直到半水石膏完全转化为二水石膏。

（二）凝结

随着水化作用，二水石膏粒子数量不断增多，二水石膏吸附水量也多，加之水分蒸发，溶液中自由水减少，浆体变稠，失去可塑性。

（三）硬化

随着浆体的失水变稠，二水石膏晶体析出量不断增加且不断增大，并彼此连生、共生、交错搭接形成结晶结构网，结晶强度发展直至具有一定强度的人造石。

三、石膏的性质与技术要求

（一）石膏的性质

（1）调凝性好。在水泥熟料中加入2%~5%的二水石膏，可以调解水泥的凝结时间。

（2）微膨胀性。石膏在硬化过程中有0.5%~1%的膨胀率，利用此特性，可以制造表面致密光滑的构件，也可作为膨胀水泥的原料。

（3）可塑性强。由于石膏颗粒很小且表面吸附一层较厚的水膜，其可塑性好，加之其特有的膨胀率，石膏浆体可以充满任意形状的模型，制成装饰或高级雕塑。

（4）耐水性差。由于石膏吸水性强，长期受潮或受水浸泡，会使已硬化的石膏软化、溃散。因此，石膏胶凝材料不宜用于潮湿环境及易受水浸泡的部位。

（5）保温性好。石膏在凝结硬化时，有1/5~1/3的多余水分蒸发，留下大量孔隙，孔隙率可达40%~60%。因此，石膏的隔热保温性能好。

(二)建筑石膏的技术指标

根据国家标准《建筑石膏》(GB/T 9776—2008)的规定,建筑石膏物理力学性能应符合表2-4要求。

表2-4 建筑石膏物理力学性能

等级	细度(0.2 mm筛余量)(%)	凝结时间(min)		2 h强度(MPa)	
		初凝	终凝	抗折	抗压
3.0	≤10	≥3	≤30	≥3.0	≥6.0
2.0				≥2.0	≥4.0
1.6				≥1.6	≥3.0

生产厂家应向用户提供每一批建筑石膏的试验报告,用户在收到货后10 d内有权对产品进行复验。复验有一项以上的指标不合格,可判定该产品为不合格品;若只有一项指标不合格,可用两份密封备用样品对不合格项目重验,须两个样品该项目全部合格,才能判定该产品合格。

四、建筑石膏的应用及贮运

由于石膏具有以上特性,二水石膏可以作为石膏工业的原料,煅烧的硬石膏可浇筑地板和人造石板,建筑石膏在建筑工业中可作为室内抹灰、粉刷、油漆打底及建筑装饰制品,也可作为水泥的原料或调凝剂。

石膏在贮运过程中应注意防雨防潮,贮存期一般不超过3个月,过期或受潮都会使石膏强度显著降低。

【工程实例分析2-3】 石膏的应用举例。

石膏是一种既古老而又现代的材料,其用途之广泛,常见材料无与伦比。石膏用作工程材料已有几千年的历史:我国古长城的某些地段建造时使用石膏基材料作为砌筑灰浆,古埃及金字塔的石材缝隙和灰浆抹面当时使用的也是石膏胶凝材料。石膏在现代的应用几乎随处可见:极具欧美风情的浮雕装饰构件、各种精美绝伦的石膏雕塑、石膏装饰板和石膏吊顶等;有些现代外墙内保温板的表面也粘贴一层石膏板,以利用其防火、透气和吸湿的特性。石膏还可以入药、制绷带、生产硫酸和化肥,以及造纸、做模型、做粉笔,不胜枚举,石膏基建材具有明显的节能、环保和有利于健康的特征。石膏的煅烧温度低,天然硬石膏甚至不需要煅烧,与水泥、石灰相比生产石膏胶凝材料需要的能耗很小;石膏胶凝材料不管是在生产过程中还是在使用过程中都没有影响环境的物质排出,被称为“绿色建材”;石膏基建材质轻、透气、防火性好、装饰美观,并具有一定的调温、调湿作用,是室内装饰的良好材料。

任务三 水玻璃

一、水玻璃的生产

水玻璃俗称泡花碱，是一种水溶性的硅酸盐，主要成分是硅酸钠（$Na_2O \cdot nSiO_2$）、硅酸钾（$K_2O \cdot nSiO_2$）等。水玻璃的生产方法主要有干法生产和湿法生产。

干法生产是将石英砂和碳酸钠磨细拌匀，在 1 300~1 400 ℃的玻璃熔炉内加热熔化，冷却后成为固体水玻璃，然后在高压蒸汽锅内加热溶解成液体水玻璃。反应式如下：

$$Na_2CO_3+nSiO_2 \xrightarrow{1\,300\sim1\,400\ ℃} Na_2O \cdot nSiO_2+CO_2\uparrow$$

湿法生产是将石英砂和氢氧化钠溶液在蒸压锅（0.2~0.3 MPa）内用蒸汽加热，并搅拌，直接反应成液体水玻璃。反应式如下：

$$2NaOH+nSiO_2 \longrightarrow Na_2O \cdot nSiO_2+H_2O$$

硅酸钠中氧化硅与氧化钠的分子数比 n，称为水玻璃模数。n 越大，水玻璃的黏度越大，越难溶于水，但容易凝结硬化。建筑上常用的水玻璃是硅酸钠的水溶液，为无色或淡黄、灰白色的黏稠液体，模数为 2.6~2.8。

二、水玻璃的凝结硬化

水玻璃与空气中的二氧化碳反应，析出无定形二氧化硅凝胶，凝胶逐渐脱水成为氧化硅而硬化。反应式如下：

$$Na_2O \cdot nSiO_2+CO_2+mH_2O = Na_2CO_3+nSiO_2 \cdot mH_2O$$

上述反应十分缓慢，为加速其硬化，常在水玻璃中加入促硬剂氟硅酸钠，以加速二氧化硅凝胶的析出。反应式如下：

$$2(Na_2O \cdot nSiO_2)+mH_2O+ Na_2SiF_6 = (2n+1)SiO_2 \cdot mH_2O+6NaF$$

氟硅酸钠的掺量为水玻璃质量的 12%~15%。

三、水玻璃的性质

（一）黏结力强

水玻璃硬化后具有较高的强度。如水玻璃胶泥的抗拉强度大于 2.5 MPa，水玻璃混凝土的抗压强度为 15~40 MPa。此外，水玻璃硬化析出的硅酸凝胶还可堵塞毛细孔隙而防止水渗透。对于同一模数的液体水玻璃，其浓度越高、密度越大，则黏结力越强。而不同模数的液体水玻璃，模数越大，其胶体组分越多，黏结力也越强。

(二)耐酸能力强

硬化后的水玻璃,因起胶凝作用的主要成分是含水硅酸凝胶($nSiO_2 \cdot mH_2O$),所以能抵抗大多数无机酸和有机酸的作用,但水玻璃类材料不耐碱性介质侵蚀。

(三)耐热性好

由于硬化水玻璃在高温作用下脱水、干燥并逐渐形成 SiO_2 空间网状骨架,故具有良好的耐热性能。

四、水玻璃的应用

(一)配制耐酸砂浆和耐酸混凝土

水玻璃具有很高的耐酸性,以水玻璃为胶结材料,加入促硬剂和耐酸粗、细骨料,可配制成耐酸砂浆和耐酸混凝土,用于耐腐蚀工程,如铺砌的耐酸块材、浇筑地面、整体面层、设备基础等。

(二)配制耐热砂浆和耐热混凝土

水玻璃耐热性能好,能长期承受一定的高温作用,用它与促硬剂及耐热骨料等可配制耐热砂浆和耐热混凝土,用于高温环境中的非承重结构及构件。

(三)加固地基

将模数为2.5~3的液体水玻璃和氯化钙溶液交替压入地下,由于两种溶液发生化学反应,析出硅酸胶体,将土壤颗粒包裹并填实其孔隙。由于硅酸胶体膨胀挤压可阻止水分的渗透,使土壤固结,因而提高地基的承载力。

(四)涂刷或浸渍材料

将液体水玻璃直接涂刷在建筑物表面,可提高其抗风化能力和耐久性。而以水玻璃浸渍多孔材料,可使它的密实度、强度、抗渗性均得到提高。这是由于水玻璃在硬化过程中所形成的凝胶物质封堵和填充材料表面及内部孔隙的结果。但不能用水玻璃涂刷或浸渍石膏制品,因为水玻璃与硫酸钙反应生成体积膨胀的硫酸钠晶体会导致石膏制品的开裂以致破坏。

(五)修补裂缝、堵漏

将液体水玻璃、粒化矿渣粉、砂和氟硅酸钠按一定比例配制成砂浆,直接压入砖墙裂缝内,可起到黏结和增强的作用。在水玻璃中加入各种矾类的溶液,可配制成防水剂,能快速凝结硬化,适用于堵漏填缝等局部抢修工程。

水玻璃不耐氢氟酸、热磷酸及碱的腐蚀。水玻璃的凝胶体在大孔隙中会有脱水干燥收缩现象,降低使用效果。水玻璃的包装容器应注意密封,以免水玻璃和空气中的二氧化碳反应而分解,并避免落进灰尘、杂质。

小　结

- 气硬性胶凝材料
  - 石灰
    - 石灰的生产与分类
    - 石灰的熟化与硬化
    - 石灰的性质与技术指标
    - 石灰的应用
  - 石膏
    - 石膏的种类
    - 建筑石膏的凝结硬化
    - 石膏的性质与技术要求
    - 建筑石膏的应用及贮运
  - 水玻璃
    - 水玻璃的生产
    - 水玻璃的凝结硬化
    - 水玻璃的性质
    - 水玻璃的应用

项目三　水　泥

【学习指导】

掌握:硅酸盐水泥的生产与矿物组成,硅酸盐水泥的技术标准,硅酸盐水泥的特性及应用,掺混合材料硅酸盐水泥的特性与应用。

熟悉:硅酸盐水泥的凝结硬化,掺混合材料硅酸盐水泥的品种及技术标准。

了解:水泥混合材料,水泥石的侵蚀与防止,特性水泥和专用水泥,水泥的验收与保管。

【课程思政】

党的二十大报告提出,推动战略性新兴产业融合集群发展,构建新一代信息技术、人工智能、生物技术、新能源、新材料、高端装备、绿色环保等一批新的增长引擎。

目前我国已成为水泥第一生产大国,产量居世界首位。我国水泥行业积极践行"绿水青山就是金山银山"的发展理念,加快数字化、绿色化转型,发布《水泥行业绿色工厂评价要求》(JC/T 2634—2021)、《绿色设计产品评价技术规范 水泥》(JC/T 2642—2021)等行业标准;引入新技术、新工艺,着力创建"环境友好型、资源节约型"绿色环保企业,坚定不移走生态优先、绿色发展之路,自主研发各类特种水泥护航乌东德水电站、白鹤滩水电站、港珠澳大桥等国家重器建设。

水泥是最重要的建筑材料之一,常用来拌制砂浆和混凝土,也常用作灌浆材料。

粉末状的水泥与水拌和成可塑性浆体,经一系列的物理化学作用后,变成坚硬的水泥石,并能将散粒状(或块状)材料黏结成一个整体。

水泥是水硬性胶凝材料,不仅可以在空气中硬化,而且可以在潮湿环境,甚至在水中硬化,保持强度持续增长。

水泥的品种很多,按其矿物组成,可分为硅酸盐系水泥、铝酸盐系水泥及硫铝酸盐系水泥等,其中以硅酸盐系水泥应用最广。按水泥的用途及性能,可分为通用水泥、专用水泥与特性水泥三类。通用水泥是指大量用于土木工程的水泥,包括硅酸盐水泥、普通硅酸盐水泥(简称普通水泥)、矿渣硅酸盐水泥(简称矿渣水泥)、火山灰质硅酸盐水泥(简称火山灰水泥)、粉煤灰硅酸盐水泥(简称粉煤灰水泥)和复合硅酸盐水泥(简称复合水泥)等六大水泥。专用水泥是指有专门用途的水泥,如砌筑水泥、道路水泥、大坝水泥等。特性水泥是指某种性能比较突出的水泥,如快硬水泥、白水泥、抗硫酸盐水泥等。

任务一　硅酸盐水泥

凡由硅酸盐水泥熟料、0~5%的石灰石或粒化高炉矿渣、适量石膏磨细制成的水硬性胶凝材料,称为硅酸盐水泥。硅酸盐水泥分为两种,未掺入混合材料的称为Ⅰ型硅酸盐水泥,代号P·Ⅰ;掺入不超过5%混合材料的称为Ⅱ型硅酸盐水泥,代号P·Ⅱ。

一、硅酸盐水泥的生产工艺

生产硅酸盐水泥的原料主要是石灰质原料、黏土质原料及辅助原料如铁矿石等。石灰质原料,如石灰石,主要提供 CaO;黏土质原料,如黏土、粉煤灰、页岩等,主要提供 SiO_2、Al_2O_3、Fe_2O_3 等。

在硅酸盐水泥的生产过程中,须加入石膏和混合材料,加入石膏的作用是延缓水泥的凝结时间,满足使用要求,加入混合材料则是为了改善其品种和性能。

硅酸盐水泥的生产过程可概括为两磨一烧(见图 3-1),其中生料煅烧过程是水泥生产的关键环节,为了使生料能充分反应,形成水泥熟料,窑内煅烧温度为 1 450 ℃。

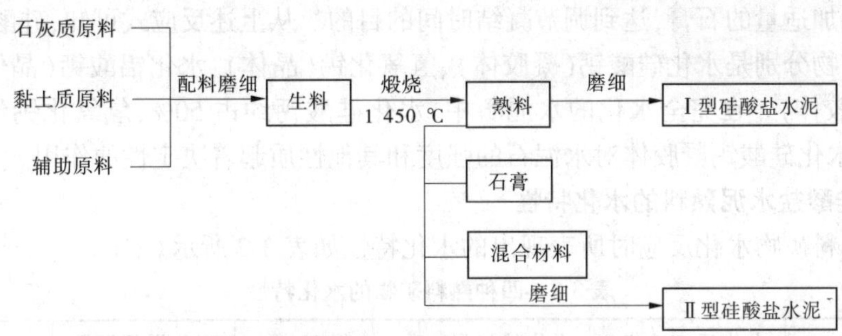

图 3-1 硅酸盐水泥的生产过程示意图

二、硅酸盐水泥熟料的矿物组成

硅酸盐系列水泥生产过程中经高温煅烧,生料中 SiO_2、Al_2O_3、Fe_2O_3 与 CaO 相结合,形成水泥熟料,其矿物成分主要是硅酸三钙、硅酸二钙、铝酸三钙和铁铝酸四钙等化合物。这四种矿物成分的含量如表 3-1 所示。

表 3-1 硅酸盐水泥熟料的主要矿物成分

矿物成分	化学式	缩写符号	含量(%)	
硅酸三钙	$3CaO\cdot SiO_2$	C_3S	37~60	75~82
硅酸二钙	$2CaO\cdot SiO_2$	C_2S	15~37	
铝酸三钙	$3CaO\cdot Al_2O_3$	C_3A	7~15	18~25
铁铝酸四钙	$4CaO\cdot Al_2O_3\cdot Fe_2O_3$	C_4AF	10~18	

除上述四种主要矿物组成外,还有少量的游离氧化钙(f-CaO)、游离氧化镁(f-MgO)、三氧化硫(SO_3)和碱(K_2O、Na_2O)等,其总含量一般不超过水泥质量的 10%,它们对水泥的性能都会产生不利影响。

三、硅酸盐水泥的凝结与硬化

水泥加入适量的水调成水泥浆后,发生化学变化,生成多种水化物,这一过程称为水化。水泥加水拌和的初期具有一定的流动性和可塑性的浆体,经自身的物理化学变化后,逐渐变稠失去可塑性,但尚无强度,这一过程称为凝结。随着水化反应的不断进行,产生强度,并逐渐发展成坚硬的水泥石,这一过程称为硬化。

(一)硅酸盐水泥的水化

水泥与水发生的化学反应,简称为水泥的水化反应。硅酸盐水泥熟料矿物的水化反应如下:

$$2(3CaO \cdot SiO_2)+6H_2O = 3CaO \cdot 2SiO_2 \cdot 3H_2O+3Ca(OH)_2$$

$$2(2CaO \cdot SiO_2)+4H_2O = 3CaO \cdot 2SiO_2 \cdot 3H_2O+Ca(OH)_2$$

$$3CaO \cdot Al_2O_3+6H_2O = 3CaO \cdot Al_2O_3 \cdot 6H_2O$$

$$4CaO \cdot Al_2O_3 \cdot Fe_2O_3+7H_2O = 3CaO \cdot Al_2O_3 \cdot 6H_2O+CaO \cdot Fe_2O_3 \cdot H_2O$$

由于铝酸三钙的水化反应极快,使水泥产生瞬时凝结,为了方便施工,在生产硅酸盐水泥时需掺加适量的石膏,达到调节凝结时间的目的。从上述反应式可知,硅酸盐水泥熟料的水化产物分别是水化硅酸钙(凝胶体)、氢氧化钙(晶体)、水化铝酸钙(晶体)和水化铁酸钙(凝胶体)。在完全水化的水泥石中,水化硅酸钙约占50%,氢氧化钙约占25%。通常认为,水化硅酸钙凝胶体对水泥石的强度和其他性质起着决定性的作用。

(二)硅酸盐水泥熟料的水化特性

四种熟料矿物水化反应时所表现出的水化特性如表3-2所示。

表3-2 四种熟料矿物的水化特性

名称	水化反应速率	水化放热量	强度	耐化学侵蚀性	干缩
硅酸三钙 C_3S	快	大	高	中	中
硅酸二钙 C_2S	慢	小	早期低,后期高	良	小
铝酸三钙 C_3A	最快	最大	低	差	大
铁铝酸四钙 C_4AF	快	中	低	优	小

硅酸盐水泥是几种矿物熟料的混合物,熟料的比例不同,硅酸盐水泥的水化特性也会发生改变。掌握水泥熟料矿物的水化特性,对分析判断水泥的工程性质、合理选用水泥以及改良水泥品质、研发水泥新品种具有重要意义。例如,适当提高水泥中 C_3S 的含量,可制成高强度水泥,用于高强度混凝土工程;提高 C_3S 和 C_3A 的含量,可制成快硬高强水泥,用于抢修工程。

石膏和铝酸三钙的水化产物水化铝酸钙发生反应,生成水化硫铝酸钙针状晶体(钙矾石),反应式如下:

$$3CaO \cdot Al_2O_3 \cdot 6H_2O+3(CaSO_4 \cdot 2H_2O)+19H_2O = 3CaO \cdot Al_2O_3 \cdot 3CaSO_4 \cdot 31H_2O$$

水化硫铝酸钙难溶于水,生成时附着在水泥颗粒表面,能降低水泥的水化反应速度。

(三)硅酸盐水泥的凝结硬化过程

硅酸盐水泥的凝结硬化过程主要是随着水化反应的进行,水化产物不断增多,水泥浆体结构逐渐致密,大致可分为三个阶段。水泥凝结硬化过程如图3-2所示。

1. 溶解期

水泥加水拌和后,水化反应首先从水泥颗粒表面开始,水化生成物迅速溶解于周围水体。新的水泥颗粒表面与水接触,继续水化反应,水化产物继续生成并不断溶解,如此继

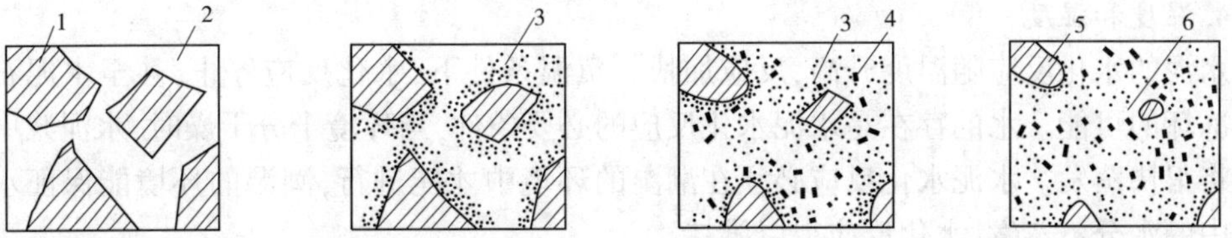

(a)分散在水中未水化的水泥颗粒　(b)在水泥颗粒表面形成水化产物膜层　(c)膜层长大并出现网状构造(凝胶)　(d)水化产物逐步发展，填充毛细孔(硬化)

1—水泥颗粒；2—水分；3—凝胶；4—晶体；5—水泥颗粒的未水化内核；6—毛细孔

图 3-2 水泥凝结硬化过程示意

续，水泥颗粒周围的水体很快达到饱和状态，形成溶胶结构。

2. 凝结期

溶液饱和后，继续水化的产物逐渐增多并发展成为网状凝胶体（水化硅酸钙、水化铁酸钙胶体中分布有大量的氢氧化钙、水化铝酸钙及水化硫铝酸钙晶体）。随着凝胶体逐渐增多，水泥浆体产生絮凝并开始失去塑性。

3. 硬化期

凝胶体的形成与发展，使水泥的水化反应越来越困难。随着水化反应继续缓慢地进行，水化产物不断生成并填充在浆体的毛细孔中，随着毛细孔的减少，浆体逐渐硬化。

硬化后的水泥石结构由凝胶体、未完全水化的水泥颗粒和毛细孔组成。

在水泥的水化、凝结与硬化过程中，各阶段是相互交错进行的，而且从水泥颗粒表面开始，逐渐往水泥颗粒的内核深入进行。开始是水化速度加快，水泥的强度增长快，但由于水泥水化不断进行，堆积在水泥颗粒周围的水化物不断增多，阻碍水和水泥未水化部分的接触，水化速度减慢，强度增长速度也逐渐减慢。但无论时间多久，水泥颗粒的内核很难完全水化。试验证明，只要保持环境潮湿，水泥石的强度在几十年以后仍增长。

（四）影响水泥凝结硬化的主要因素

1. 熟料矿物组成

不同矿物成分和水起反应时所表现出来的特点是不同的，四种主要熟料矿物中，C_3A 的水化和凝结硬化速度最快，是决定性因素，是强度的主要来源，也是影响水泥凝结时间的主要因素，加入石膏可延缓水泥凝结，但是石膏不能过多，否则会引起安定性不良。水泥的矿物组成是影响水泥凝结硬化的最重要因素，改变水泥的矿物组成，其凝结硬化情况将产生明显变化。

2. 细度

细度指水泥颗粒的粗细程度。细度越大，水泥颗粒越细，比表面积越大，水化反应越容易进行，水泥的凝结硬化越快。但细度不能过细，否则易与空气中的水分及二氧化碳反应而降低活性。

3. 用水量

水泥水化反应理论用水量约占水泥质量的 23%。加水太少，水泥水化反应不能充分进行；加水太多，水泥水化反应得以充分进行，但是水泥颗粒间原来被水隔开的距离较远，颗粒间相互连接形成骨架结构所需的凝结时间较长，水泥浆凝结较慢，且多余的水分蒸发后形成孔隙较多，造成水泥石的强度较低。

4. 温度和湿度

水泥的水化反应随温度升高，反应加快。负温条件下，水化反应停止，甚至水泥石结构有冻坏的可能。水的存在是水泥水化反应的必要条件，当环境十分干燥时，水泥浆中的水分将很快蒸发。水泥水化反应必须在潮湿的环境中才能进行，潮湿的环境能保证水泥浆体中的水分不蒸发，水化反应得以维持。

5. 养护时间

保持合适的环境温度和湿度，使水泥水化反应不断进行的措施，称为养护。水泥凝结硬化过程的实质是水泥水化反应不断进行的过程。水化反应时间越长，水泥石的强度越高。水泥石强度增长在早期较快，后期逐渐减缓，28 d以后显著变慢。试验资料显示，水泥的水化反应在适当的温度与湿度的环境中可延续数年。

四、硅酸盐水泥的技术性质

国家标准《通用硅酸盐水泥》(GB 175—2007)对硅酸盐水泥的主要技术性质要求如下。

(一)细度

细度是指水泥颗粒粗细的程度。它是影响水泥需水量、凝结时间、强度和安定性能的重要指标。水泥颗粒愈细，水化活性愈高，则与水反应的表面积愈大，因而水化反应的速度愈快；水泥石的早期强度愈高，硬化后体积收缩也愈大，所以水泥在贮运过程中易受潮而降低活性。因此，水泥细度应适当，根据国家标准 GB 175—2007 规定，硅酸盐水泥的细度用透气式比表面仪测定，要求其比表面积应不小于300 m^2/kg。

(二)标准稠度用水量

在检验水泥的凝结时间和体积安定性等技术指标时，必须在一个规定的稠度条件下进行，所测得的技术指标才有可比性，这个规定稠度称为标准稠度。水泥净浆达到标准稠度时，拌和水的质量占水泥质量的百分数，称为标准稠度用水量。硅酸盐水泥的标准稠度用水量一般为24%~30%。

(三)凝结时间

水泥的凝结时间分为初凝和终凝。初凝是指标准稠度的水泥净浆自加水时起至水泥浆开始失去可塑性的时间。终凝是指自加水时起至水泥浆完全失去可塑性的时间。

水泥的凝结时间对施工有重大意义。水泥的初凝不宜过早，以便在施工时有足够的时间完成混凝土或砂浆的搅拌、运输、浇捣和砌筑等操作；水泥的终凝不宜过迟，以免拖延施工工期。

国家标准规定：硅酸盐水泥初凝时间不得早于45 min，终凝时间不得迟于6.5 h。实际上，硅酸盐水泥的初凝时间一般为1~3 h，终凝时间一般为5~8 h。凡初凝时间不符合规定者为废品，终凝时间不符合规定者为不合格品。

(四)体积安定性

水泥体积安定性简称水泥安定性，是指水泥浆体硬化后体积变化的稳定性。安定性不良的水泥，在浆体硬化过程中或硬化后产生不均匀的体积膨胀，并引起水泥石开裂，降低建筑物质量，甚至引起严重质量事故。

水泥安定性不良的主要原因是熟料中含有过量的游离氧化钙、游离氧化镁或掺入的石膏过多。水泥中的游离氧化钙、游离氧化镁在水泥凝结硬化后开始进行水化反应,产生体积膨胀,破坏已硬化的水泥石结构,出现龟裂、弯曲或崩溃等不安定现象。石膏掺入过多,水泥硬化后,石膏水化生成的产物会使体积增大1.5倍,造成水泥石开裂。

国家标准规定,水泥熟料中游离氧化镁含量不得超过5.0%,三氧化硫含量不得超过3.5%,用沸煮法检验必须合格。体积安定性不合格的水泥不能用于工程中。一般用沸煮法检验游离氧化钙(f-CaO)是否引起安定性不合格,用蒸压法检验游离氧化镁(f-MgO)是否引起安定性不合格,用水浸法检验三氧化硫(SO_3)对安定性的影响。

(五)强度与强度等级

水泥强度是表征水泥力学性能的重要指标,它与水泥的矿物组成、水泥细度、水灰比、水化龄期和环境温度等密切相关。为了使试验结果具有可比性,水泥强度必须按《水泥胶砂强度试验方法(ISO法)》(GB/T 17671—1999)的规定制作试块,养护并测定其抗压强度值和抗折强度值。该值是评定水泥强度等级的依据。

水泥强度等级按规定龄期的抗压强度和抗折强度来划分,各强度等级水泥的各龄期强度不得低于表3-3的数值。表3-3中,硅酸盐水泥分为6个强度等级。依据水泥3 d的强度又可分为普通型和早强型(R型)两种类型。

表3-3 通用硅酸盐水泥的强度指标(GB 175—2007)

品种	强度等级	抗压强度(MPa)≥		抗折强度(MPa)≥	
		3 d	28 d	3 d	28 d
硅酸盐水泥	42.5	17.0	42.5	3.5	6.5
	42.5R	22.0	42.5	4.0	6.5
	52.5	23.0	52.5	4.0	7.0
	52.5R	27.0	52.5	5.0	7.0
	62.5	28.0	62.5	5.0	8.0
	62.5R	32.0	62.5	5.5	8.0
普通硅酸盐水泥	42.5	17.0	42.5	3.5	6.5
	42.5R	22.0	42.5	4.0	6.5
	52.5	23.0	52.5	4.0	7.0
	52.5R	27.0	52.5	5.0	7.0
矿渣硅酸盐水泥、火山灰质硅酸盐水泥、粉煤灰硅酸盐水泥、复合硅酸盐水泥	32.5	10.0	32.5	2.5	5.5
	32.5R	15.0	32.5	3.5	5.5
	42.5	15.0	42.5	3.5	6.5
	42.5R	19.0	42.5	4.0	6.5
	52.5	21.0	52.5	4.0	7.0
	52.5R	23.0	52.5	4.5	7.0

注:R为早强型;复合水泥不包含32.5、32.5R。

(六)氧化镁、三氧化硫、碱及不溶物含量

水泥中氧化镁(MgO)含量不得超过5.0%,如果水泥经蒸压安定性试验合格,则氧化镁含量允许放宽到6.0%。

三氧化硫(SO_3)含量不得超过3.5%。

碱含量是指水泥中氧化钠和氧化钾的含量。水泥中碱含量按 $Na_2O+0.658K_2O$ 计算值来表示。水泥中碱含量过高,则在混凝土中遇到活性骨料时,易产生碱-骨料反应,对工程造成危害。若使用活性骨料,用户要求提供低碱水泥时,水泥中碱含量不得大于0.6%或由供需双方商定。

不溶物的含量,在Ⅰ型硅酸盐水泥中不得超过0.75%,在Ⅱ型硅酸盐水泥中不得超过1.5%。

(七)烧失量

烧失量是指水泥在一定灼烧温度和时间内,烧失的质量占原质量的百分数。Ⅰ型硅酸盐水泥的烧失量不得大于3.0%,Ⅱ型硅酸盐水泥的烧失量不得大于3.5%。

(八)水化热

水化热是指水泥和水之间发生化学反应放出的热量,通常以焦耳/千克(J/kg)表示。

水泥水化放出的热量以及放热速度,主要取决于水泥的矿物组成和细度。熟料矿物中铝酸三钙和硅酸三钙的含量愈高,颗粒愈细,则水化热愈大,这对一般建筑的冬季施工是有利的,但对于大体积混凝土工程是有害的。为了避免由于温度应力引起水泥石的开裂,在大体积混凝土工程施工中,不宜采用硅酸盐水泥,而应采用水化热低的水泥,如中热水泥、低热矿渣水泥等。水化热的数值可根据国家标准规定的方法测定。

五、水泥石的侵蚀与防止

通常情况下,硬化后的硅酸盐水泥具有较强的耐久性。但在某些含侵蚀性物质(酸、强碱、盐类)的介质中,由于水泥石结构存在开口孔隙,有害介质浸入水泥石内部,水泥石中的水化产物与介质中的侵蚀性物质发生物理、化学作用,反应生成物或易溶解于水,或松软无胶结力,或产生有害的体积膨胀,这些都会使水泥石结构产生侵蚀性破坏。

几种主要的侵蚀作用如下。

(一)溶出性侵蚀(软水侵蚀)

在一般水中含有重碳酸盐,水泥石中的 $Ca(OH)_2$ 和水中的重碳酸盐反应,生成 $CaCO_3$ 积聚在已硬化的水泥石孔隙内和覆盖在水泥石表面,形成密实的保护层阻止外界水的侵入和内部 $Ca(OH)_2$ 的析出,保护了水泥石,因此水泥不会被溶解。

但是,水泥石长期处于软水中,水中不含重碳酸盐,氢氧化钙易被水溶解,使水泥石中的石灰浓度逐渐降低,当其浓度低于其他水化产物赖以稳定存在的极限浓度时,其他水化产物(如水化硅酸钙、水化铝酸钙等)也将被溶解。在流动及有压水的作用下,溶解物不断被水流带走,水泥石结构遭到破坏。

(二)酸类侵蚀

1.碳酸侵蚀

某些工业污水及地下水中常含有较多的二氧化碳。二氧化碳与水泥石中的氢氧化钙反应生成碳酸钙,碳酸钙与二氧化碳反应生成碳酸氢钙,反应式如下:

$$Ca(OH)_2+CO_2+H_2O \xlongequal{} CaCO_3+2H_2O$$

$$CaCO_3+CO_2+H_2O \rightleftharpoons Ca(HCO_3)_2$$

由于碳酸氢钙易溶于水,若被流动的水带走,化学平衡遭到破坏,反应不断向右边进行,则水泥石中的石灰浓度不断降低,水泥石结构逐渐被破坏。

2. 一般酸性侵蚀

某些工业废水或地下水中常含有游离的酸类物质,当水泥石长期与这些酸类物质接触时,产生的化学反应如下:

$$2HCl+Ca(OH)_2 = CaCl_2+2H_2O$$

$$H_2SO_4+Ca(OH)_2 = CaSO_4 \cdot 2H_2O$$

生成的氯化钙易溶解于水,被水带走后,降低了水泥石的石灰浓度;二水石膏在水泥石孔隙中结晶膨胀,使水泥石结构开裂。

(三)盐类侵蚀

1. 硫酸盐侵蚀

在海水、盐沼水、地下水及某些工业废水中常含有硫酸钠、硫酸钙、硫酸镁等硫酸盐,硫酸盐与水泥石中的氢氧化钙发生反应,均能生成石膏。石膏与水泥石的水化铝酸钙反应,生成水化硫铝酸钙。由于水化硫铝酸钙含水量大,结晶时体积膨胀,比原有体积增大1.5倍,对已硬化的水泥石起到极大的破坏作用。

2. 镁盐侵蚀

在海水及某些地下水中常含有大量的镁盐,水泥石长期处于这种环境中,发生如下反应:

$$MgSO_4+Ca(OH)_2+2H_2O = CaSO_4 \cdot 2H_2O+Mg(OH)_2$$

$$MgCl_2+Ca(OH)_2 = CaCl_2+Mg(OH)_2$$

生成的氯化钙易溶解于水,氢氧化镁松软无胶结力,石膏产生有害性膨胀,均能造成水泥石结构的破坏。

(四)侵蚀的防止

根据水泥石侵蚀的原因及侵蚀的类型,工程中可采取下列防止侵蚀的措施:

(1)根据环境介质的侵蚀特性,合理选择水泥品种。例如,掺混合材料的硅酸盐水泥具有较强的抗溶出性侵蚀能力,抗硫酸盐硅酸盐水泥(简称抗硫酸盐水泥)抵抗硫酸盐侵蚀的能力较强。

(2)提高水泥石的密实度。通过合理的材料配比设计,提高施工质量,均可以获得均匀密实的水泥石结构,避免或减缓水泥石的侵蚀。

(3)设置保护层。必要时可在建筑物表面设置保护层,隔绝侵蚀性介质,保护原有建筑结构,使之不遭受侵蚀。例如,设置沥青防水层、不透水的水泥砂浆层及塑料薄膜防水层等,均能起到保护作用。

【工程实例分析3-1】 体积安定性不良的水泥使用分析。

现象:某县一机关修建职工住宅楼,共六幢,设计均为七层砖混结构,建筑面积10 001 m^2,主体完工后进行墙面抹灰,采用某水泥厂生产的强度等级32.5的水泥。抹灰后在两个月内相继发现该工程墙面抹灰出现开裂,并迅速发展。开始由墙面一点产生膨胀变形,形成不规则的放射状裂缝,多点裂缝相继贯通,成为典型的龟状裂缝,并且空鼓。

原因分析:后经查证,该工程所用水泥中氧化镁含量严重超标,致使水泥安定性不合格,施工单位未对水泥进行进场检验就直接使用,因此产生大面积的空鼓、开裂。最后该工程墙面抹灰全面返工,造成严重的经济损失。因此,体积安定性不良的水泥应作废品处理,严禁用于工程上。

【工程实例分析3-2】 水泥水化热对大体积混凝土早期开裂的影响。

现象:重庆市某水利工程在冬季拦河大坝大体积混凝土浇筑完毕后,施工单位根据外界气候变化情况立即做好了混凝土的保温保湿养护,但事后在混凝土表面仍然出现了早期开裂现象。

原因分析:大体积混凝土早期温度开裂主要由水泥早期水化放热、外界气候变化、施工及养护条件等因素决定,其中水泥早期水化放热对大体积混凝土早期温度开裂影响最突出。由于混凝土是热的不良导体,水泥水化(水泥和水之间发生的化学反应)过程中释放出来的热量短时间内不容易散发,特别是在冬季施工的大体积混凝土,混凝土外(室外)温度很低,当水泥水化产生大量水化热时,混凝土内外产生很大温差,导致混凝土内部存在温度梯度,从而加剧了表层混凝土内部所受的拉应力作用,导致混凝土出现早期开裂现象。

六、硅酸盐水泥的特性与应用

(一)硬化快,强度高

硅酸盐水泥凝结硬化速度快,早期强度和后期强度都比较高,适用于早期强度要求较高的工程,如现浇混凝土梁、板、柱和预制构件;也适用于重要结构的高强度混凝土和预应力混凝土工程等。

(二)水化热大、抗冻性好

硅酸盐水泥中硫酸三钙和铝酸三钙的含量比较高,水化时放出的热量比较大,非常有利于冬季混凝土工程的施工,但不宜用于大体积混凝土工程。

由于硅酸盐水泥硬化后的水泥石结构密实,所以其抗冻性好,比较适用于严寒地区遭反复冻融的工程和抗冻性要求高的工程,如混凝土大坝的溢流面、严寒地区水位变化区的混凝土等。

(三)干缩性小、耐磨性好

硅酸盐水泥硬化时干缩性小,不易产生干缩裂缝,可用于干环境工程。由于其干缩比较小,表面不易起粉尘,因此耐磨性好,可用于道路工程。

(四)耐腐蚀性差

由于硅酸盐水化后在水泥石中有较多的氢氧化钙,所以耐软水和耐化学腐蚀性差。硅酸盐水泥不宜用于经常与流动的淡水接触和有压力水作用的工程,也不适用于受海水、矿物水等作用的工程。

(五)耐热性能差

硅酸盐水泥石在温度超过250 ℃时生成的水化物开始脱水,体积产生收缩,强度开始下降,当水泥石受热温度超过600 ℃时,由于水泥石的体积膨胀会造成破坏。因此,硅酸盐水泥不宜用于耐热性要求高的工程,如工业窑炉、高炉基础、高温车间等;也不宜用来配制耐热混凝土。

任务二 掺混合材料的硅酸盐水泥

在水泥生产过程中,为改善水泥性能、调节水泥强度等级而加到水泥中的矿物质材料称为混合材料(简称混合材)。凡在硅酸盐水泥熟料中掺入一定量的混合材料和适量的石膏共同磨细制成的硬性胶凝材料,均属掺混合材料的硅酸盐水泥。按掺混合材料的品种和数量,可分为普通硅酸盐水泥、矿渣硅酸盐水泥、火山灰质硅酸盐水泥、粉煤灰硅酸盐水泥及复合硅酸盐水泥。

一、水泥混合材料

混合材料根据矿物材料的性质,可分为活性混合材料和非活性混合材料。

(一)活性混合材料

活性混合材料本身没有水硬性或水硬性很弱,但在石灰或石膏共同作用下,则具有较强的水硬性。水泥中常用的活性混合材料有粒化高炉矿渣、火山灰质混合材料、粉煤灰。

(二)非活性混合材料

非活性混合材料是指在水泥中主要起填充作用,而又不损害水泥性能的矿物质材料。这类材料本身不具有或具有微弱的水硬性,与水泥矿物成分不起化学反应。非活性混合材料掺入水泥中主要起调节水泥强度、增加水泥产量及降低水化热等作用。常用的有磨细石英砂、石灰石粉及磨细的高炉矿渣和高硅质炉灰等。

二、掺混合材料的硅酸盐水泥品种

(一)普通硅酸盐水泥

国家标准 GB 175—2007 规定,凡是由硅酸盐水泥熟料、5%~20%混合材料、适量石膏,经磨细制成的水硬性胶凝材料,称普通硅酸盐水泥,代号为 P·O。

国家标准 GB 175—2007 规定,普通水泥分 42.5、42.5R、52.5、52.5R 四个强度等级,各龄期的强度要求列于表 3-3 中;初凝时间不得早于 45 min,终凝时间不得迟于 10 h;细度用比表面积表示,根据规定不小于 300 m^2/kg;在 80 μm 方孔筛上的筛余量不得超过 10.0%。普通水泥的烧失量不得大于 5.0%;其他如体积安定性、氧化镁、三氧化硫、碱含量等均与硅酸盐水泥的规定相同。由于混合材料掺量少,因此其性能与同强度等级的硅酸盐水泥相近。这种水泥被广泛用于各种混凝土或钢筋混凝土工程,是我国主要的水泥品种之一。

(二)矿渣硅酸盐水泥

国家标准 GB 175—2007 规定,凡是由硅酸盐水泥熟料和粒化高炉矿渣、适量石膏,经磨细制成的水硬性胶凝材料,称矿渣硅酸盐水泥,代号为 P·S。水泥中粒化高炉矿渣掺加量按质量百分比计为>20%且≤70%,并分为 A 型和 B 型。A 型矿渣掺量>20%且≤50%,代号为 P·S·A;B 型矿渣掺量>50%且≤70%,代号为 P·S·B。允许用石灰石、窑灰、粉煤灰和火山灰质混合材料中的一种代替矿渣,代替量不得超过水泥质量的 8%,而替代后的水泥中粒化高炉矿渣不得少于 20%。

矿渣水泥的细度一般用筛余量表示,筛余量是一定质量的水泥在标准筛筛分后残留于筛上部分的质量占原质量的百分数,0.08 mm 方孔筛筛余量不大于10%或者0.045 mm 方孔筛筛余量不大于30%;矿渣水泥的强度分为32.5、32.5R、42.5、42.5R、52.5、52.5R六个强度等级。各龄期的强度要求列于表3-3中,凝结时间、体积安定性要求与普通硅酸盐水泥相同。

(三)火山灰质硅酸盐水泥

国家标准GB 175—2007规定,凡是由硅酸盐水泥熟料和火山灰质混合材料、适量石膏,经磨细制成的水硬性胶凝材料,称火山灰质硅酸盐水泥,代号为P·P。水泥中火山灰质混合材料掺加量按质量百分比计为>20%且≤40%。火山灰质硅酸盐水泥对细度、凝结时间、体积安定性和强度等级的划分及各强度等级水泥强度要求与矿渣水泥相同。

(四)粉煤灰硅酸盐水泥

国家标准GB 175—2007规定,凡是由硅酸盐水泥熟料和粉煤灰、适量石膏,经磨细制成的水硬性胶凝材料,称粉煤灰硅酸盐水泥,代号为P·F。水泥中粉煤灰掺加量按质量百分比计为20%~40%。

粉煤灰硅酸盐水泥对细度、凝结时间、体积安定性和强度等级的划分及各强度等级水泥强度要求与矿渣水泥相同。

(五)复合硅酸盐水泥

国家标准GB 175—2007规定,凡是由硅酸盐水泥熟料和两种或两种以上规定的混合材料、适量石膏,经磨细制成的水硬性胶凝材料,称复合硅酸盐水泥,代号为P·C。水泥中混合材料总掺量按质量百分比计为>20%且≤50%,允许不超过8%的窑灰代替部分混合材料。掺矿渣时,混合材料掺量不得与矿渣水泥重复。复合水泥熟料中氧化镁的含量不得超过5.0%,如蒸压安定性合格,则含量允许放宽到6.0%。水泥中三氧化硫含量不得超过3.5%。复合硅酸盐水泥对细度、凝结时间、体积安定性与矿渣水泥相同。复合水泥的强度等级为42.5、42.5R、52.5、52.5R。

三、掺混合材料的硅酸盐水泥的特性及应用

(一)矿渣硅酸盐水泥、火山灰质硅酸盐水泥、粉煤灰硅酸盐水泥的共性特点

1. 早期强度低,后期强度高

因为水泥中熟料比例较低,而混合材料的二次水化较慢,所以其早期强度低,后期二次水化产物不断增多,水泥强度发展较快,达到甚至超过同等级的硅酸盐水泥。因此,这三种水泥不宜用于早期强度要求高的工程、冬季施工工程和预应力混凝土工程等,且应加强早期养护。

三种水泥在高温养护时水化速率大大提高,强度发展加快,可得到较高的早期强度和后期强度,因此适合采用高温湿热养护,如蒸汽养护。

2. 抗腐蚀能力强,抗碳化能力差

水泥熟料用量少,水化生成$Ca(OH)_2$量少,且二次水化还要消耗大量$Ca(OH)_2$,使水泥石中易腐蚀的成分减少,水泥石的耐软水腐蚀、耐硫酸腐蚀等能力大大提高,可用于有耐腐蚀性要求的工程中。

但是,由于水化生成$Ca(OH)_2$量少,水泥石碱度较低,遇到有碳化的环境时,表面碳

化较快，碳化深度较深，对钢筋的保护不利。若碳化达到钢筋表面，会导致钢筋锈蚀，使钢筋混凝土产生顺筋裂缝，降低耐久性。

3. 水化放热速度慢，放热量少

熟料中水化放热量大的矿物较少，水泥的水化热大大降低，适合于大体积混凝土工程，如大型基础和水坝等，适当调整组成比例就可生产出大坝专用的低热水泥品种。

4. 抗冻性差，耐磨性差

由于加入较多混合材料，水泥的需水量增加，用水量较多，易形成较多的毛细孔或粗大孔隙，且水泥早期强度较低，抗冻性和耐磨性下降，因此不宜用于严寒地区水位升降范围内的混凝土工程和有耐磨性要求的工程。

（二）矿渣硅酸盐水泥、火山灰质硅酸盐水泥、粉煤灰硅酸盐水泥的个别特性

1. 矿渣硅酸盐水泥

矿渣硅酸盐水泥耐热性好，因为矿渣本身为耐火材料，因此可用于耐热混凝土工程，如制作冶炼车间、锅炉房等高温车间的受热构件和窑炉外壳等。

2. 火山灰质硅酸盐水泥

火山灰质硅酸盐水泥抗渗性好，当处在潮湿环境或水中养护时，水泥中的活性混合材料吸收石灰而产生膨胀胶化作用，并且形成较多的水化硅酸钙凝胶，使水泥石结构致密，因此有较高的紧密度和抗渗性，故宜用于抗渗要求较高的工程。

3. 粉煤灰硅酸盐水泥

粉煤灰硅酸盐水泥干缩性小、抗裂性较高。由于粉煤灰内比表面积较小，吸附水的能力较小，又因粉煤灰本身是球体，需水量小，故干缩小。

（三）复合硅酸盐水泥的特性与应用

复合硅酸盐水泥的早期强度接近于普通水泥，性能略优于其他掺混合材料的水泥，适用范围较广。它掺加了两种或两种以上的混合材料，有利于发挥各种材料的优点，为充分利用混合材料生产水泥、扩大水泥应用范围提供了广阔的途径。

四、通用硅酸盐水泥的性能特点及应用

通用硅酸盐水泥是土建工程中用途最广、用量最大的水泥品种，其性能特点及应用如表 3-4 所示。

表 3-4 通用硅酸盐水泥的特性及适用范围

水泥品种		硅酸盐水泥	普通硅酸盐水泥	矿渣硅酸盐水泥	火山灰质硅酸盐水泥	粉煤灰硅酸盐水泥
特性	硬化	快	较快	慢	慢	慢
	早期强度	高	较高	低	低	低
	水化热	高	高	低	低	低
	抗冻性	好	较好	差	差	差
	耐热性	差	较差	好	较差	较差
	干缩性	较小	较小	较大	较大	较小
	抗渗性	较好	较好	差	较好	较好
	耐蚀性	差	较差	好	好	好

续表 3-4

水泥品种	硅酸盐水泥	普通硅酸盐水泥	矿渣硅酸盐水泥	火山灰质硅酸盐水泥	粉煤灰硅酸盐水泥
适用范围	1. 制造地上、地下及水中的混凝土、钢筋混凝土及预应力钢筋混凝土结构,包括受冻融循环的结构及早期强度要求较高的工程; 2. 配制建筑砂浆	与硅酸盐水泥基本相同	1. 大体积工程; 2. 高温车间和有耐热耐火要求的混凝土结构; 3. 蒸汽养护的构件; 4. 一般地上、地下和水中的钢筋混凝土结构; 5. 有抗硫酸盐侵蚀要求的工程; 6. 配制建筑砂浆	1. 地下、水中大体积混凝土结构; 2. 有抗渗要求的工程; 3. 蒸汽养护的构件; 4. 有抗硫酸盐侵蚀要求的工程; 5. 一般混凝土及钢筋混凝土工程; 6. 配制建筑砂浆	1. 地上、地下、水中和大体积混凝土工程; 2. 蒸汽养护的构件; 3. 抗裂性要求较高的构件; 4. 有抗硫酸盐侵蚀要求的工程; 5. 一般混凝土工程; 6. 配制建筑砂浆
不适用工程	1. 大体积混凝土工程; 2. 受化学及海水侵蚀的工程; 3. 耐热要求高的工程; 4. 有流动水及压力水作用的工程	同硅酸盐水泥	1. 早期强度要求较高的混凝土工程; 2. 有抗冻要求的混凝土工程	1. 早期强度要求较高的混凝土工程; 2. 有抗冻要求的混凝土工程; 3. 干燥环境的混凝土工程; 4. 有耐磨性要求的混凝土工程	1. 早期强度要求较高的混凝土工程; 2. 有抗冻要求的混凝土工程; 3. 有抗碳化要求的混凝土工程

【工程实例分析 3-3】 粉煤灰混凝土超强分析。

现象:长江三峡工程第二阶段采用了高效缓凝减水剂、优质引气剂和Ⅰ级粉煤灰联合掺加技术,有效地降低了混凝土的用水量。实践证明,按照配合比配制的混凝土具有高性能混凝土的所有特点,混凝土的抗渗性能、抗冻性能和抗压强度都满足设计要求,在抗压强度方面则普遍超过设计强度,试分析其原因。

原因分析:①粉煤灰效应,包括形态效应、火山灰效应和微集料效应三个方面,分别起到润滑、胶凝和改善颗粒级配的功效,提高了混凝土的性能。②Ⅰ级粉煤灰具有较大的比表面积,更好的火山灰活性,特别是在混凝土硬化后期,效应更为突出。尤其是配合掺有高效减水剂、引气剂的情况下，如果对粉煤灰的火山灰效应估计不足，就有可能导致混凝土超强。③粉煤灰混凝土后期强度有较大的增长趋势，90 d 接近不掺粉煤灰的混凝土，180 d 则可能超过。长江三峡工程中，设计龄期为 90 d、粉煤灰掺量为 40%的混凝土都存在超强问题。

任务三 特性水泥和专用水泥

在水利水电工程中，除使用通用硅酸盐水泥外，也常使用中热硅酸盐水泥、低热硅酸盐水泥。在某些特殊情况下，还需使用抗硫酸盐硅酸盐水泥、快硬硅酸盐水泥、高铝水泥和明矾石膨胀水泥等。小型工程及一般工程，还可使用石膏矿渣水泥。已建水利工程正逐步成为旅游点，白色水泥和彩色水泥的应用也越来越多。

一、中热硅酸盐水泥、低热硅酸盐水泥

拦河大坝等大体积混凝土工程、水化热要求较低的混凝土工程使用的水泥品种一般有中热硅酸盐水泥、低热硅酸盐水泥等。

（1）中热硅酸盐水泥是以适当成分的硅酸盐水泥熟料，加入适量石膏，磨细制成的具有中等水化热的水硬性胶凝材料，简称中热水泥。

（2）低热硅酸盐水泥是以适当成分的硅酸盐水泥熟料，加入适量石膏，磨细制成的具有低水化热的水硬性胶凝材料。

中热硅酸盐水泥与硅酸盐水泥的性能相似，只是水化热较低，抗溶出性侵蚀及抗硫酸盐侵蚀的能力稍强，适用于大坝溢流面层或水位变化区的面层等要求水化热较低、抗冻性及抗冲磨性较高的部位。低热硅酸盐水泥的水化热低，3 d、7 d 水化热比中热水泥低 15%~20%，而且水化放热平缓，峰值温度低。其早期强度较低，但后期强度增进率大，28 d 强度与硅酸盐水泥相当，3~6 个月龄期强度高于硅酸盐水泥 10~20 MPa。实现了水泥性能的低热高强，适合水工大体积混凝土、高强高性能混凝土工程。

二、抗硫酸盐硅酸盐水泥

凡以适当成分的生料，烧至部分熔融，所得的以硅酸钙为主的特定矿物组成的熟料，加入适量石膏，磨细制成的具有一定抗硫酸盐侵蚀性能的水硬性胶凝材料，称为抗硫酸盐硅酸盐水泥，又称抗硫酸盐水泥。

抗硫酸盐水泥的主要特点是抗硫酸盐侵蚀的能力很强，也具有较强的抗冻性和较低的水化热。它适用于同时受硫酸盐侵蚀、冻融和干湿交替作用的海港工程、水利工程及地下工程。

三、快硬硅酸盐水泥

凡以硅酸盐水泥熟料和适量石膏磨细制成的，以 3 d 抗压强度表示强度等级的水硬性胶凝材料，称为快硬硅酸盐水泥，简称快硬水泥。快硬水泥的强度等级按 3 d 的抗压强度划分为 32.5、37.5、42.5 三个强度等级。

快硬水泥具有硬化快、早期强度较高的特点,可用来配制早强、高强混凝土。它适用于紧急抢修、低温施工工程和高强度混凝土预制构件等。由于快硬水泥的水化热比普通水泥大,因此不适宜用于大体积混凝土工程。

四、高铝水泥

高铝水泥是以矾土及石灰石为原料,经高温煅烧,得到以铝酸钙为主、氧化铝含量约占50%的熟料,磨细制成的水硬性胶凝材料,旧称铝酸盐水泥或矾土水泥,代号CA。

高铝水泥的水化放热多且快,硬化快,抗渗性、抗冻性和抗侵蚀性很强,适用于要求早期强度高、紧急抢修、冬季施工、抵抗硫酸盐侵蚀及冻融交替频繁的工程,也可配制膨胀水泥和自应力水泥。但是铝酸盐水泥的后期强度增长不显著,有时可能会下降,尤其是在温度高于30 ℃的湿热环境中的混凝土工程。

高铝水泥与石灰、硅酸盐类水泥混用,会使水泥石的强度严重降低。所以,高铝水泥不能与石灰、硅酸盐水泥混用或接触使用。

五、明矾石膨胀水泥

凡以硅酸盐水泥熟料、天然明矾石、石膏和粒化高炉矿渣(或粉煤灰),按适当比例磨细制成的具有膨胀性能的水硬性胶凝材料,称为明矾石膨胀水泥。

明矾石膨胀水泥适用于防水层、防渗混凝土工程或防渗抹面,填灌预留孔洞,预制混凝土构件的接缝,结构的加固与修补,制造高压钢筋混凝土管及自应力钢筋混凝土构件等。

六、白色硅酸盐水泥和彩色硅酸盐水泥

以适当成分的水泥生料烧至部分熔融,所得以硅酸钙为主要成分、氧化铁含量很少的白色硅酸盐水泥熟料,再加入适量石膏,磨细制成的水硬性胶凝材料称为白色硅酸盐水泥,简称白水泥。

凡以白色硅酸盐水泥熟料、优良白色石膏及矿物染料、外加剂共同磨细而成,或者在白水泥生料中加入金属氧化物着色剂,直接煅烧而成的一种水硬性彩色胶凝材料,称为彩色硅酸盐水泥,简称彩色水泥。

彩色硅酸盐水泥根据其着色方法的不同,有两种生产方式,即染色法和直接烧成法。染色法是将硅酸盐水泥熟料(白水泥熟料或普通水泥熟料)、适量石膏和碱性颜料共同磨细而制得彩色水泥;直接烧成法是在水泥生料中加入着色原料而直接煅烧成彩色水泥熟料,再加入适量石膏共同磨细制成彩色水泥。

白水泥和彩色水泥可以配制彩色水泥浆,用作建筑物内、外墙粉刷及天棚、柱子的装饰粉刷;配制各种彩色砂浆用于装饰抹灰;配制白水泥混凝土或彩色水泥混凝土,克服普通水泥混凝土颜色灰暗、单调的缺点;制造各种色彩的水刷石、人造大理石及水磨石等制品。

七、大坝水泥

对于大坝水泥没有一个明确的定义,主要指用于建造水利工程的具有中、低等水化热的水泥。在我国,常用的大坝水泥有中热硅酸盐水泥、低热硅酸盐水泥和低热矿渣硅酸盐水泥,此外,还有低热粉煤灰硅酸盐水泥、低热微膨胀水泥和粉煤灰低热微膨胀水泥。

八、砌筑水泥

砌筑水泥是以一种或一种以上活性混合材料或具有水硬性的工业废料为主要原料,加入适量硅酸盐水泥熟料和石膏,经磨细制成的水硬性胶凝材料,代号 M。这种水泥的强度较低,不能用于钢筋混凝土或结构混凝土,主要用于工业与民用建筑的砌筑和抹面砂浆、垫层混凝土等。

根据国家标准《砌筑水泥》(GB/T 3183—2017),砌筑水泥分为 12.5、22.5 及 32.5 三个强度等级,其中 7 d 抗压强度分别不低于 7.0 MPa、10.0 MPa,28 d 抗压强度分别不低于 12.5 MPa、22.5 MPa 及 32.5MPa。

九、道路水泥

以适当成分的生料烧至部分熔融所得的以硅酸钙为主要成分和较多量的铁铝酸钙的硅酸盐水泥熟料称为道路硅酸盐水泥熟料。由道路硅酸盐水泥熟料(0~10%)、活性混合材料和适量石膏磨细制成的水硬性胶凝材料称为道路硅酸盐水泥,简称道路水泥。

道路水泥具有较高的抗折强度、耐磨性、抗冻性,广泛用于道路、路面和机场跑道等工程。

任务四 水泥的检验及保管

一、水泥的检验

(一)取样、出厂

水泥出厂前是按同品种、同强度等级编号的。每一编号为一取样单位,取样应有代表性。可连续取,也可以从 20 个以上不同部位取等量样品,总量至少 12 kg。

水泥经确认各项技术指标及包装质量符合要求后,方可出厂。

(二)判定规则

水泥出厂前,生产厂家应按国家标准规定的取样规则和检验方法对水泥进行检验,并向用户提供试验报告,试验报告内容应包括国家标准规定的化学指标和物理指标,出厂水泥凡不溶物、烧失量、三氧化硫、氧化镁、氯离子、凝结时间、安定性、强度符合规定的为合格品,其中任何一项不符合技术要求的为不合格品。

(三)水泥交货与验收

交货时,水泥的质量验收可以抽取实物试样的检验结果为依据,也可以生产者同编号水泥的检验报告为依据。采用前者为依据时,买卖双方应取数量为 20 kg 的样品缩分为两等份,签封后,一份检验,另一份由卖方保存。当有争议时,40 d 内将卖方保存的另一份试样送省级或省级以上国家认可的水泥质量监督检验机构进行仲裁检验;水泥安定性仲裁检验时,应在取样之日起 10 d 以内完成。采用后者验收方法时,异议期为 3 个月。

(四)包装

水泥可以袋装或散装,袋装水泥每袋净含量 50 kg,且不得少于标志质量的 99%;随机抽取 20 袋总质量(含包装袋)不得少于 1 000 kg。

(五)标志

水泥包装袋上应标明执行标准、水泥品种、代号、强度等级、生产者名称和地址、生产许可证标志(QS)及编号、出厂编号、包装日期、净含量等。包装袋两侧应根据水泥的品种采用不同的颜色印刷水泥名称和强度等级,硅酸盐水泥和普通硅酸盐水泥印刷字体的颜色采用红色,矿渣硅酸盐水泥印刷字体的颜色采用绿色,火山灰质硅酸盐水泥、粉煤灰硅酸盐水泥及复合硅酸盐水泥印刷字体的颜色采用黑色。散装水泥交货时也应提交与袋装水泥标志相同内容的卡片。

(六)工程现场水泥检验规定

水泥进入工程场地时,应对其品种、级别、包装或散装仓号、出厂日期等进行检查,并对其强度、安定性及其他必要性能指标进行复检,其质量必须符合国家标准。

当在使用中对水泥质量有怀疑,或袋装水泥出厂超过 3 个月(快硬水泥超过 1 个月)、散装水泥出厂超过 6 个月时,应对水泥进行复验,并按其实测强度结果使用。

钢筋混凝土结构、预应力混凝土结构中,严禁使用含氯化物的水泥。

检查数量:按同一生产厂家、同一等级、同一品种、同一批号且连续进场的水泥,袋装不超过 200 t 为一批,散装不超过 500 t 为一批,每批抽样不少于一次。散装水泥应随机从不少于 3 个灌车中取等量水泥,经搅拌混合均匀后不少于 12 kg。袋装水泥取样应有代表性,可连续取,也可从 20 个以上不同部位取等量样品,经混合拌匀后取总量至少 12 kg。

按照上述方法取得的样品,按标准规定检验前,将其分成两等份,盛于密闭、防潮且不易与水泥发生反应的容器中。一份用于标准检验,另一份封存保管 3 个月,以备有疑问时复验。

对于受潮水泥,因受潮程度不同,强度降低程度不同,应谨慎使用。通常,在使用受潮水泥前应对其进行烧失量和强度等级检验,并按其实测强度结果使用。

二、水泥的保管

水泥在运输与贮存时,不得受潮和混入杂物,不同品种和强度等级的水泥应分别贮运,不得混杂。水泥仓库应有排水、通风措施,保持干燥。堆放袋装水泥时,应设防潮层,距地面、边墙至少 30 cm,堆放高度不得超过 15 袋,并留出运输通道。

水泥存放过久,强度会有所降低,因此袋装水泥出厂超过 3 个月(快硬水泥超过 1 个月)、散装水泥出厂超过 6 个月时,应对水泥进行复验,并按其实测强度结果使用。

小 结

- 水泥
  - 硅酸盐水泥
    - 硅酸盐水泥的生产工艺
    - 硅酸盐水泥熟料的矿物组成
    - 硅酸盐水泥的凝结与硬化
    - 硅酸盐水泥的技术性质
    - 水泥石的侵蚀与防止
  - 掺混合材料的硅酸盐水泥
    - 水泥混合材料
    - 掺混合材料的硅酸盐水泥品种
    - 掺混合材料的硅酸盐水泥的特性及应用
  - 特性水泥和专用水泥
    - 中热硅酸盐水泥、低热硅酸盐水泥
    - 抗硫酸盐硅酸盐水泥
    - 快硬硅酸盐水泥
    - 高铝水泥
    - 明矾石膨胀水泥
    - 白色硅酸盐水泥和彩色硅酸盐水泥
    - 大坝水泥
    - 砌筑水泥
    - 道路水泥
  - 水泥检验及保管
    - 水泥的检验
    - 水泥的保管

项目四　混凝土

【学习指导】

掌握水泥混凝土的主要技术性能及其影响因素、配合比设计和质量评定方法;熟悉混凝土主要组成材料及其对混凝土性能的影响;了解混凝土外加剂、其他品种混凝土等内容。

【课程思政】

党的二十大报告指出,要加快发展方式绿色转型,实施全面节约战略,发展绿色低碳产业,倡导绿色消费,推动形成绿色低碳的生产方式和生活方式。混凝土作为用量最大的建筑材料,绿色、低碳的混凝土生产和供应方式更加符合减排需求。在混凝土生产过程中,通过采用矿物掺合料替代水泥,采用工业固废、尾矿、建筑垃圾等替代骨料,采用可循环设计混凝土材料体系等直接或间接降低碳排放的技术,实现混凝土行业绿色、低碳、高质量发展。

任务一　概　述

混凝土是由胶凝材料和粗、细骨料加水拌和后,经一定时间硬化而成的人造石材,必要时,还需要加外加剂或混合料。混凝土是现代土木结构中用量最大的建筑材料之一,广泛应用于建筑工程、水利工程、道桥工程、地下工程及国防工程。

一、混凝土的分类

混凝土可以根据特性、组成及施工方法等不同的角度进行分类。

(一)按表观密度分类

(1)重混凝土。指表观密度大于2 800 kg/m^3 的混凝土。为了屏蔽各种射线的辐射,采用各种高密度骨料配制的混凝土。骨料为钢屑、重晶石、铁矿石等重骨料,水泥为钡水泥、锶水泥等重水泥。重混凝土又称防辐射混凝土,用于核能工厂的屏障结构材料。

(2)普通混凝土。指表观密度为2 000~2 800 kg/m^3 的混凝土,骨料为天然砂、石,表观密度一般多在2 400 kg/m^3 左右,简称混凝土,是土木工程中最常用的混凝土品种,用于各种建筑的承重结构材料。

(3)轻混凝土。指表观密度小于1 950 kg/m^3 的混凝土。它包括轻骨料混凝土、多孔混凝土和大孔混凝土等。骨料为多孔轻质骨料,或无砂的大孔混凝土或不采用骨料而掺入加气剂或泡沫剂形成的多孔结构混凝土。轻混凝土主要用作轻质结构(大跨度)材料和隔热保温材料。

(二)按胶凝材料的品种分类

混凝土按主要胶凝材料的品种可分为水泥混凝土、石膏混凝土、水玻璃混凝土、沥青混凝土、聚合物混凝土等。

(三)按强度等级分类

(1)低强度混凝土,强度等级为C10~C30。

(2)中强度混凝土,强度等级为C30~C60。

(3)高强度混凝土,强度等级为C60~C100。

(4)超高强度混凝土,强度等级大于C100。

(四)按使用功能分类

混凝土按使用功能可分为结构混凝土、道路混凝土、水工混凝土、耐热混凝土、耐酸混凝土、防辐射混凝土、补偿收缩混凝土、防水混凝土、加气混凝土、高性能混凝土等。

(五)按生产和施工方法分类

混凝土按生产和施工方法可分为普通浇筑混凝土、预拌(商品)混凝土、泵送混凝土、喷射混凝土、压力灌浆混凝土(预填骨料混凝土)、挤压混凝土、离心混凝土、真空吸水混凝土、碾压混凝土等。

此外,按每立方米混凝土中水泥用量(C)分为贫混凝土($C \leqslant 170\ kg/m^3$)和富混凝土($C \geqslant 230\ kg/m^3$)。按掺合料的不同可分为粉煤灰混凝土、纤维混凝土、硅灰混凝土、磨细高炉矿渣混凝土等。

二、普通混凝土

普通混凝土是指以水泥为胶凝材料,砂子和石子为骨料,经加水搅拌、浇筑成型、凝结固化而成的具有一定强度的"人工石材",即水泥混凝土,是目前工程上用量最大的混凝土品种。

(一)普通混凝土的主要优点

(1)原材料来源丰富。混凝土中约70%以上的材料是砂石料,属地方性材料,可就地取材,避免远距离运输,因而价格低廉。

(2)施工方便。混凝土拌和物具有良好的流动性和可塑性,可根据工程需要浇筑成各种形状、尺寸的构件及构筑物。既可现场浇筑成型,也可预制。

(3)性能可根据需要设计调整。通过调整各组成材料的品种和数量,特别是掺入不同外加剂和掺合料,可获得不同施工和易性、强度、耐久性或具有特殊性能的混凝土,满足工程上的不同要求。

(4)抗压强度高。混凝土的抗压强度一般为7.5~60 MPa。当掺入高效减水剂和掺合料时,强度可达100 MPa以上。混凝土与钢筋具有良好的匹配性,浇筑成钢筋混凝土后,可以有效地改善抗拉强度低的缺陷,使混凝土能够应用于各种结构、部位。

(5)耐久性好。原材料选择正确、配比合理、施工养护良好的混凝土具有优异的抗渗性、抗冻性和耐腐蚀性能,且对钢筋有保护作用,可保持混凝土结构长期使用、性能稳定。

(6)匹配性好。混凝土与钢筋及钢纤维等有牢固的黏结力。

(二)普通混凝土存在的主要缺点

(1)自重大。1 m^3 混凝土重约2 400 kg,故结构物自重较大,导致地基处理费用增加。

(2)抗拉强度低,抗裂性差。混凝土的抗拉强度一般只有抗压强度的1/20~1/10,易开裂。

(3)收缩变形大。水泥凝结硬化过程中由于水化引起的自身收缩和干燥收缩达 500×10^{-6} m/m以上,易使混凝土产生收缩裂缝。

(4)导热系数大,保温隔热性能较差。

(5)硬化较慢,生产周期长。

三、混凝土的发展趋势

(一)高性能混凝土(HPC)

高性能混凝土要求有高强度等级($f_{cu}\geqslant60$ MPa)和良好的工作性、体积稳定性和耐久性。

高性能混凝土发展途径:

(1)采用高性能的原料以及与之相适应的工艺。

(2)采用多元复合途径提高混凝土的综合性能。例如,掺入高效减水剂、缓凝剂、引气剂、硅灰、优质粉煤灰、稻壳灰及沸石粉等。

(二)绿色高性能混凝土(GHPC)

从节约能源、资源,减少工业废料排放和保护自然环境角度考虑,要求混凝土及其原材料的开发、生产、建筑施工作业等既能满足建设需要,又不危及后代人的延续生存环境。绿色高性能混凝土由于具有良好的性能与环境协调性,已成为混凝土产业未来发展的方向。加快发展绿色高性能混凝土,满足工程建设需要是建筑业贯彻实施可持续发展战略的重要途径。

(三)其他新技术混凝土

其他新技术混凝土有灭菌、环境调节、变色、智能混凝土等。

任务二　普通混凝土的组成材料

普通混凝土组成材料包括水泥、天然砂、石、水、掺合剂和外加剂,见图4-1。砂、石骨料主要起骨架作用;水泥与水形成的水泥浆包裹在骨料表面并填充空隙,在混凝土硬化前起润滑作用,赋予混凝土拌和物一定的流动性,以便于施工;在混凝土硬化后起胶结作用,将砂石胶结成整体,使混凝土具有一定的强度。

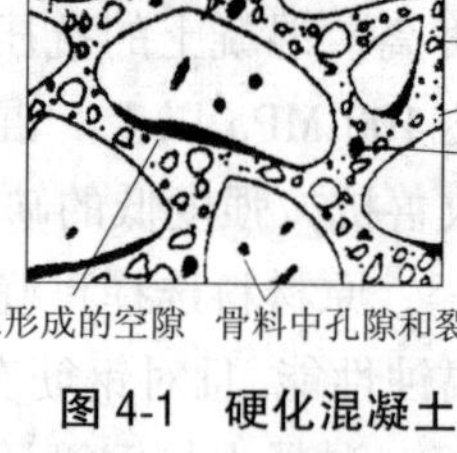

图4-1　硬化混凝土的结构

混凝土的性能在很大程度上取决于组成材料的性能。因此,必须根据工程性质、设计要求和施工现场条件合理选择原料的品种、质量和用量。要做到合理选择原材料，则首先必须了解组成材料的性质、作用原理和质量要求。

一、水泥

(一)水泥品种的选择

水泥品种的选择主要依据工程结构特点、工程所处环境、施工条件及水泥的供应情况等综合考虑。具体选择时可参照表4-1。

表4-1 常用水泥的选用

混凝土工程特点或所处环境条件		优先选用	可以使用	不得使用
环境条件	普通环境中的混凝土	普通水泥	矿渣水泥、火山灰水泥、粉煤灰水泥	
环境条件	干燥环境中的混凝土	普通水泥	矿渣水泥	火山灰水泥、粉煤灰水泥
环境条件	高湿度环境中或永远处在水下的混凝土	矿渣水泥、火山灰水泥、粉煤灰水泥	普通水泥	
环境条件	严寒地区的露天混凝土、寒冷地区处在水位升降范围内的混凝土	普通水泥	矿渣水泥	火山灰水泥、粉煤灰水泥
环境条件	严寒地区处在水位升降范围内的混凝土	普通水泥		火山灰水泥、粉煤灰水泥、矿渣水泥、复合水泥
环境条件	受侵蚀介质作用的混凝土	根据侵蚀性介质的种类、浓度等具体条件按专门(或设计)规定选用		
环境条件	厚大体积的混凝土	粉煤灰水泥、矿渣水泥	普通水泥、火山灰水泥	硅酸盐水泥、快硬硅酸盐水泥
工程特点	早强快硬的混凝土	快硬硅酸盐水泥、硅酸盐水泥	普通水泥	矿渣水泥、火山灰水泥、粉煤灰水泥
工程特点	高强(大于C60)的混凝土	硅酸盐水泥	普通水泥、矿渣水泥	火山灰水泥、粉煤灰水泥
工程特点	有抗渗性要求的混凝土	普通水泥、火山灰水泥		不宜使用矿渣水泥
工程特点	有耐磨性要求的混凝土	硅酸盐水泥、普通水泥	矿渣水泥	火山灰水泥、粉煤灰水泥

(二)水泥强度等级的选择

水泥强度等级应与混凝土设计强度等级相一致，即水泥强度等级的选择，应根据混凝土的设计强度等级要求来考虑，使采用的水泥强度等级与混凝土强度等级相适应。通常是高强度等级的水泥配制高强度等级的混凝土、低强度等级的水泥配制低强度等级的混凝土。

若采用的水泥强度等级过低,为满足强度要求,必然使水泥用量过大,减小水灰比,结果影响混凝土拌和物的流动性,不但不经济而且显著增加混凝土的水化热和混凝土的干缩、徐变,混凝土强度也得不到保证。若采用的水泥强度等级过高,较少的水泥用量就可以满足强度的要求。但水泥用量过少会影响混凝土施工、和易性及耐久性要求,所以水泥用量又不能太少而这样往往产生超强现象,也不经济。一般对于中低强度等级(C60以下)的混凝土,水泥的抗压强度为混凝土抗压强度的1.5~2.0倍时较为适宜;对高强度等级(C60以上)的混凝土,可取较低倍数。随着混凝土强度等级的不断提高、新工艺的不断出现以及高效外加剂的广泛应用,对于高强度、高性能混凝土的配合比要求将不受此比例限制。

二、细骨料

公称粒径为0.15~4.75 mm的骨料称为细骨料,即砂。砂按产源分为天然砂、机制砂和混合砂三类,见表4-2;按技术要求将砂分为Ⅰ类、Ⅱ类和Ⅲ类,见表4-3。

表4-2 混凝土用砂按产源的分类及其特点

种类	含义	组成	特点
天然砂	自然生成的,经人工开采和筛分的粒径小于4.75 mm的岩石颗粒,包括河砂、湖砂、山砂、淡化海砂,但不包括软质、风化的岩石颗粒	河砂、湖砂、淡化海砂	表面较光滑
		山砂	表面粗糙、棱角多、含泥、含有机质多
机制砂	经除土处理,由机械破碎、筛分制成的粒径小于4.75 mm的岩石、矿山尾矿或工业废渣颗粒,但不包括软质、风化的颗粒,俗称人工砂	—	颗粒棱角多,但砂中片状颗粒、石粉含量多
混合砂	由天然砂和人工砂按一定比例组合而成的砂	—	充分利用地方资源,降低机制砂成本

注:海砂可用于配制素混凝土,但不能直接用于配制钢筋混凝土,主要是氯离子含量高,容易导致钢筋锈蚀,如要使用,必须经过淡水冲洗,使有害成分含量减少到要求以下。山砂可以直接用于一般工程混凝土结构,当用于重要结构物时,必须通过坚固性试验和碱活性试验。

表4-3 混凝土用砂按技术要求的分类

类别	Ⅰ类	Ⅱ类	Ⅲ类
用途	用于强度等级大于C60的混凝土	用于强度等级C30~C60及抗冻、抗渗或其他要求的混凝土	用于强度等级小于C30的混凝土和建筑砂浆

(一)细骨料的主要质量指标

1. 有害杂质含量

细骨料中凡含有会降低混凝土强度和耐久性的物质统称为有害杂质,如泥(天然砂中粒径小于75 μm的颗粒)、泥块(粒径大于1.18 mm,经水浸洗、手捏后小于600 μm的颗粒)、云母、石粉(机制砂中粒径小于75 μm的颗粒)、轻物质、硫酸盐($CaSO_4 \cdot 2H_2O$)及硫化物(FeS_2)、氯盐及有机质等。

(1)泥、泥块、云母、石粉及轻物质,它们黏附于砂表面或夹杂其中,严重降低水泥与砂的黏结强度,并增加水泥浆的用量,从而增大混凝土的收缩,降低混凝土的强度、抗渗性和抗冻性。

(2)硫化物及硫酸盐,它们对水泥有腐蚀作用,从而降低混凝土的耐久性。

(3)氯离子对钢筋有严重的腐蚀作用,当采用海砂配制钢筋混凝土时,海砂中氯离子含量要求小于0.06%(以干砂重计);对预应力混凝土不宜采用海砂,若必须使用海砂,需经淡水冲洗至氯离子含量小于0.02%。用海砂配制素混凝土,氯离子含量不予限制。

《建设用砂》(GB/T 14684—2011)对有害物质含量的限值见表4-4。

表4-4 砂中的有害物质限值

类别	Ⅰ类	Ⅱ类	Ⅲ类
含泥量(按质量计,%)	≤1.0	≤3.0	≤5.0
泥块含量(按质量计,%)	0	≤1.0	≤2.0
石粉含量(按质量计,%)	≤10.0		
云母(按质量计,%)	≤1.0	≤2.0	
轻物质(按质量计,%)	≤1.0		
有机物	合格		
硫化物及硫酸盐(按SO_3质量计,%)	≤0.5		
氯化物(以氯离子质量计,%)	≤0.01	≤0.02	≤0.06
贝壳(按质量计,%)[a]	≤3.0	≤5.0	≤8.0

注:a表示该指标仅适用于海砂,其他砂种不做要求。

2. 坚固性

砂的坚固性是指砂在自然风化和其他外界物理化学因素作用下,抵抗破坏的能力。

砂的坚固性应采用硫酸钠溶液法进行检验,砂样经5次循环后,其质量损失应符合表4-5的要求。当采用机制砂时,压碎指标应满足表4-5的要求。

表4-5 砂的坚固性指标

类别	Ⅰ类	Ⅱ类	Ⅲ类
质量损失(%)	≤8		≤10
单级最大压碎指标(%)	≤20	≤25	≤30

3. 砂的颗粒级配与粗细程度

(1)砂的颗粒级配是指砂中不同粒径颗粒的组合情况。在混凝土中砂粒之间的空隙是由水泥浆所填充的,为达到节约水泥和提高强度的目的,就应尽量减少砂粒之间的空隙,如图4-2所示。如果是同样粗细的砂,空隙最大[见图4-2(a)];两种粒径搭配使空隙就减小了[见图4-2(b)];三种粒径搭配,空隙就更小了[见图4-2(c)]。由此可见,要想减小砂粒间的空隙,就必须有大小不同的颗粒搭配。级配良好的砂,不仅可以节省水泥,而且混凝土结构密实,和易性、强度、耐久性可得到加强,并且减少了混凝土的干缩以及徐变。

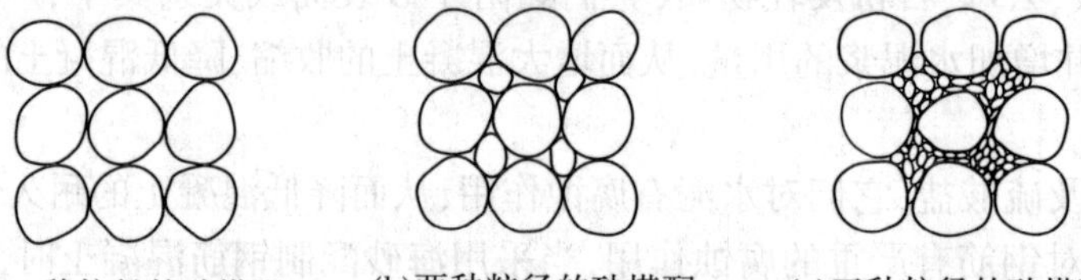

(a)一种粒径的砂搭配　(b)两种粒径的砂搭配　(c)三种粒径的砂搭配

图4-2　骨料颗粒搭配示意图

(2)砂的粗细程度是指不同粒径的砂粒混合在一起后的平均粗细程度。通常有粗砂、中砂与细砂之分。在相同质量条件下,细砂的总表面积较大,而粗砂的总表面积较小。砂的总表面积愈大,则在混凝土中需要包裹砂粒表面的水泥浆就愈多。当混凝土拌和物的流动性要求一定时,用粗砂拌制的混凝土比用细砂所需的水泥浆省。但若砂过粗,却又使混凝土拌和物容易产生离析、泌水现象,影响混凝土的均匀性。因此,在拌制混凝土的工程当中应同时考虑砂的粗细程度与砂的颗粒级配。当砂含有较多的粗颗粒,并且以适当的中颗粒及少量细颗粒填充间隙时,不但具有较小的空隙率,而且具有较小的总表面积。既节约水泥,又可提高混凝土的密实性与强度。因此,用作配制混凝土的砂,不宜过细也不宜过粗。

(3)砂的颗粒级配与粗细程度用标准筛进行筛分试验而确定。其中,砂的颗粒级配用级配区来表示,粗细程度用细度模数来表示,通过砂的筛分析法可得到级配区和细度模数。

筛分析法是将500 g烘干砂样置于一套孔径为4.75 mm、2.36 mm、1.18 mm、0.60 mm、0.30 mm、0.15 mm的标准筛上,由大到小的顺序过筛,然后称量各号筛上的筛余量(m_1、m_2、m_3、m_4、m_5、m_6),分别计算出各号筛的分计筛余百分率(a_1、a_2、a_3、a_4、a_5、a_6)和累计筛余百分率(A_1、A_2、A_3、A_4、A_5、A_6),两者关系如表4-6所示。

表4-6　累计筛余与分计筛余计算关系

筛孔尺寸(mm)	筛余量(g)	分计筛余百分率(%)	累计筛余百分率(%)
4.75	m_1	$a_1=\frac{m_1}{500}\times100$	$A_1=a_1$
2.36	m_2	$a_2=\frac{m_2}{500}\times100$	$A_2=a_1+a_2$
1.18	m_3	$a_3=\frac{m_3}{500}\times100$	$A_3=a_1+a_2+a_3$
0.60	m_4	$a_4=\frac{m_4}{500}\times100$	$A_4=a_1+a_2+a_3+a_4$
0.30	m_5	$a_5=\frac{m_5}{500}\times100$	$A_5=a_1+a_2+a_3+a_4+a_5$
0.15	m_6	$a_6=\frac{m_6}{500}\times100$	$A_6=a_1+a_2+a_3+a_4+a_5+a_6$

细度模数根据下式计算(精确至0.01):

$$M_x = \frac{A_2 + A_3 + A_4 + A_5 + A_6 - 5A_1}{100 - A_1} \tag{4-1}$$

砂按细度模数 M_x 大小分为特粗砂、粗砂、中砂、细砂、特细砂5种规格。其中,$M_x>3.7$ 为特粗砂,$M_x=3.1\sim3.7$ 为粗砂,$M_x=3.0\sim2.3$ 为中砂,$M_x=2.2\sim1.6$ 为细砂,$M_x=1.5\sim0.7$ 为特细砂。

砂的颗粒级配根据0.60 mm筛孔对应的累计筛余百分率 A_4,分成Ⅰ区、Ⅱ区和Ⅲ区三个级配区,见表4-7。级配良好的粗砂应落在Ⅰ区,级配良好的中砂应落在Ⅱ区,级配良好的细砂则应落在Ⅲ区。

表4-7　砂的颗粒级配区范围

筛孔尺寸(mm)	累计筛余百分率(%)		
	Ⅰ区	Ⅱ区	Ⅲ区
9.50	0	0	0
4.75	10~0	10~0	10~0
2.36	35~5	25~0	15~0
1.18	65~35	50~10	25~0
0.60	85~71	70~41	40~16
0.30	95~80	92~70	85~55
0.15	100~90	100~90	100~90

注:1. 天然砂的颗粒级配应符合表中规定,机制砂0.15 mmⅠ区、Ⅱ区、Ⅲ区累计筛余百分率范围分别为97%~85%、94%~80%、94%~75%;

2. 对于砂浆用砂,4.75 mm筛孔的累计筛余量应为0;

3. 砂的实际颗粒级配与表中所列的累计筛余百分率相比,除孔径4.75 mm和0.60 mm筛档外,其他各筛的累计筛余百分率可以略有超出,但各级累计筛余超出值总和不应大于5%。

配制混凝土时应优先采用Ⅱ区砂,当采用Ⅰ区砂时,应提高砂率,并保持足够的水泥用量,以满足混凝土的和易性;当采用Ⅲ区砂时,宜适当降低砂率,以保证混凝土强度。对于泵送混凝土用砂宜选用中砂。

以累计筛余百分率为纵坐标、筛孔尺寸为横坐标,根据表4-7的级配区可绘制出Ⅰ、Ⅱ、Ⅲ级配区的筛分曲线,如图4-3所示。在筛分曲线上可以直观地分析砂的颗粒级配优劣。

从级配曲线也可以看出砂的粗细,筛分曲线超过Ⅰ区往下偏时,表示砂过粗;筛分曲线超过Ⅲ区往上偏时,表示砂过细。

如果砂的自然级配不符合要求,可采用人工掺配的方法来改善。最简单的措施是将粗、细砂按适当比例掺配后使用,或砂过筛后剔除过粗或过细颗粒。

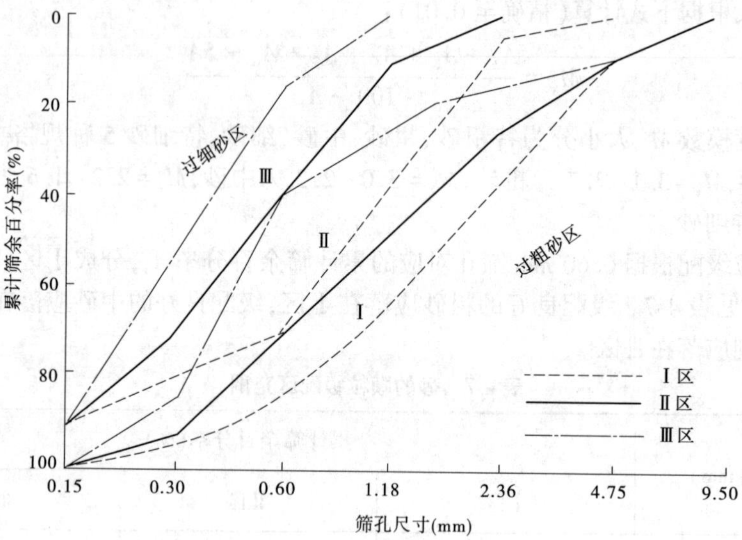

图4-3　砂的Ⅰ、Ⅱ、Ⅲ级配区曲线

【**例4-1**】　某工程用砂,经烘干、称量、筛分析,测得各号筛上的筛余量列于表4-8。试评定该砂的粗细程度和级配情况。

表4-8　烘干砂的各筛筛余量

筛孔尺寸(mm)	分计筛余量(g)	分计筛余百分率(%)	累计筛余百分率(%)
4.75	28.5	$a_1=5.7$	$A_1=5.7$
2.36	57.6	$a_2=11.5$	$A_2=17.2$
1.18	73.1	$a_3=14.6$	$A_3=31.8$
0.60	156.6	$a_4=31.3$	$A_4=63.1$
0.30	118.5	$a_5=23.7$	$A_5=86.8$
0.15	55.5	$a_6=11.1$	$A_6=97.9$
筛底(0.15以下)	9.7	1.9	

解:(1)计算细度模数:

$$M_x=\frac{A_2+A_3+A_4+A_5+A_6-5A_1}{100-A_1}$$

$$=\frac{(17.2+31.8+63.1+86.8+97.9)-5\times5.7}{100-5.7}$$

$$=2.85$$

(2)根据表中数据绘制该砂的级配曲线,如图4-4所示,该砂样在0.60 mm筛上的累计筛余率$A_4=63.1$落在Ⅱ区,其他各筛上的累计筛余率也均落在Ⅱ区规定的范围内,因此可以判定该砂为Ⅱ区砂。

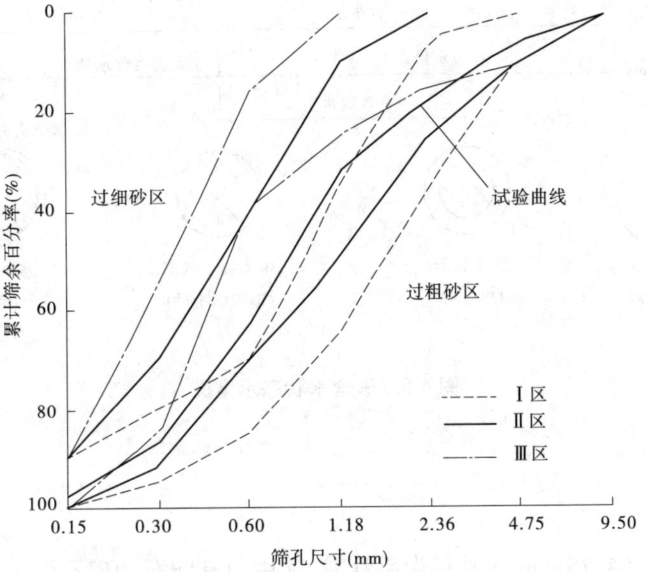

图 4-4　砂的级配曲线

结果评定：此砂细度模数为 2.85，级配曲线属于Ⅱ区砂范围内，属于中砂且级配良好，可用于配制混凝土。

(二)砂的物理性质

1. 砂的密度、堆积密度及空隙率

砂的密度(表观密度)与矿物成分有关，一般石英砂的表观密度为 2 600～2 700 kg/m³。按《普通混凝土用砂、石质量及检验方法标准》(JGJ 52—2006)规定，砂子堆积密度分为松散堆积密度和紧密堆积密度(具体试验方法见有关试验章节)。一般干砂松散堆积密度为 1 400～1 600 kg/m³，紧密堆积密度为 1 600～1 700 kg/m³。两种密度的大小，反映出砂子两种状态的空隙率。一般混凝土用砂的空隙率为 40%～45%；级配良好的砂，可减小到 40%以下。

2. 砂的含水状态

砂的含水状态有 4 种，如图 4-5 所示。

(1)完全干燥状态：砂粒内外不含任何水，通常在烘干条件下而得。

(2)气干状态：砂粒表面干燥，内部孔隙部分有水，指室内或室外空气平衡的含水状态。

(3)饱和面干状态：砂粒表面干燥，内部孔隙全部吸水饱和。饱和面干砂既不从混凝土混合料中吸取水分，也不给混合料带入额外水分。水利工程上通常采用饱和面干状态计量砂用量。

(4)水湿润状态：砂粒内部吸水饱和，表面还有部分水。施工场地上，特别是雨后出现此种状况。

在计算混凝土各项材料的配合比时，一些大型重要工程多按饱和面干状态的砂子及石子来设计混凝土配合比；工业和民用房屋及一般构筑物常以干燥状态骨料为基准来进

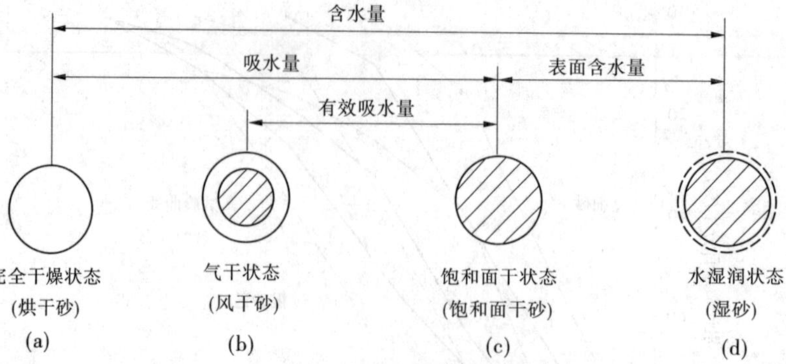

图 4-5 砂含水状态示意图

行配合比设计。

三、粗骨料

颗粒粒径大于4.75 mm的骨料为粗骨料,常用的有卵石和碎石两大类。卵石是由天然岩石经自然风化、水流搬运和分选、堆积形成的。碎石是由天然岩石、卵石或矿山废石经机械破碎、筛分制成的。

卵石和碎石按照技术要求分为Ⅰ类、Ⅱ类和Ⅲ类三个类别。通常Ⅰ类宜用于强度等级大于C60的混凝土;Ⅱ类宜用于强度等级C30~C60及有抗冻、抗渗或其他要求的混凝土;Ⅲ类宜用于强度等级小于C30的混凝土和建筑砂浆。

配制混凝土对骨料的要求,主要有以下几个方面。

(一)有害杂质含量

骨料中的有害杂质有黏土、淤泥及细屑、硫化物及硫酸盐、有机物质及含有活性氧化硅岩石颗粒等,并且不得混有草根、树叶、树枝、塑料、煤块、炉渣等杂物。粗骨料中有害杂质的含量应符合表4-9的规定。

表 4-9 含泥量和泥块含量

项目	Ⅰ类	Ⅱ类	Ⅲ类
含泥量(按质量计,%)	≤0.5	≤1.0	≤1.5
泥块含量(按质量计,%)	0	≤0.2	≤0.5
硫化物及硫酸盐的含量(按 SO_3 质量计,%)	≤0.5	≤1.0	
有机物	合格		

(二)强度

为了保证混凝土的强度,要求粗骨料质地致密、具有足够的强度。粗骨料的强度可用岩石抗压强度或压碎指标来表示。

1. 岩石抗压强度

《建设用卵石、碎石》(GB/T 14685—2011)规定，岩石的抗压强度采用 ϕ50 mm×50 mm 的圆柱体或边长为 50 mm 的立方体试样浸水 48 h 后测定。一般要求其抗压强度大于配制混凝土强度的 1.5 倍，且要求其抗压强度火成岩不小于 80 MPa，变质岩不小于 60 MPa，水成岩不小于 30 MPa。

2. 压碎指标

压碎指标是将 9.5~19 mm 的石子 3 000 g，装入压碎指标测定仪专用试样筒中，用 200 s 匀速施加荷载至 200 kN 并稳荷 5 s 卸荷，卸载后用孔径 2.36 mm 的筛子筛去被压碎的细粒，细料的质量占总质量的百分比即为压碎指标。

压碎值越小，表示石子强度越高，反之亦然。各类别骨料的压碎指标应符合表 4-10 的规定。

表 4-10　压碎指标

项目	Ⅰ类	Ⅱ类	Ⅲ类
碎石压碎指标(%)	≤10	≤20	≤30
卵石压碎指标(%)	≤12	≤14	≤16

(三)坚固性

坚固性是指卵石、碎石在自然风化和其他外界物理化学因素作用下抵抗破裂的能力。对于有抗冻要求的混凝土所用粗骨料，必须测定其坚固性。碎石或卵石的坚固性是通过硫酸钠溶液法来检验的，试样经 5 次循环后，其质量损失应符合表 4-11 的规定。

表 4-11　坚固性指标

项目	Ⅰ类	Ⅱ类	Ⅲ类
质量损失(%)	≤5	≤8	≤12

(四)针、片状颗粒含量

卵石、碎石的颗粒形状以近立方体或近球状体为最佳，但在岩石破碎、生产碎石的过程中往往产生一定量的针、片状颗粒，使骨料的空隙率增大，并降低混凝土的强度，特别是抗折强度。针状颗粒是指长度大于该颗粒所属相应粒级的平均粒径 2.4 倍的颗粒；片状颗粒是指厚度小于该颗粒所属相应粒级的平均粒径 40%的颗粒。卵石及碎石的针、片状颗粒总含量应符合表 4-12 的规定。

表4-12 针、片状颗粒总含量

项目	Ⅰ类	Ⅱ类	Ⅲ类
针、片状颗粒总含量（按质量计,%）	≤5	≤10	≤15

(五)最大粒径

混凝土所用粗骨料的公称粒级上限称为最大粒径。骨料粒径越大,其表面积越小,通常空隙率也相应减小,因此所需的水泥浆数量也相应减少,有利于节约水泥、降低成本,并改善混凝土性能。所以,在条件许可的情况下,应尽量选择较大粒径的骨料。但在实际工程中,骨料最大粒径受到多种条件的限制:

(1)最大粒径不得大于构件最小截面尺寸的1/4,同时不得大于钢筋净距的3/4。

(2)对于混凝土实心板,最大粒径不宜超过板厚的1/3,且不得大于40 mm。

(3)高强混凝土最大粒径不宜大于25 mm。

(4)对于泵送混凝土,当泵送高度在50 m以下时,最大粒径与输送管内径之比,碎石不宜大于1∶3,卵石不宜大于1∶2.5。

(5)对大体积混凝土(如混凝土坝或围堤)或疏筋混凝土,最大粒径不宜小于31.5 mm。由于受到搅拌设备和运输、成型设备条件的限制,可在大体积混凝土中抛入大块石(或称毛石),亦称抛石混凝土,以达到节省水泥、降低收缩的目的。

(六)颗粒级配

粗骨料的颗粒级配对混凝土的和易性、强度和耐久性影响起决定性作用,因此粗骨料在使用之前,同样需要确定其颗粒级配。

粗骨料的颗粒级配也可通过筛分来确定,所用标准筛的孔径分别为2.36 mm、4.75 mm、9.50 mm、16.0 mm、19.0 mm、26.5 mm、31.5 mm、37.5 mm、53.0 mm、63.0 mm、75.0 mm、90.0 mm。

按供料情况,石子的颗粒级配分为连续粒级和单粒级两种。碎石、卵石的颗粒级配均应符合表4-13的要求。

连续粒级指4.75 mm以上至最大粒径,各粒级均占一定比例,且在一定范围内。单粒级指从1/2最大粒径开始至最大粒径。

通常,混凝土工程都采用连续级配的粗骨料,若骨料的自然连续级配不满足工程设计要求,可采用连续级配与单粒级混合使用的方式,以改善级配或配成较大粒度的连续粒级。

(七)物理性质

粗骨料的物理性质指标要求见表4-14。

(八)碱-骨料反应

碱-骨料反应是水泥、外加剂等混凝土组成材料及外界环境中的碱与骨料中碱活性矿物在潮湿环境中缓慢发生并导致混凝土开裂破坏的膨胀反应。

表 4-13 碎石、卵石的颗粒级配

公称粒级（mm）		不同筛孔尺寸（方孔筛）（mm）下的累计筛余百分率（%）											
		2.36	4.75	9.50	16.0	19.0	26.5	31.5	37.5	53.0	63.0	75.0	90.0
连续粒级	5～16	95～100	85～100	30～60	0～10	0							
	5～20	95～100	90～100	40～80	—	0～10	0						
	5～25	95～100	90～100	—	30～70	—	0～5	0					
	5～31.5	95～100	90～100	70～90	—	15～45	—	0～5	0				
	5～40	—	95～100	75～90	—	30～65	—	—	0～5	0			
单粒级	5～10	95～100	80～100	0～15	0								
	10～16		95～100	80～100	0～15								
	10～20		95～100	85～100	—	0～15	0						
	16～25			95～100	55～70	25～40	0～10						
	16～31.5		95～100	—	85～100			0～10	0				
	20～40			95～100		80～100			0～10	0			
	40～80					95～100			70～100		30～60	0～10	0

表 4-14 粗骨料的物理性质指标

项目	Ⅰ类	Ⅱ类	Ⅲ类
空隙率（%）（连续级配松散堆积）	≤43	≤45	≤47
吸水率（%）	≤1.0	≤2.0	≤2.0
表观密度（kg/m^3）	≥2 600		

经碱-骨料反应试验后，试件应无裂缝、酥裂、胶体外溢等现象，在规定的试验龄期膨胀率应小于 0.10%。

四、混凝土用水

(一)水的类型及应用选择

水是混凝土的重要组成之一,用于拌制混凝土的水必须满足混凝土强度和耐久性的要求,对混凝土中钢筋无锈蚀危害,对混凝土的表面无污染。

水的来源有很多,水源不同,水质各有差异。水源的分类及在混凝土工程中的应用要求见表4-15。

表4-15 水源的分类及在混凝土工程中的应用要求

水源	应用
饮用水	符合国家标准的生活饮用水,可直接拌制和养护各种混凝土
地表水或地下水	必须进行适应性检验,合格后方能使用
海水	只允许拌制素混凝土,不得用于拌制有饰面要求的素混凝土、钢筋混凝土和预应力混凝土
工业废水	必须进行检验,经处理合格后方能使用
生活污水	不能用于拌制混凝土

(二)水的技术指标

混凝土拌和与养护用水水质应符合表4-16的规定。

表4-16 混凝土拌和用水物质含量限值

项目	预应力混凝土	钢筋混凝土	素混凝土
pH	≥5.0	≥4.5	≥4.5
不溶物(mg/L)	≤2 000	≤2 000	≤5 000
可溶物(mg/L)	≤2 000	≤5 000	≤10 000
Cl^-(mg/L)	≤500*	≤1 000	≤3 500
SO_4^{2-}(mg/L)	≤600	≤2 000	≤2 700
碱含量(rag/L)	≤1 500	≤1 500	≤1 500

注:1. *对于设计使用年限为100年的结构混凝土,氯离子含量不得超过500 mg/L;对于使用钢丝或经热处理钢筋的预应力混凝土,氯离子含量不得超过350 mg/L。

2. 碱含量按 $Na_2O+0.658K_2O$ 计算值来表示。采用非碱活性骨料时,可不检验碱含量。

五、混凝土外加剂

外加剂是指在混凝土拌和物中掺入的、其掺量一般不超过水泥质量的5%却能显著改善混凝土性能的物质。外加剂的应用促进了混凝土技术的飞速进步,技术经济效益十分显著,使得高强高性能混凝土的生产和应用成为现实,并解决了许多工程技术难题。例如,远距离运输和高耸建筑物的泵送问题、紧急抢修工程的早强速凝问题、大体积混凝土工程的水化热问题、纵长结构的收缩补偿问题、地下建筑物的防渗漏问题等。目前，外加剂已成为除水泥、水、砂子、石子外的第五组成材料，应用越来越广泛。

(一)外加剂的分类

混凝土外加剂按其主要使用功能分为以下四类：

(1)改善混凝土拌和物流变性能的外加剂，包括各种减水剂和泵送剂等。

(2)调节混凝土凝结时间、硬化性能的外加剂，包括缓凝剂、促凝剂和早强剂等。

(3)改善混凝土耐久性的外加剂，包括引气剂、防水剂、阻锈剂等。

(4)改善混凝土其他性能的外加剂，包括膨胀剂、防冻剂、着色剂等。

(二)常用外加剂的品种

1. 减水剂

减水剂是指在混凝土坍落度相同的条件下，能减少拌和用水量；或者在混凝土配合比和用水量均不变的情况下，能增加混凝土坍落度的外加剂。减水剂根据减水率大小或坍落度增加幅度分为普通减水剂和高效减水剂两大类。

普通减水剂是在混凝土坍落度基本相同的条件下，能减少拌和用水量的外加剂。

高效减水剂是在混凝土坍落度基本相同的条件下，能大幅度减少拌和用水量的外加剂。

此外，尚有复合型减水剂，如引气减水剂，既具有减水作用，又具有引气作用；早强减水剂，既具有减水作用，又具有提高早期强度作用；缓凝减水剂，既具有减水作用，又具有延缓凝结时间的功能等。

1)减水剂的主要功能

(1)增大拌和物的流动性。在原配合比不变的条件下，可使混凝土的坍落度增大100~200 mm，且不影响强度。

(2)提高混凝土强度。在保持流动性和水泥用量不变时，可减少拌和用水量10%~20%，从而降低水灰比，提高混凝土强度。

(3)节约水泥。保持混凝土流动性和强度不变时，可节约水泥用量10%~15%。

(4)减少拌和物泌水、离析现象。

(5)提高耐久性。减水剂的掺入，可显著改善混凝土的孔结构，提高密实度，透水性降低40%~80%，从而提高混凝土的抗渗、抗冻、抗化学侵蚀等能力。

2)减水剂的作用机制

减水剂提高混凝土拌和物流动性的作用机制主要包括分散作用和润滑作用两方面。减水剂实际上为一种表面活性剂，长分子链的一端易溶于水——亲水基，另一端难溶于水——憎水基，如图4-6所示。

(1)分散作用。水泥加水拌和后，由于水泥颗粒分子引力的作用，水泥浆形成絮凝结构，10%~30%的拌和水被包裹在水泥颗粒之中，不能参与自由流动和润滑作用，从而影响了混凝土拌和物的流动性，如图4-7(a)所示。在加入减水剂后，减水剂分子能定向吸附于水泥颗粒表面，

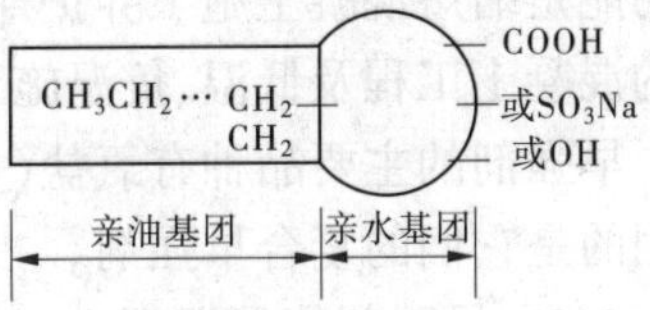

图4-6　减水剂的分子结构

使水泥颗粒表面带有同一种电荷(通常为负电荷),形成静电排斥作用,促使水泥颗粒相互分散,絮凝结构破坏,释放出被包裹部分水,参与流动,从而有效地增加混凝土拌和物的流动性,如图4-7(b)所示。

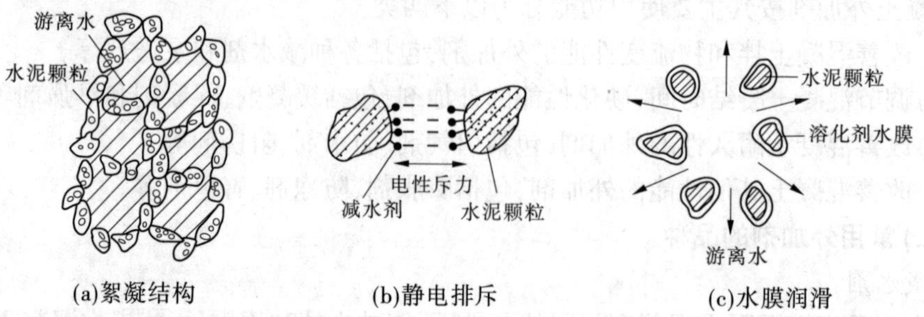

图4-7 减水剂作用机制

(2)润滑作用。减水剂中的亲水基极性很强,因此水泥颗粒表面的减水剂吸附膜能与水分子形成一层稳定的溶剂化水膜,如图4-7(c)所示,这层水膜具有很好的润滑作用,能有效降低水泥颗粒间的滑动阻力,从而使混凝土流动性进一步提高。

2. 引气剂

引气剂是一种能使混凝土在搅拌过程中引入大量均匀分布、稳定而封闭的微小气泡,从而改善其和易性与耐久性的外加剂。

引气剂本身是一种憎水性的表面活性剂,加入混凝土中,能使搅拌过程混进的空气形成微小而稳定的气泡,均匀分布于混凝土中。一般情况下,引气剂在1 m^3混凝土中可生成500~3 000个直径为50~1 250 μm(大多在200 μm以下)的独立气泡。气泡在混凝土中可以起到以下作用:

(1)改善混凝土拌和物的和易性。

(2)提高混凝土的抗冻性和抗渗性。

(3)降低混凝土强度。

引气剂可用于抗渗混凝土、抗冻混凝土、抗侵蚀混凝土、泌水严重的混凝土等,但不宜用于蒸汽养护的混凝土及预应力钢筋混凝土。

近年来,使用逐渐增多的是引气型减水剂,不但能引气而且能减水,弥补了单纯使用引气剂导致混凝土强度降低的现象,节省了水泥用量。

3. 早强剂

早强剂是指能加速混凝土早期强度发展并对后期强度无明显影响的外加剂。

早强剂主要作用机制是加速水泥水化速度,加速水化产物的早期结晶和沉淀。其主要功能是缩短混凝土施工养护期,加快施工进度,提高模板的周转率。它适用于有早强要求的混凝土工程及低温、负温施工混凝土,有防冻要求的混凝土、预制构件、蒸汽养护等。

早强剂的主要品种有氯盐(如$CaCl_2$)、硫酸盐(如Na_2SO_4)和有机胺三大类,但更多使用的是它们的复合早强剂。

$CaCl_2$早强剂能使混凝土3 d强度提高50%~100%,7 d强度提高20%~40%,但后期强度不一定提高,甚至可能低于基准混凝土。

氯盐类早强剂对混凝土耐久性有一定影响,因此 $CaCl_2$ 早强剂及氯盐复合早强剂不得在下列工程中使用:

(1)环境相对湿度大于 8%、水位升降区、露天结构或经常受水淋的结构。主要是防止泛卤。

(2)镀锌钢材或铝铁相接触部位及有外露钢筋埋件而无防护措施的结构。

(3)含有酸碱或硫酸盐侵蚀介质中使用的结构。

(4)环境温度高于 60 ℃的结构。

(5)使用冷拉钢筋或冷拔低碳钢丝的结构。

(6)给水排水构筑物、薄壁构件、中级和重级吊车、屋架、落锤或锻锤基础。

(7)预应力混凝土结构。

(8)含有活性骨料的混凝土结构。

(9)电力设施系统混凝土结构。

此外,为消除 $CaCl_2$ 对钢筋的锈蚀作用,通常要求与阻锈剂亚硝酸钠复合使用。

4. 泵送剂

泵送剂是指能改善混凝土拌和物泵送性能的外加剂。泵送性是混凝土拌和物顺利通过输送管道,不阻塞、不离析、黏塑性良好的性能。

泵送剂是流化剂中的一种,一般由减水组分、缓凝组分、增稠组分等复合而成,它除能大大提高拌和物流动性外,还能使新拌混凝土在 60~180 min 内保持其流动性,剩余坍落度应不低于原始坍落度的 55%。

泵送剂适用于各种需要采用泵送工艺的混凝土。超缓凝泵送剂用于大体积混凝土,含防冻组分的泵送剂适用于冬期施工混凝土。应用泵送剂的混凝土温度不宜高于 35 ℃。超掺泵送剂有可能造成堵泵现象。

5. 养护剂

养护剂是指对刚成型的混凝土进行保湿养护的外加剂,又称养护液。养护液的保湿作用是其能在混凝土表面形成一层连续的薄膜,薄膜起到阻止混凝土内部水分蒸发的作用,达到较长期保湿养护的效果。

养护剂代替了通过洒水、铺湿砂、湿麻布、草袋等途径对混凝土进行的保湿养护,尤其适用于工程构筑物的内部,无法用传统办法实现的潮湿养护。

常用的养护剂有水玻璃、沥青乳剂。

6. 速凝剂

速凝剂是指能使混凝土或砂浆迅速凝结硬化的外加剂。速凝剂主要用于喷射混凝土、砂浆及堵漏抢险工程。

7. 防冻剂

防冻剂是指在规定温度下,能显著降低混凝土的冰点,使其在较低温度下不冻结或仅轻微冻结,以保证水泥的水化,并在一定时间内获得预期强度的外加剂。

目前,工程上使用较多的是复合防冻剂,既同时具有防冻、早强、引气、减水等多种性能,提高防冻剂的防冻效果,又不影响或降低混凝土的其他性能。

(三)外加剂的选择

1. 外加剂品种的选择

外加剂品种繁多,功能效果各异。选择外加剂时,应根据工程需要、现场的材料和施工条件,并参考外加剂产品说明书及有关资料进行全面考虑,如有条件应进行试验验证。

2. 外加剂掺量的确定

混凝土外加剂均有适宜掺量,掺量过多或过少都达不到预期的效果,影响混凝土的质量。因此,须根据试验试配,确定最佳掺量。

3. 外加剂掺加的方法

由于外加剂的掺量很少,必须保证其均匀分散,一般不能直接加入混凝土搅拌机内。对于可以溶于水的外加剂,应先配成一定浓度的溶液,使用时和水一同加入搅拌机内。对于不溶于水的外加剂,应与适量水泥或砂混合均匀后,再加入搅拌机内。外加剂的掺入时间对其效果的发挥也有很大的影响。

六、混凝土掺合料

为了节约水泥,利用工业生产的有害废料,改善混凝土的性能,在混凝土拌制时掺入掺量大于水泥质量5%的矿物粉末,称为混凝土掺合料。

混凝土掺合料分为活性和非活性两类。活性掺合料应用较为广泛,多数为工业废渣,既可以取得良好的技术效果,也有利于环保、节能。

常用的有粉煤灰、硅粉、超细矿渣及各种天然的火山灰质材料粉末(如凝灰岩粉、沸石粉等)。目前,在这些掺合料中以粉煤灰应用最为普遍。

(一)粉煤灰

粉煤灰是从燃烧煤粉的锅炉烟气中收集到的细粉末,其颗粒多呈球形,表面光滑,呈灰色或褐黄色。

1. 粉煤灰的分类

粉煤灰按氧化钙含量分为高钙粉煤灰和低钙粉煤灰,由褐煤燃烧形成的粉煤灰,其氧化钙含量较高(一般 CaO>10%),呈褐黄色,称为高钙粉煤灰,它具有一定的水硬性;由烟煤和无烟煤燃烧形成的粉煤灰,其氧化钙含量很低(一般 CaO<10%),呈灰色或深灰色,称为低钙粉煤灰。低钙粉煤灰来源比较广泛,是当前国内外用量最大、使用范围最广的混凝土掺合料。

粉煤灰按煤种分为F类和C类。F类粉煤灰是由无烟煤或烟煤煅烧收集的粉煤灰;C类粉煤灰是由褐煤或次烟煤煅烧收集的粉煤灰,其氧化钙含量一般大于10%。

粉煤灰按其品质分为Ⅰ、Ⅱ、Ⅲ三类,Ⅰ类粉煤灰的品质最好。

粉煤灰用于混凝土工程,常根据等级按规定使用:

(1)Ⅰ类粉煤灰适用于钢筋混凝土和跨度小于6 m的预应力钢筋混凝土。

(2)Ⅱ类粉煤灰适用于钢筋混凝土和无钢筋混凝土。

(3)Ⅲ类粉煤灰主要用于无筋混凝土。对于强度等级要求大于或等于C30的无筋粉煤灰混凝土,宜采用Ⅰ类、Ⅱ类粉煤灰。

(4)用于预应力钢筋混凝土、钢筋混凝土及强度等级要求大于或等于C30的无筋混凝土的粉煤灰等级,经试验论证,可采用比上述规定低一级的粉煤灰。

2. 粉煤灰的作用

粉煤灰用于一般工业和民用建筑结构及构筑物的混凝土,尤其适用于泵送混凝土、大体积混凝土、抗渗混凝土、抗化学侵蚀混凝土、蒸汽养护混凝土、地下工程和水下工程的混凝土等。粉煤灰对混凝土的性能有以下影响:

(1)改善混凝土拌和物的和易性、可泵性和抹面性。粉煤灰呈球形,加入混凝土中可以减少用水量或增大混凝土的流动性;同时可以增加混凝土拌和物的黏聚性,减少泌水。

(2)降低混凝土水化热。混凝土中掺入粉煤灰后可以减少一定量的水泥用量,从而减少由于大量水泥水化而导致的混凝土升温,继而减少了由温差收缩引起的混凝土构件开裂,是大体积混凝土的主要掺合料。

(3)提高混凝土耐久性。粉煤灰中的活性二氧化硅参与二次水化,提高了混凝土的后期强度和耐腐蚀性,减少了碱-骨料反应的危害。

(二)硅粉

硅粉也称硅灰,是从冶炼硅铁和其他硅金属工厂的废烟气中回收的副产品。其主要成分为二氧化硅。其颗粒极细、活性很高,是一种较好的改善混凝土性能的掺合料。硅粉呈灰白色,无定形二氧化硅含量一般为85%~96%,其他氧化物的含量都很少,粒径为0.1~1.0 μm,是水泥粒径的1/100~1/50,比表面积为20~25 m^2/g,密度为2.1~2.2 g/cm^3,松散堆积密度为250~300 kg/m^3。在混凝土中掺入硅粉后,可取得以下效果。

1. 改善混凝土拌和物的和易性

由于硅粉颗粒极细,比表面积大,其需水量为普通水泥的130%~150%,故混凝土流动性随硅粉掺量增加而减小。为了保持混凝土流动性,必须掺用高效减水剂。硅粉的掺入,显著地改善了混凝土的黏聚性及保水性,使混凝土完全不离析和几乎不泌水,故适宜配制高流态混凝土、泵送混凝土及水下灌注混凝土。掺硅粉后,混凝土含气量略有减小。为了保持混凝土含气量不变,必须增加引气剂用量。当硅粉掺量为10%时,一般引气剂用量需增加2倍左右。

2. 配制高强混凝土

硅粉的活性很高,当与高效减水剂配合掺入混凝土时,硅粉与$Ca(OH)_2$反应生成水化硅酸钙凝胶体,填充水泥颗粒间的空隙。改善界面结构及黏结力,可显著提高混凝土强度。一般硅粉掺量为5%~15%(有时为了某些特殊目的,也可掺入20%~30%)时,且在选用52.5 MPa以上的高强度等级水泥、品质优良的粗骨料及细骨料、掺入适量的高效减水剂的条件下,可配制出28 d强度达到100 MPa的超高强混凝土。为了保证硅粉在水泥浆中充分地分散,当硅粉掺量增多时,高效减水剂的掺量也必须相应地增加,否则混凝土强度不会提高。

3. 改善混凝土的孔隙结构,提高混凝土耐久性

混凝土中掺入硅粉后,虽然水泥石的总孔隙与不掺时基本相同,但其大孔隙减少,超微细孔隙增加,改善了水泥石的孔隙结构。因此,掺硅粉的混凝土耐久性显著提高,抗冻性也有明显提高。

硅粉混凝土的抗冲磨性随硅粉掺量的增加而提高。它与其他抗冲磨材料相比具有价

廉、施工方便等优点,故适用于水工建筑物的抗冲刷部位及高速公路路面。硅粉混凝土抗侵蚀性较好,适用于要求抗溶出性侵蚀及抗硫酸盐侵蚀的工程,具有抑制碱-骨料反应及防止钢筋锈蚀的作用。硅粉混凝土具有许多优良的技术性质。硅粉的应用研究始于20世纪70年代,目前已经普及到世界各国。我国自20世纪80年代开始研究和应用硅粉,并很快取得大量理想的结果。今后随着硅粉回收工作的开展,产量将逐渐提高,硅粉的应用将更加普遍。

(三)超细矿渣

硅粉是理想的超细微粒矿物质掺合料,但其资源有限,因此多采用超细粉磨的粒化高炉矿渣(简称超细矿渣)作为超细微粒掺合料,用以配制高强、超高强度混凝土。粒化高炉矿渣经超细粉磨后具有很高的活性和极大的表面能,可以弥补硅粉资源的不足,满足配制不同性能要求的高性能混凝土的需求。超细矿渣的比表面积一般大于450 m^2/kg,可等量替代15%~50%的水泥。

(四)沸石粉

沸石粉是天然沸石岩磨细而成的,含有大量活性的二氧化硅和三氧化铝,能与水泥水化析出的氢氧化钙反应,生成胶凝材料。沸石作为一种价廉并容易开采的天然矿物,用来配制高性能混凝土具有较普遍的适用性和经济性。

沸石粉用作混凝土掺合料主要有以下几方面的效果:①提高混凝土强度,配制高强混凝土;②提高拌和物的裹浆量;③因沸石粉的吸水量较大,需同时掺加高效减水剂或与粉煤灰复合以改善混凝土的和易性;④沸石粉高性能混凝土的早期强度较低,后期强度因火山灰反应浆体的密实度增加而有所提高;⑤能够有效抑制混凝土的碱-骨料反应,并可提高混凝土的抗碳化和抗钢筋锈蚀耐久性。

(五)其他掺合料

除上述几种掺合料外,可以用作混凝土掺合料的还有天然火山灰质材料和某些工业副产品以及再生骨料,如火山灰、凝灰岩、钢渣、磷矿渣等。此外,碾压混凝土中还可以掺入适量的非活性掺合料(如石灰石粉、尾矿粉等),以改善混凝土的和易性,提高混凝土的密实性及硬化混凝土的某些性能。再生骨料的研究和利用是解决城市改造与拆除重建建筑废料、减少环境建筑垃圾、变废为宝的途径之一。将拆除建筑物的废料(如混凝土、砖块)经破碎后得到的再生粗骨料,清洗以后可以代替全部或部分石子配制混凝土,其强度、变形性能视再生粗骨料代替石子的比率有所不同。

总之,作为混凝土活性掺合料的天然火山灰质材料和工业副产品,必须具有足够的活性且不能含过量的、对混凝土有害的杂质。掺合料须经磨细并通过试验确定其合适掺量及其对混凝土性能的影响。

【工程实例分析4-1】 石子最大粒径及针、片状颗粒含量超标的危害。

现象:某工程中,石子最大粒径及针、片状颗粒含量超标,导致混凝土强度降低。

原因分析:石子最大粒径过大,用在钢筋间距较小的结构中,会产生石子被钢筋卡住,浇筑不到位,混凝土产生蜂窝、孔洞等质量问题,导致日后混凝土强度降低;针、片状颗粒含量超过一定界限时,使骨料空隙增加,不仅使混凝土拌和物和易性变差,而且会使混凝土的强度降低。

【工程实例分析 4-2】 某地区"海砂屋事件"的原因与危害。

现象：数年前随着当地基建规模的扩大和建筑业的蓬勃发展，出现了建筑用河砂奇缺的现象。虽有明文规定不准使用海砂，但由于经济利益促使，偷用海砂现象已逐渐呈蔓延之势。海砂内含海盐，能对混凝土中钢筋造成严重腐蚀而导致建筑结构破坏。几年(1~15 年)之后，陆续出现大量房屋、公共建筑的腐蚀破坏现象，并波及全地区，被称作"海砂屋事件"。

原因分析：海砂中的氯盐，能引起混凝土中钢筋的严重腐蚀破坏，导致结构不能耐久，甚至造成事故。

海砂含盐量限定值的规定应满足混凝土中 Cl^- 限定值的规定。如果能够保证这个限定值，使用海砂是安全的；反之，超出此限定值，混凝土中 Cl^- 总量就会达到或超过钢筋腐蚀的"临界值"，若不采取可靠的保护措施，钢筋就会发生腐蚀，结构就会发生破坏，并且腐蚀速度与海砂带入的 Cl^- 总量呈正比关系。海砂含盐量越高，其腐蚀破坏出现就越早、发展就越快。这正是滥用海砂的危害所在，也是国内外出现"海砂屋"问题的直接原因。

【工程实例分析 4-3】 含糖分水使混凝土 2 d 仍未凝结。

现象：某糖厂新建房屋，以自来水拌制混凝土，浇筑后用曾装食糖的麻袋覆盖于混凝土表面，再淋水养护。后发现该水泥混凝土 2 d 仍未凝结，而水泥经检验无质量问题，请分析此异常现象的原因。

原因分析：由于养护水将曾装食糖的麻袋淋湿，养护水已成糖水，不具备养护水的使用标准。原因在于含糖分的水对水泥的凝结有抑制作用，故使混凝土凝结出现异常现象。

任务三　混凝土的主要技术性能

混凝土各组成材料按一定比例，经搅拌均匀后，尚未凝结硬化时的材料称为混凝土拌和物(又称混凝土混合物或新拌混凝土)，如图 4-8 所示。新拌混凝土的性能影响混合物的制备、运输、浇筑、振捣设备的选择。混凝土拌和物必须具备与施工条件相适应的和易性，才能便于施工，并制得密实、均匀的混凝土。混凝土拌和物的性质会直接影响硬化后混凝土的质量，下面先介绍混凝土拌和物的性质。

图 4-8　混凝土拌和物

一、混凝土拌和物的和易性

(一)和易性的概念

混凝土拌和物的和易性，也称工作性，是指混凝土拌和物易于施工操作(包括拌和、运输、浇筑、振捣)，并获得质量均匀、成型密实的混凝土的性质。和易性是一项综合技术性质，包括流动性(稠度)、黏聚性、保水性三个主要方面的含义。

1. 流动性(稠度)

流动性是指混凝土拌和物在自重或施工振捣作用下，能产生流动并均匀密实地填满模板的性能。它是工作性中最重要的性质,反映了混凝土拌和物稀稠的程度,直接影响着施工捣实的难易和浇筑的质量。流动性愈大,操作愈方便,愈易于捣实、成型。若拌和物太干稠,混凝土难以捣实,易造成内部孔隙;若拌和物过稀,振捣后混凝土易出现水泥砂浆和水上浮而石子下沉的分层离析现象,影响混凝土的匀质性。

2. 黏聚性

黏聚性是指混凝土拌和物组成材料在施工过程中相互间具有一定的黏聚力,不致产生分层和离析现象。它反映了混凝土拌和物的均匀性。混凝土拌和物是由密度、粒径不同的固体材料及水组成的,各组成材料本身存在有分层的趋向,如果混凝土拌和物中各材料比例不当,黏聚性差,则在施工中易发生分层(拌和物中各组分出现层状分离现象)、离析(混凝土拌和物内某些组分的分离、析出现象)、泌水(水从水泥浆中泌出的现象),尤其是对于大流动性的泵送混凝土来说更为严重。混凝土的黏聚性差,会给工程质量造成严重后果,致使混凝土硬化后产生"蜂窝""麻面"等缺陷,影响混凝土的强度和耐久性。

3. 保水性

保水性是指混凝土拌和物在施工过程中,具有一定的保水能力,不致产生严重的泌水现象。它反映了混凝土拌和物的稳定性。混凝土拌和物中的水,一部分是保持水泥水化所需的水量;另一部分是为保证混凝土具有足够的流动性便于浇捣所需的水量。前者以化合水的形式存在于混凝土中,水分不易析出;而后者,若保水性差则会发生泌水现象,泌水会使混凝土丧失流动性,严重影响混凝土的可泵性和工作性,而且会在混凝土内部形成泌水通道,使混凝土密实性变差,降低混凝土的质量。

由上述内容可知,混凝土拌和物的流动性(稠度)、黏聚性、保水性有其各自的含义,它们之间相互联系又相互矛盾。如黏聚性好,则保水性也往往较好,但流动性差;当流动性增大时,黏聚性和保水性往往会变差。因此,所谓拌和物和易性良好,应是这三面性质在特定条件下矛盾的统一体,获得均匀良好的状况。

(二)和易性的评定

目前,在施工现场和实验室,通常测定拌和物的流动性,在测定流动性的过程中,辅以直观经验目测评定黏聚性和保水性的方法,以综合评定和易性。

混凝土拌和物的流动性可采用坍落度、维勃稠度和坍落扩展度来表示,坍落度适用于流动性较大的混凝土拌和物,维勃稠度适用于干硬的混凝土拌和物,扩展度适用于泵送高强混凝土和自密实混凝土。

1. 坍落度测定

将混凝土拌和物按规定的方法装入特制的坍落度测定筒内,捣实抹平后,把筒垂直提起,拌和物因自重而向下坍落,所坍落的高度(以 mm 计),即为该拌和物的坍落度,如图 4-9 所示。坍落度法适合粗骨料最大粒径小于 40 mm 且坍落度大于 10 mm 的混凝土拌和物。

在测定坍落度的同时,应观测混凝土拌和物的黏聚性和保水性。黏聚性的检查方法,是用捣棒在已坍落的混凝土锥体一侧轻轻敲打,如果轻打后锥体渐渐下沉,表示黏聚性良好;如果锥体突然倒塌、部分崩裂或发生石子离析,则表示黏聚性不好。保水性的检查,则是观察混凝土拌和物中稀浆析出的程度,如有较多稀浆从锥体底部流出,锥体因失浆而骨

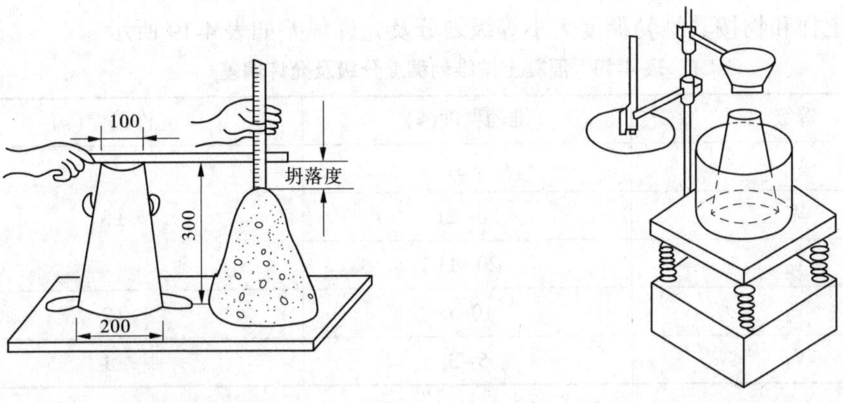

(a)坍落度的测定　　(b)维勃稠度仪

图 4-9　坍落度及维勃稠度试验　（单位:mm）

料外露,则表示保水性不好。

混凝土拌和物按其坍落度大小等级划分及允许偏差如表 4-17 所示。一般情况下,坍落度可按表 4-18 选用。

表 4-17　混凝土按坍落度分级及允许偏差

级别	坍落度(mm)	允许偏差(mm)
S1	10~40	±10
S2	50~90	±20
S3	100~150	±30
S4	160~210	
S5	≥220	

表 4-18　混凝土浇筑时的坍落度

结构种类	坍落度(mm)
基础或地面等的垫层、无配筋的大体积结构(挡土墙、基础等)或配筋稀疏结构	10~30
板、梁和大型及中型截面的柱子等	30~50
配筋密列的结构(薄壁、斗仓、筒仓、细柱等)	50~70
配筋特密结构	70~90

2. 维勃稠度测定

利用图 4-9(b)所示的维勃稠度仪来测定混凝土拌和物在机械振动力作用下的流动性,适合于粗骨料最大粒径小于 40 mm、坍落度小于 10 mm 且维勃稠度为 5~30 s 的干硬性混凝土拌和物。

混凝土拌和物在机械振动力作用下,下坍到规定程度时的时间(s),称为维勃稠度。

维勃稠度越大,混凝土拌和物越干稠,则混凝土拌和物的流动性越小。

混凝土拌和物按其维勃稠度大小等级划分及允许偏差如表 4-19 所示。

表 4-19　混凝土按维勃稠度分级及允许偏差

<table>
<tr><th>等级</th><th>维勃稠度(s)</th><th>允许偏差(s)</th></tr>
<tr><td>V_0</td><td>≥31</td><td rowspan="3">±3</td></tr>
<tr><td>V_1</td><td>30~21</td></tr>
<tr><td>V_2</td><td>20~11</td></tr>
<tr><td>V_3</td><td>10~6</td><td>±2</td></tr>
<tr><td>V_4</td><td>5~3</td><td>±1</td></tr>
</table>

无论测定坍落度还是维勃稠度,都只适用于粗骨料最大粒径小于 40 mm 的混凝土拌和物;否则用湿筛法将拌和物大于 40 mm 的粗骨料筛除再进行测定,其所测结果不能完全反映实际情况,只作为参考。

3. 坍落扩展度测定

混凝土坍落扩展度试验是在坍落度试验的基础上,用钢尺测量混凝土扩展后最终的最大直径和最小直径,当这两个直径之差小于 50 mm 时,其算术平均值即为坍落扩展度。混凝土坍落扩展度适用于粗骨料最大粒径小于 40 mm、坍落度大于 220 mm 的大流动性混凝土拌和物的稠度测定。

在测定坍落扩展度的过程中,根据拌和物坍落扩展的形式,判断拌和物的抗离心情况,并予以记录。若拌和物扩展后,粗骨料颗粒均匀分布,无水泥浆从边缘析出,则拌和物抗离心能力强;反之,若拌和物扩展后有粗骨料在中央集堆或边缘有水泥浆析出,则拌和物的抗离析能力差。混凝土拌和物按坍落扩展度划分的等级及允许偏差如表 4-20 所示。

表 4-20　混凝土拌和物按坍落扩展度划分的等级及允许偏差

<table>
<tr><th>等级</th><th>扩展度(mm)</th><th>允许偏差(mm)</th></tr>
<tr><td>F_1</td><td>≤340</td><td rowspan="6">±30</td></tr>
<tr><td>F_2</td><td>350~410</td></tr>
<tr><td>F_3</td><td>420~480</td></tr>
<tr><td>F_4</td><td>490~550</td></tr>
<tr><td>F_5</td><td>560~620</td></tr>
<tr><td>F_6</td><td>≥630</td></tr>
</table>

应该注意的是,只有当混凝土的流动性、黏聚性和保水性均满足要求时,和易性才算合格。实际工程中是在满足流动性要求的前提下,再考虑满足黏聚性和保水性要求,最终实现满足设计要求的和易性。

(三)影响和易性的主要因素

1. 原材料的用量

1) 水泥浆数量

水灰比一定时,增加水泥浆数量,拌和物的流动性加大。若水泥浆用量过多,会出现严重流浆和泌水现象,使拌和物黏聚性变差,影响混凝土的强度与耐久性,同时水泥用量多也不经济。所以,水泥浆的用量应以达到所要求的流动性为准,不要任意多加,以免造成不必要的浪费。

2) 水灰比

水灰比是指混凝土中水与水泥的质量之比,用 W/C 表示。

当水泥浆用量一定时,若水灰比过小,水泥浆表现干稠,拌和物流动性小;增大水灰比,水泥浆变稀,从而降低黏聚性,增大了拌和物的流动性,方便施工操作;但若水灰比过大,使水泥浆的黏聚性变差,出现保水能力不足,导致严重的泌水、分层、流浆,并使混凝土强度和耐久性降低。所以,水灰比应在原材料不变的情况下,根据混凝土设计强度等级、耐久性要求和规范规定而定。

3) 砂率

砂率是指混凝土中砂的质量占砂、石总质量的百分率,砂率对拌和物影响较大。砂率过大,砂的总表面积增大,包裹砂子的水泥浆数量需要增大,否则水泥浆相对较少,流动性会减小;砂率过小,混凝土拌和物流动性会有所增加,但砂量不足,不能保证有足够的砂浆量包裹和润滑粗骨料,容易离析、分层、泌水。因此,必须通过试验确定最佳砂率,使混凝土拌和物获得最佳流动性。

最佳砂率是指在用水量及水泥用量一定时,能使混凝土拌和物获得最大流动性,且黏聚性及保水性良好的砂率值。当采用最佳砂率时,能在拌和物获得所要求的流动性及良好的黏聚性与保水性的条件下,使水泥用量最少,如图 4-10 所示。

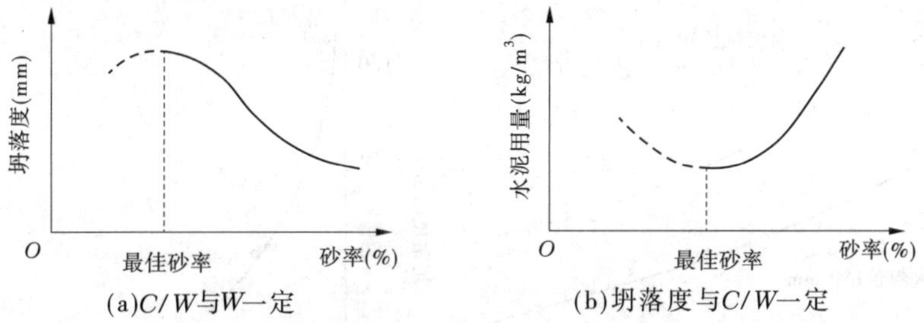

图 4-10 砂率与坍落度和水泥用量的关系

2. 原材料的品种及性质

1) 水泥品种及细度

不同的水泥品种,其标准稠度需水量不同,对混凝土的流动性有一定的影响。例如,火山灰水泥的需水量大于普通水泥的需水量,在用水量和水灰比相同的条件下,火山灰水泥的流动性相应就小。另外,不同的水泥品种,其特性上的差异也导致混凝土和易性的差异。例如,在相同的条件下矿渣水泥的保水性较差,而火山灰水泥的保水性和黏聚性好,但流动性小。

水泥颗粒越细,其表面积越大,需水量越大,在相同条件下,混凝土表现为流动性小,但黏聚性和保水性好。

2)骨料的性质

骨料的性质是指混凝土所用骨料的品种、级配、粒形、粗细程度、杂质含量、表面状态等。级配良好的骨料空隙率小,在水泥浆量一定的情况下,包裹骨料表面的水泥浆层较厚,其拌和物流动性较大,黏聚性和保水性较好;表面光滑的骨料,其拌和物流动性较大。若杂质含量多,针、片状颗粒含量多,则其流动性变差;细砂比表面积较大,用细砂拌制的混凝土拌和物的流动性较差,但黏聚性和保水性较好。

3)外加剂和掺合料

外加剂是掺入混凝土中改善混凝土性能的化学物质。在拌制混凝土时,加入某些外加剂,如引气剂、减水剂等,能使混凝土拌和物在不增加水量的条件下,增大流动性,改善黏聚性,降低泌水性,获得很好的和易性。

矿物掺合料加入混凝土拌和物中,可节约水泥用量,减少用水量,改善混凝土拌和物的和易性。

3. 施工方面

(1)施工中温度升高会使混凝土拌和物的坍落度减小,如图4-11所示。因为温度升高会加速胶凝材料的水化反应,同时可以增加水分的蒸发速度。

(2)拌和物的流动性随着时间的延长而逐渐减小,如图4-12所示。工程上将这种随着拌和时间的延长,拌和物坍落度逐渐减小的现象称为坍落度损失。产生坍落度损失的主要原因是拌和物中部分水参与了胶凝材料的水化反应,部分水被骨料吸收,还有部分水被蒸发,综合作用的结果是混凝土拌和物的流动性降低。

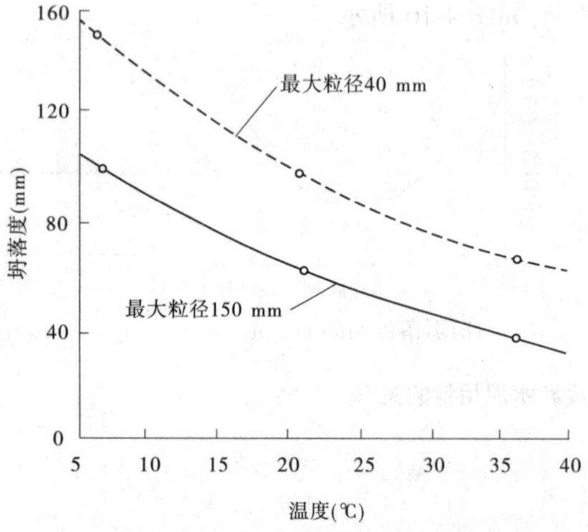

图4-11 温度对混凝土拌和物坍落度的影响

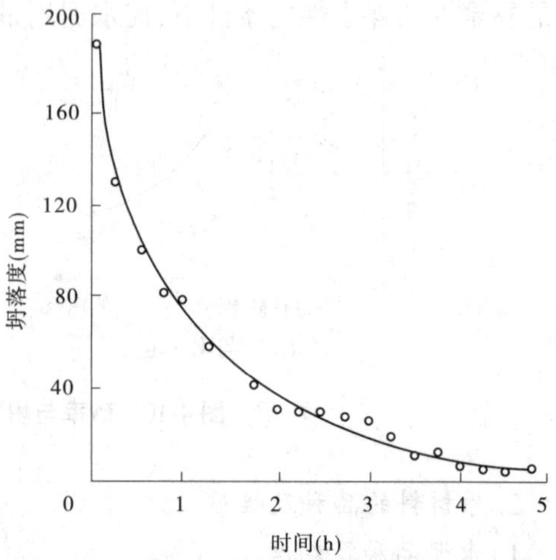

图4-12 时间对混凝土拌和物坍落度的影响

(3)施工工艺不同,坍落度会有所不同。例如,采用机械拌和的混凝土所获得的坍落度比用人工拌和的坍落度大。

(四)改善混凝土拌和物和易性的措施

1. 调节混凝土的组成材料

采用最佳砂率,这样有利于提高混凝土的质量和节约水泥;选用质地优良、级配良好的粗、细骨料,尽量采用较粗的砂、石;当混凝土拌和物坍落度太小时,保持水灰比不变,适当增加水和水泥用量,或者加入外加剂;当拌和物坍落度太大,但黏聚性良好时,可保持砂率不变,适当增加砂、石。

2. 改进混凝土拌和物的施工工艺

采用高效率的强制式搅拌机,可以提高混凝土的流动性,尤其是低水灰比混凝土拌和物的流动性。预拌混凝土在远距离运输时,为了减小坍落度损失,可以采用二次加水法,即在搅拌站只加入大部分水,剩余部分水在快到施工现场时再加入,然后迅速搅拌以获得较好的流动性。采用适当的振捣手段,以克服拌和物内部的阻力。

3. 掺外加剂和外掺料

使用外加剂和外掺料是改善混凝土拌和物性能的重要手段,若要大幅提高混凝土拌和物的流动性,且不影响混凝土的其他力学性能,最好的办法就是掺加减水剂。值得注意的是,在生产或施工过程中,千万不可采用单纯多加水的方法来提高拌和物的流动性。这样不仅会影响其黏聚性和保水性,而且势必导致混凝土各项物理力学性能的降低。

【工程实例分析4-4】　细度模数变小对坍落度的影响。

现象:某混凝土搅拌站原用砂的细度模数为2.5,后改用细度模数为2.1的砂。改用砂后原混凝土配合比不变,发现混凝土坍落度明显变小。请分析原因。

原因分析:因砂粒径变细后,砂的总表面积增大,由于原混凝土配合比不变,水泥浆量不变,所以包裹砂表面的水泥浆层变薄,流动性就变差,即坍落度变小。

【工程实例分析4-5】　混凝土未完成硬化的原因分析。

现象:某工程为钢筋混凝土基础,混凝土设计强度等级为C30。混凝土配合比(水泥:砂:石:水)为1:1.24:3.04:0.44。混凝土所用材料为当地水泥厂的32.5级普通水泥、本地砂石、自来水及NF减水剂。现场混凝土施工为普通搅拌、小车运输、振捣棒振捣,施工时温度为22 ℃。在混凝土浇筑后,第二天发现混凝土没有完全硬化,部分结块、部分呈疏松状,混凝土强度显然没达到设计要求,工程被迫停工。

原因分析:经过检测,砂中含泥量为6.4%,细度模数为1.82,属细砂。分析如下:

(1)砂子质量。当混凝土强度等级在C30以上时,砂的含泥量需小于或等于3.0%,现场用砂的含泥量已达6.4%,超过了标准1倍以上。含泥量的增多,不但需要更多的水泥浆包裹,而且泥粒本身强度低,降低了混凝土的强度。另外,现场砂子偏细,颗粒较小,在质量相同的情况下,表面积大大增加,要包裹它们需要的水泥应大大增多,否则部分砂子表面没有水泥浆,这就大大降低了混凝土的强度。

(2)水泥用量。在砂子偏细、含泥量增大的前提下,按常规混凝土配合比设计,水泥用量偏少,结果就出现混凝土中砂子成团、松散的现象,导致混凝土强度下降很多。

二、混凝土的强度

混凝土的强度是硬化混凝土最重要的技术性质之一,与混凝土的其他性能密切相关,也是工程施工中控制和评定混凝土质量的主要指标。

混凝土的强度包括抗压强度、抗拉强度、抗剪强度、抗弯强度以及钢筋与混凝土的黏结强度等。混凝土抗压强度最大,抗拉强度最小,抗拉强度为抗压强度的1/20~1/10,因此在结构工程中混凝土主要用于承受压力。习惯上泛指的混凝土强度就是其极限抗压强度。

(一)立方体抗压强度与强度等级

混凝土立方体抗压强度是以边长150 mm的立方体标准试件,在温度(20±2)℃、相对湿度95%以上的标准条件下,养护到28 d龄期,用标准试验方法测得的抗压强度值,称为立方体抗压强度,用f_{cu}表示。用上述标准试验方法测得的具有95%保证率(强度低于该值的百分率不超过5%)的抗压强度,称为立方体抗压强度标准值,用$f_{cu,k}$表示。

在实际工作中允许采用非标准尺寸的试件。当混凝土强度等级小于C60时,采用非标准试件测得的抗压强度值均应乘以尺寸换算系数,其值见表4-21。混凝土强度等级大于C60时,宜采用标准试件。

表4-21 混凝土试件尺寸及强度的尺寸换算系数

骨料最大粒径(mm)	试件尺寸(mm×mm×mm)	强度的尺寸换算系数
≤31.5	100×100×100	0.95
≤40	150×150×150	1.00
≤63	200×200×200	1.05

混凝土强度等级是根据立方体抗压强度标准值划分的,用符号"C"与立方体抗压强度标准值表示,单位为N/mm^{2}或MPa。例如,C30表示28 d混凝土立方体抗压强度的标准值是30 MPa,在该等级的混凝土,立方体抗压强度大于30 MPa的占95%以上。

混凝土的强度等级是混凝土结构设计时强度计算取值的依据,是混凝土施工中质量控制和工程验收时的重要依据。

《混凝土质量控制标准》(GB 50164—2011)规定,普通混凝土按其立方体抗压强度标准值共划分为19个强度等级,依次为C10、C15、C20、C25、C30、C35、C40、C45、C50、C55、C60、C65、C70、C75、C80、C85、C90、C95、C100。

(二)轴心抗压强度(f_{cp})

在实际结构中,钢筋混凝土受压构件大部分是棱柱体和圆柱体。为了使测得的混凝土强度接近混凝土结构构件的实际情况,在混凝土结构设计中,计算轴心抗压构件(如柱子)时,都采用轴心抗压强度作为计算依据。

根据标准试验方法规定,轴心抗压强度的测定采用150 mm×150 mm×300 mm的棱柱体作为标准试件,如有必要,也可采用非标准试件,但其高宽比应在2~3内。混凝土轴心抗压强度(f_{cp})比同截面的立方体抗压强度(f_{cu})小,当立方体抗压强度为10~50 MPa时,二者的比值(f_{cp}/f_{cu})为0.7~0.8。

(三)混凝土抗拉强度(f_{tk})

混凝土作为一种典型的脆性材料,其抗拉强度远低于抗压强度,且随着混凝土强度等级的提高其比值有所降低，即抗拉强度的增加不及抗压强度增加得快。因此，混凝土在工作时一般不依靠其抗拉强度，而是由钢筋承受拉力。但混凝土的抗拉强度对抵抗裂缝的产生有着重要意义，在结构计算中抗拉强度是确定混凝土抗裂度的重要指标。

混凝土抗拉强度一般采用立方体或圆柱体试件的劈裂抗拉试验来测定，称为劈裂抗拉强度 f_{ts}。劈裂抗拉强度按式(4-2)计算：

$$f_{ts} = \frac{2P}{\pi A} = 0.637\frac{P}{A} \tag{4-2}$$

式中　f_{ts}——混凝土劈裂抗拉强度，MPa；

P——破坏荷载，N；

A——试件劈裂面积，mm^2。

（四）影响混凝土强度的因素

普通混凝土受力破坏一般出现在骨料和水泥石的分界面上，这就是常见的黏结面破坏形式。另外，当水泥石强度较低时，水泥石本身破坏也是常见的破坏形式。在普通混凝土中，骨料最先破坏的可能性小，因为骨料强度一般大大超过水泥石和黏结面的强度。所以，混凝土的强度主要取决于水泥石强度及其与骨料表面的黏结强度。而水泥石强度及其与骨料的黏结强度又与水泥强度等级、水灰比及骨料的性质有密切的关系。此外，混凝土的强度还受施工质量、养护条件及龄期的影响。影响混凝土强度的因素是多方面的，归纳起来有材料组成、制备方法、养护条件和试验条件、龄期等。

1.水泥的强度等级和水灰比——决定混凝土强度的主要因素

水泥是混凝土中的活性组分，其强度的大小直接影响着混凝土强度的高低。在配合比相同的条件下，所用的水泥强度等级越高，制成的混凝土强度也越高。当用同一种水泥时，混凝土的强度主要取决于水灰比。因为水泥水化时所需的结合水，一般只占水泥质量的23%左右，但在拌制混凝土拌和物时，为了获得必要的流动性，常需用较多的水（占水泥质量的40%~70%），即较大的水灰比。在混凝土硬化后，多余的水分就残留在混凝土中形成水泡或蒸发后形成气孔，大大地减小了混凝土抵抗荷载的实际有效断面，而且可能在孔隙周围产生应力集中。因此可以认为，在水泥强度等级相同的情况下，水灰比愈小，水泥石的强度愈高，与骨料黏结力也愈大，混凝土的强度就愈高。但应说明：如果加水太少（水灰比太小），拌和物过于干硬，在一定的捣实成型条件下，无法保证浇筑质量，混凝土中将出现较多的蜂窝、孔洞，强度也将下降。试验证明，混凝土强度随水灰比的增大而降低，呈曲线关系。强度与水灰比的关系如图4-13所示。

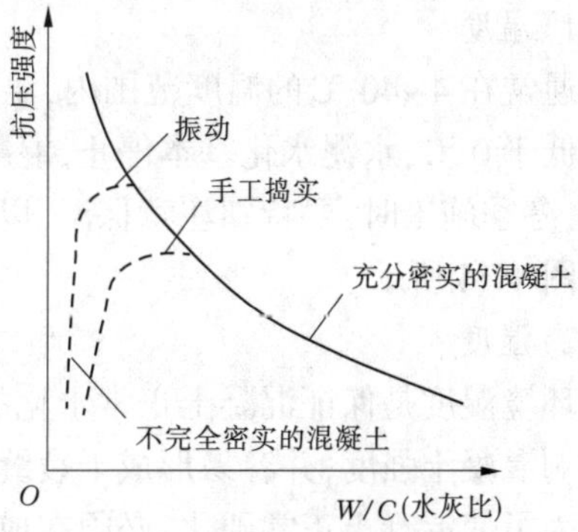

图4-13　强度与水灰比的关系

混凝土强度与灰水比、水泥强度之间的关系可用经验公式（鲍罗米公式）表示：

$$f_{cu} = \alpha_a f_{ce}(C/W - \alpha_b) \tag{4-3}$$

式中　f_{cu}——混凝土28 d龄期的抗压强度，MPa；

W——每立方米混凝土所需水量，kg；

C——每立方米混凝土所需水泥量,kg;

α_a、α_b——与粗骨料有关的回归系数;

f_{ce}——水泥的实际强度,MPa。

水泥的实际强度通常高于其强度等级的标准值($f_{ce,g}$),$f_{ce}=\gamma_c f_{ce,g}$,其中 γ_c 为水泥强度等级标准值的富余系数,一般取1.13。

当采用碎石配制混凝土时,可取 $\alpha_a=0.53$、$\alpha_b=0.20$;当采用卵石配制混凝土时,可取 $\alpha_a=0.49$、$\alpha_b=0.13$。

利用混凝土强度计算公式,可初步解决两个问题:

(1)当水泥强度等级已经选定,配制某一强度的混凝土时,可以计算出应用的水灰比近似值。

(2)当已知水泥强度等级及选定水灰比时,可以计算出该混凝土 28 d 可能达到的强度。

2.骨料

骨料在混凝土中起稳定和骨架作用。骨料本身的强度一般都比水泥石的强度高(轻骨料除外),所以不直接影响混凝土的强度,但若骨料经风化等作用而强度降低,则用其配制的混凝土强度也较低;若骨料表面粗糙,则与水泥石黏结力较大,故用碎石配制的混凝土比用卵石配制的混凝土强度要高。试验证明当 W/C 小于0.4时,用碎石配制的混凝土强度比用卵石配制的混凝土强度高38%,但随着水灰比增大,两者的差别就不大了。这是因为当水灰比较小时,界面强度对混凝土强度的影响很大;而当水灰比很大时,水泥石本身的强度则成为主要影响因素。

通常,只有骨料本身的强度较高、有害杂质含量少,且级配良好时,才能形成坚强密实的骨架;反之,骨料中含有较多的有害杂质、级配不良,且骨料本身强度较低时,混凝土的强度则会较低。

骨料的最大粒径增大,可降低用水量及水灰比,提高混凝土的强度。但对于高强度混凝土,较小粒径的粗骨料,可明显改善粗骨料与水泥石界面的强度,提高混凝土的强度。

3.养护

混凝土的硬化时间较长,需要在一定的湿度和温度下进行养护。如果温度、湿度控制不好,就会影响混凝土强度的增长。

1)温度

通常在4~40 ℃的温度范围内,温度高,水泥水化速度加快,混凝土强度增长就快;当温度低于0 ℃,水泥水化基本停止,混凝土强度停止增长,并且因水结冰膨胀,混凝土容易冻坏,冬季施工时,要特别注意保温,以免混凝土早期受冻。养护温度对混凝土强度的影响如图4-14所示。

2)湿度

环境湿度是保证混凝土正常水化的一个重要条件,如果湿度不够,水泥停止水化,严重影响混凝土强度,并容易形成干裂缝影响混凝土的耐久性。

为了使混凝土正常硬化,必须在成型后一定时间内维持一定的温度和湿度,施工现场多采用自然养护的方式。自然养护的湿度受环境温度、湿度变化的影响,为保持自然状

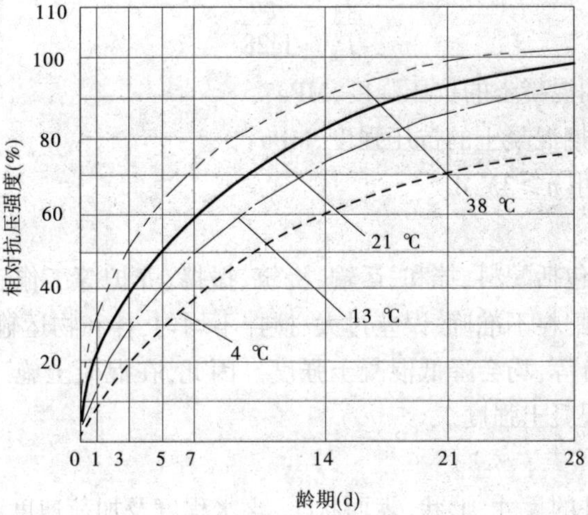

图 4-14　养护温度对混凝土强度的影响

态，在混凝土凝结(一般 12 h)以后对混凝土加以覆盖并保持潮湿养护，对硅酸盐水泥、普通水泥配制的混凝土，养护时间不得小于 7 d；对于矿渣水泥和火山灰水泥配制的混凝土或在施工中加缓凝型外加剂，或有抗渗要求的混凝土，不得小于 14 d。

4. 龄期

龄期是混凝土自加水搅拌开始所经历的时间，按天或小时计。混凝土在正常养护条件下，强度将随龄期的增长而提高，最初 3~7 d 强度提高速度较快，可达到 28 d 设计强度的 70%左右，28 d 以后逐渐变缓，可以延续多年。混凝土强度与保湿、养护时间的关系如图 4-15 所示。

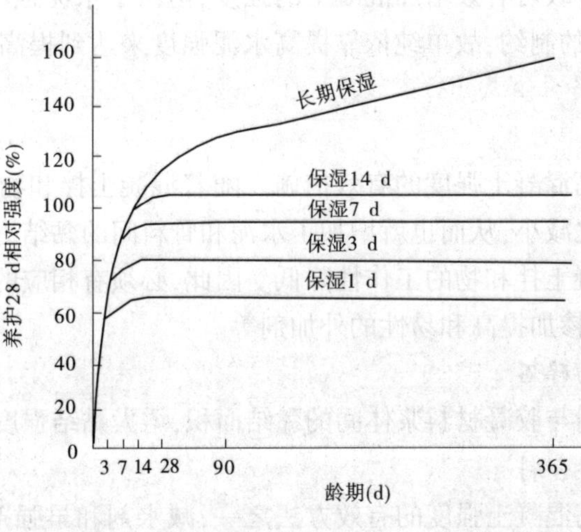

图 4-15　混凝土强度与保湿、养护时间的关系

普通水泥制成的混凝土，在标准条件养护下，混凝土强度的发展大致与其龄期的对数呈正比关系(龄期不小于 3 d)，可用经验式(4-4)描述。

$$\frac{f_n}{f_{28}} = \frac{\lg n}{\lg 28} \tag{4-4}$$

式中 f_n——n 天龄期混凝土的抗压强度,MPa;

f_{28}——28 d 龄期混凝土的抗压强度,MPa;

n——养护龄期($n \geqslant 3$),d。

5. 施工工艺

混凝土施工工艺包括配料、拌和、运输、浇筑、振捣、养护等工作。每一道工序对混凝土质量都有影响。如配料不准确、误差过大,搅拌不均匀,拌和物运输过程中产生离析,振捣不密实,养护不充分等,均会降低混凝土强度。因此,在混凝土施工过程中一定要严格遵守施工规范,确保混凝土强度。

6. 试验条件

试验过程中,试件的尺寸、形状、表面状态、含水程度及加荷速度都对混凝土的强度值产生一定的影响。

同样形状而不同尺寸的试件,尺寸越小,测得的强度偏高。同样截面尺寸,不同形状试件的高宽(或径)比值大,试验测得的强度偏低。

加荷速度对所测混凝土强度值也有影响,通常加荷速度越快,强度测值越高。试验中应严格遵循规定的加荷速度。

试件表面光滑平整,压力测值小,当试件表面有油脂类润滑剂时,压力测值偏低。我国规定的标准试验方法是不涂润滑剂,而且试验前必须把试件表面的湿存水擦干。

(五)提高混凝土强度的措施

1. 采用高强度等级的水泥

提高水泥的强度等级可有效增加混凝土的强度,但由于水泥强度等级的提高受到原料、生产工艺以及成本的制约,故单纯依靠提高水泥强度来达到提高混凝土强度的目的,往往不太经济和现实。

2. 降低水灰比

降低水灰比是提高混凝土强度的有效措施。随着混凝土拌和物的水灰比降低,硬化混凝土的孔隙率也随之减小,从而也就增加了水泥和骨料间的黏结力,使其强度提高。但降低水灰比又会使混凝土拌和物的工作性降低。因此,必须有相应的技术措施一起配合,如采用加强机械振捣、掺加提高和易性的外加剂等。

3. 采用级配良好的碎石

碎石可以增大骨料与胶凝材料浆体间的黏结面积,增大黏结强度。

4. 掺加外加剂和掺合料

掺加外加剂是提高混凝土强度的有效方法之一,减水剂和早强剂都对混凝土的强度发展起到明显的作用。尤其是在高强混凝土(强度等级大于 C60)的设计中,采用高效减水剂已成为配制高强混凝土的一项关键技术措施。掺入高活性的超细粉煤灰、硅灰、磨细矿渣粉等掺合料,可以增加胶凝性产物的含量,使混凝土的密实度增大,强度进一步得到提高。

5. 改进施工工艺

采用机械搅拌和强力振捣都可使混凝土拌和物在低水灰比的情况下更加均匀、密实地浇筑,从而获得更高的强度。近年来,国外研制的高速搅拌法、二次投料搅拌法及高频振捣法等新的施工工艺在国内的工程中得到应用,都取得了较好的效果。

6. 湿热养护

常用的混凝土湿热养护包括蒸汽养护和蒸压养护。

蒸汽养护是在常压下,将浇筑完毕的混凝土构件经 1~3 h 预养后,在 90%以上的相对湿度、60 ℃以上的饱和水蒸气中进行的养护。

蒸压养护又称高压蒸汽养护,是指将浇筑好的混凝土构件静停 8~10 h 后,放入 175 ℃和 8 个大气压的蒸压釜内进行的饱和水蒸气养护。

蒸汽养护和蒸压养护都是在足够的温湿条件下进行的养护,较高的温度加快了水泥的水化和硬化的速度,混凝土的强度得到提高。但不同品种的水泥配制的混凝土的蒸汽适应性不同,硅酸盐水泥或普通水泥配制的混凝土一般在 60~80 ℃条件下,恒湿养护 5~8 h;矿渣水泥、火山灰水泥、粉煤灰水泥配制的混凝土,蒸汽适应性好,一般蒸养温度达 90 ℃,蒸养时间不宜超过 12 h。

三、混凝土的变形

混凝土在硬化和使用中,因受各种因素的影响会产生变形,主要包括非荷载作用下的变形和荷载作用下的变形两种。这些变形是产生裂缝的重要原因之一,从而影响混凝土的强度与耐久性。因此,必须对这些变形性质的基本规律和影响因素有所了解。

(一)非荷载作用下的变形

1. 化学收缩

混凝土中的水泥水化后生成物的体积比反应前物质的总体积小,而使混凝土收缩,这种收缩称为化学收缩。化学收缩是不能恢复的,其收缩量随硬化龄期的延长而增加,大致与时间的对数成正比,一般在成型后 40 多 d 内增加较快,以后就渐趋稳定,由于收缩率很小,不会对结构物产生破坏作用,但会在混凝土内部产生细微裂纹,影响混凝土的耐久性。

2. 干缩湿胀

干湿变形取决于周围环境的湿度变化。混凝土在干燥过程中,首先发生气孔水和毛细水的蒸发。气孔水的蒸发并不引起混凝土的收缩;毛细水的蒸发使毛细孔中形成负压,随着空气湿度的降低,负压逐渐增大,产生收缩力,导致混凝土收缩。当毛细孔中的水蒸发完,如继续干燥,则凝胶体颗粒的吸附水也发生部分蒸发,由于分子引力的作用,粒子间距离变小,使凝胶体紧缩。混凝土的这种收缩在重新吸水以后大部分可以恢复。当混凝土在水中硬化时,体积不变,甚至轻微膨胀,这是由于凝胶体的吸附水膜增厚,胶体粒子间的距离增大,膨胀值远比收缩值小,一般没有坏作用。收缩受到约束时往往引起混凝土开裂,故施工时应予以注意。减少混凝土的收缩量,应该尽量减少水泥用量,砂、石骨料要洗干净,尽可能采用振捣器捣实和加强养护等。

3. 温度变形

混凝土与其他材料一样,也具有热胀冷缩的性质。混凝土的温度膨胀系数为 $10\times10^{-6}\sim14\times10^{-6}/℃$。温度变形对大体积混凝土及大面积混凝土工程极为不利。在混凝土硬化初期,水泥水化放出较多的热量,混凝土又是热的不良导体,散热较慢,因此在大体积混凝土内部的温度较外部高,有时可达 50~70 ℃。这将使内部混凝土的体积产生较大的膨胀,而外部混凝土却随气温降低而收缩。内部膨胀和外部收缩互相制约,在外部混凝土中将产生很大的拉应力,严重时使混凝土产生裂缝。因此,对大体积混凝土工程,必须尽量设法减少混凝土发热量,如采用低热水泥,减少水泥用量,采取人工降温等措施。一般对于沿纵向过长的钢筋混凝土结构物,应采取每隔一段长度设置温度伸缩缝以及在结构物中设置温度钢筋等措施,以减少温度变形引起的混凝土质量缺陷。

4. 碳化收缩

混凝土的碳化是指当空气中的二氧化碳气体渗透到潮湿混凝土内,与水泥石中的氢氧化钙起化学反应而引起的混凝土体积收缩。碳化收缩的程度与空气的相对湿度有关,当相对湿度为 30%~50%时,收缩值最大。碳化收缩会导致混凝土产生微细裂缝。

(二)荷载作用下的变形

1. 混凝土的弹塑性变形

混凝土内部结构中含有砂石骨料、水泥石(水泥石中又存在着凝胶体和未水化的水泥颗粒)、游离水分和气泡,这就决定了混凝土本身的不均质性。它不是一种完全的弹性体,而是一种弹塑性体。它在受力时,既会产生可以恢复的弹性变形,又会产生不可恢复的塑性变形,其应力与应变之间的关系不是直线而是曲线。

在静力试验的加荷过程中,若加荷至一定点,然后将荷载逐渐卸去,则卸荷后能恢复的应变 $\varepsilon_{弹}$ 是由混凝土的弹性作用引起的,称为弹性应变;剩余的不能恢复的应变 $\varepsilon_{塑}$ 则是由混凝土的塑性作用引起的,称为塑性应变。若所加应力在 $(0.5\sim0.7)f_c$ 重复,随着重复次数的增加,塑性应变逐渐增加,将导致混凝土疲劳破坏。

2. 徐变

混凝土在长期荷载作用下,沿着作用力方向的变形会随时间不断增长,即荷载不变而变形仍随时间增大。一般要延续 2~3 年才逐渐趋于稳定。这种在长期荷载作用下产生的变形,称为混凝土的徐变。混凝土的徐变与时间的关系如图 4-16 所示。

混凝土徐变和许多因素有关。混凝土的水灰比较小或混凝土在水中养护时,同龄期的水泥石中未填满的孔隙较少,故徐变较小。水灰比相同的混凝土,其水泥用量愈多,即水泥石相对含量愈大,其徐变越大。混凝土所用骨料弹性模量较大时,徐变较小。此外,徐变与混凝土的弹性模量也有密切关系,一般弹性模量大者,徐变小;混凝土不论是受压、受拉或受弯,均有徐变现象。

混凝土徐变对钢筋混凝土构件的影响有利也有弊。有利方面:徐变可消除混凝土结构内部的应力集中,通过应力重新分布而使结构物的整体承载能力提高,也可避免因局部应力集中而造成的逐渐破坏;对大体积混凝土结构,徐变还能消除一部分由于温度变形所产生的破坏应力。不利方面:由于徐变变形而使预应力钢筋混凝土中钢筋的预应力损失。

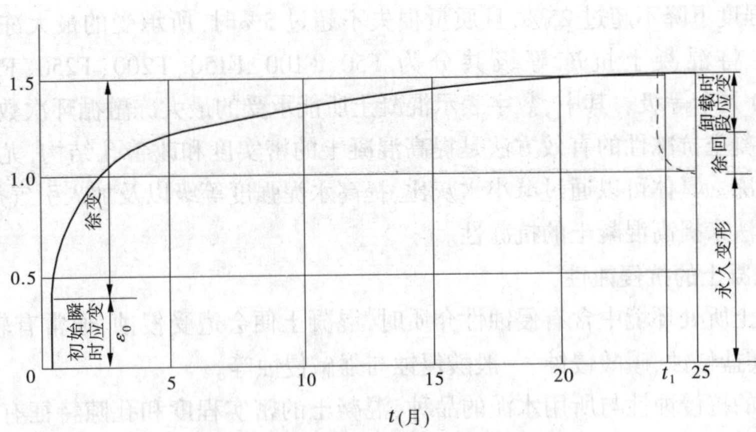

图 4-16 混凝土的徐变与时间的关系

四、混凝土的耐久性

混凝土的耐久性是指混凝土抵抗周围介质不利因素长期作用的能力。它是一项综合性质,通常包括抗渗、抗冻、抗碳化、抗侵蚀、抗碱-骨料反应等方面的性能。

在通常的混凝土结构设计中,往往忽视环境对结构的作用,许多混凝土结构在达到预定的设计使用年限前,就出现了钢筋锈蚀、混凝土劣化剥落等影响结构性能及外观的破坏现象,需要大量投资进行修复甚至拆除重建。所以,混凝土结构设计规范把混凝土结构的耐久性设计作为一项重要内容。

(一)混凝土的抗渗性

抗渗性是指混凝土抵抗压力水渗透作用的能力,用抗渗等级 P(水工混凝土用 W)来表示。混凝土抗渗等级是根据 28 d 龄期的标准试件,采用标准试验方法,以每组 6 个试件中 4 个未出现渗水时的最大水压表示。其分为 P4、P6、P8、P10、P12、大于 P12 等 6 级,相应表示混凝土能抵抗 0.4 MPa、0.6 MPa、0.8 MPa、1.0 MPa 及 1.2 MPa 的静水压力而不渗水。

混凝土渗水的主要原因是内部的孔隙形成的连通的渗水通道,这些渗水的通道主要来源于水泥浆中多余水分蒸发而留下的气孔和泌水后留下的毛细管道,以及粗骨料下缘界面聚集的水隙。另外,混凝土施工中振捣不密实及硬化后因干缩、热胀等变形造成的裂隙也会产生渗水通道。影响混凝土抗渗性的因素有水灰比、水泥品种、骨料的最大粒径、养护方法、外加剂及掺合料等。

因此,要提高混凝土的抗渗性,可以采取提高混凝土的密实度和改善混凝土中的孔隙结构特征,减少连通孔隙;掺加引气剂或减水剂,减少水灰比,选择致密、干净、级配良好的骨料,精心施工,加强养护等措施。

(二)混凝土的抗冻性

抗冻性是指材料在含水饱和状态下,经受多次冻融循环而不破坏,保持原有性能的能力,常用抗冻等级 F 来表示。

混凝土的抗冻等级是以 28 d 龄期的标准试件,在浸水饱和状态下,承受反复冻融循环,以抗压强度下降不超过25%,且质量损失不超过5%时,所承受的最大冻融循环次数来确定的。将混凝土抗冻等级共分为F50、F100、F150、F200、F250、F300 、F350、F400、>F400九个等级。其中,数字表示混凝土所能承受的最大冻融循环次数。

提高混凝土抗冻性的有效方法是提高混凝土的密实度和改善孔结构,尤其要防止混凝土早期受冻。具体可以通过减小水灰比,提高水泥强度等级以及加入引气剂、减水剂和防冻剂等方法来提高混凝土的抗冻性。

(三)混凝土的抗侵蚀性

当混凝土所处环境中含有侵蚀性介质时,混凝土便会遭受侵蚀,通常有软水侵蚀、硫酸盐侵蚀、镁盐侵蚀、碳酸侵蚀、一般酸侵蚀与强碱侵蚀等。

混凝土的抗侵蚀性与所用水泥的品种、混凝土的密实程度和孔隙特征有关。密实和孔隙封闭的混凝土,环境水不易侵入,故其抗侵蚀性较强。所以,提高混凝土抗侵蚀性的措施,主要是合理选择水泥品种、减小水灰比、提高混凝土的密实度和改善孔隙结构。

用于地下工程、海岸、海洋工程等恶劣环境中的混凝土,对抗侵蚀性有着更高的要求。

(四)混凝土的碳化

混凝土的碳化是指当空气中的二氧化碳气体渗透到潮湿混凝土内,与水泥石中的氢氧化钙起化学反应后生成碳酸钙和水,使混凝土碱度降低的过程。

由于碳化使混凝土的碱度降低,当碳化深度超过混凝土保护层时,在有水和空气存在的条件下,就会使混凝土失去对钢筋的保护作用,钢筋开始生锈;碳化作用还会引起混凝土收缩,引起微细裂缝;碳化作用也可使混凝土抗压强度增大,引起混凝土表面强度和内部强度的差异,故在进行混凝土强度回弹检测时,应进行碳化修正,否则易造成混凝土结构强度值的误判。

碳化速度受许多因素的影响:

(1)水泥的品种及掺混合材料的数量。硅酸盐水泥水化生成的氢氧化钙含量较掺混合材料硅酸盐水泥的数量多,因此碳化速度较掺混合材料的硅酸盐水泥慢;对于掺混合材料的水泥,混合材料数量越多,碳化速度越快。

(2)水灰比。在一定的条件下,水灰比越小的混凝土越密实,碳化速度越慢。

(3)环境因素。主要指空气中二氧化碳的浓度及空气的相对湿度。二氧化碳浓度增高、碳化速度加快,在相对湿度达到50%~70%的情况下,碳化速度最快;在相对湿度达到100%或相对湿度在25%以下时,碳化将停止进行。

提高混凝土抗碳化的主要方法有:合理选择水泥品种、减小水灰比、加减水剂、保证混凝土保护层的质量和厚度、充分湿养护等。

(五)碱-骨料反应

碱-骨料反应是指在有水的条件下,水泥中过量的碱性氧化物(氧化钠和氧化钾)与骨料中的活性二氧化硅之间发生的反应。

碱-骨料反应的速度很慢,在混凝土浇筑成型后若干年逐渐反应,反应生成的碱-硅酸凝胶,能从周围介质中吸收水分而产生3倍以上的体积膨胀,严重影响混凝土的耐久性。

1. 碱-骨料反应必须具备的条件

(1)水泥中含有较高的碱量,总碱量(按 $Na_2O+0.658K_2O$ 计)大于0.6%时,才会与活性骨料发生碱-骨料反应。

(2)骨料中含有活性 SiO_2 并超过一定数量,它们常存在于流纹岩、安山岩、凝灰岩等天然岩石中。

(3)存在水分。在干燥状态下碱-骨料反应不会造成危害。

2. 抑制碱-骨料反应的措施

(1)条件许可时选择非活性骨料。

(2)当不可能采用完全没有活性的骨料时,则应严格控制混凝土中的总碱量,符合现行有关标准的规定。

(3)掺用活性混合材料,如硅粉、粉煤灰(高钙高碱粉煤灰除外),对碱-骨料反应有明显的抑制效果,因活性混合材料可与混凝土中的碱(Na^+、K^+)起反应,从而降低了混凝土中的含碱量,抑制了碱-骨料反应。同样道理,采用矿渣含量较高的矿渣水泥也是抑制碱-骨料反应的有效措施。

(4)碱-骨料反应要有水分,如果没有水分,碱-骨料反应就会大为减慢乃至完全停止。因此,防止外界水分渗入混凝土或者使混凝土变干可减轻碱-骨料反应的危害程度。

如果混凝土内部具备了碱-骨料反应的条件,就很难控制其反应的发展。以碱-硅酸反应为例,其反应积累期为10~20年,即混凝土工程建成投产使用10~20年就发生膨胀开裂。当碱-骨料反应发展至膨胀开裂时,混凝土力学性能明显降低,其抗压强度降低40%,弹性模量降低尤为显著。

(六)提高混凝土耐久性的措施

(1)严格控制水灰比,保证足够的水泥用量。

(2)合理选择水泥品种,适当控制混凝土的水灰比及水泥用量,水灰比的大小是决定混凝土密实性的主要因素,它不但影响混凝土的强度,而且严重影响其耐久性,故必须严格控制水灰比。

(3)选用较好的砂、石骨料,并尽量采用合理砂率。质量良好及技术条件合格的砂、石骨料,是保证混凝土耐久性的重要条件。

(4)掺引气剂、减水剂等外加剂,改善混凝土内部的孔隙率和孔隙结构,提高混凝土耐久性。

(5)掺入高效活性矿物掺料。大量研究表明掺粉煤灰、矿渣、硅粉等掺合料能有效改善混凝土的性能,填充内部孔隙,改善孔隙结构,提高密度,高掺量混凝土还能抑制碱-骨料反应。因而混凝土掺混合料,是提高混凝土耐久性的有效措施。

(6)在混凝土施工中,应搅拌均匀、振捣密实、加强养护,增加混凝土密实度,提高混凝土质量。

【工程实例分析4-6】 混凝土裂缝原因。

现象:某工程混凝土结构拆模后,裂缝在结构表面出现,形状不规则且长短不一,互不连贯,类似干燥的泥浆面。

原因分析:水泥用量过大或使用过量的粉砂。混凝土水灰比过大,模板过于干燥,也是导致这类裂缝出现的因素。混凝土浇筑后,表面没有及时覆盖,受风吹日晒,表面游离水分蒸发过快,产生急剧的体积收缩,而此时混凝土早期强度低,不能抵抗这种变形应力而导致开裂。

【工程实例分析4-7】 混凝土试件强度不合格。

现象:某工程从夏季开始施工,混凝土试件强度一直稳定合格。而进入秋冬季施工以来,混凝土强度却出现偏低现象。甚至有的试件不合格,采用非破损检测工程部位混凝土,强度却合格。

原因分析:搅拌站和施工单位技术人员共同分析原因,找出症结。发现工地试验员做完混凝土试件后,对试件并没有进行"标准养护"而是将试件散落在工地上。夏季气温偏高,混凝土试件在自然养护条件下气温高,强度也高;秋冬季气温偏低,混凝土试件强度也随之降低。

任务四 混凝土配合比设计

混凝土配合比是指混凝土中各组成材料数量之间的比例关系。常用的表示方法有两种:一种是质量配合比,它是以1 m^3 混凝土中各项材料的质量表示的,如1 m^3 混凝土中水泥300 kg、水180 kg、砂720 kg、石子1 200 kg;另一种是以各项材料相互间的质量比来表示的,以水泥质量为1,将上例换算成质量比即为:水泥:砂:石=1:2.4:4,水灰比0.6。

混凝土配合比设计就是根据原材料性能及对混凝土的技术要求,通过计算,并经实验室试配、调整确定各组成材料用量比例的过程。

一、混凝土配合比设计的要求

配合比设计的基本要求是使所配制的混凝土在比较经济的情况下,保证混凝土工程质量。具体要求如下:

(1)满足施工要求的混凝土拌和物的和易性。

(2)满足混凝土结构设计所要求的强度等级。

(3)满足混凝土的耐久性(如抗冻等级、抗渗等级)。

(4)在满足各项技术性质的前提下,使各组成材料经济合理。

经济性的表现有两个方面:一方面是节约水泥用量,降低混凝土的成本(包括材料、劳动力、能源的节约);另一方面是长远的经济效益(如耐久性好、维护费用少、保温性好等)。对特殊工程中使用的混凝土,除满足以上要求外,还应满足特殊要求(如耐火性、防辐射、耐高温等)。

二、混凝土配合比设计的技术资料

在进行混凝土配合比设计之前,必须详细掌握下列基本资料。

(一)工程的具体情况

(1)结构或构件的设计强度等级,以便确定混凝土配制强度。

(2)结构或构件的形状及尺寸、钢筋的最小净距,以便确定粗骨料的最大粒径。

(3)混凝土工程的设计使用年限和所处的环境对混凝土可能造成的危害,即对混凝土耐久性的要求,以便于确定所配制混凝土的最大水灰比和最小水泥用量。

(二)原材料的情况

(1)水泥的品种、实际强度、密度。

(2)粗细骨料的品种、级配、表观密度、堆积密度、含水率,石子的最大粒径、压碎指标。

(3)拌和用水的水质及来源。

(4)外加剂的品种、性能、掺量以及与水泥的相容性和掺入方法。

(三)施工条件及施工水平

提供包括搅拌和振捣方式、要求的坍落度、施工单位的施工及管理水平等资料。

三、混凝土配合比设计的方法及步骤

混凝土配合比设计是个复杂的过程,分四个步骤进行,需确定四个配合比。

第一步:正确选用原材料品种,检验原材料质量,然后按混凝土技术要求通过经验公式、经验数据进行初步计算,得出初步计算配合比。

第二步:在初步计算配合比的基础上,经试拌、检验、调整到和易性满足要求时,得出满足和易性要求的基准配合比。

第三步:通过实验室进行混凝土的强度检验、复核(如有其他性能要求,则须做相应的检验项目,如抗冻性、抗渗性等),确定出满足耐久性要求的实验室配合比(也称设计配合比)。

第四步:根据现场原材料实际情况(如砂、石的实际含水率等)修正实验室配合比,从而得出施工配合比。具体设计方法如下。

(一)初步计算配合比

1. 确定混凝土配制强度($f_{cu,0}$)

为使混凝土的强度保证率能满足规定的要求,在设计混凝土配合比时必须使得混凝土的配制强度 $f_{cu,0}$ 高于设计强度 $f_{cu,k}$。混凝土的强度保证率要求达到95%。

(1)当混凝土的设计强度等级小于C60时,$f_{cu,0}$ 可采用下式计算:

$$f_{cu,0}=f_{cu,k}+1.645\sigma \tag{4-5}$$

式中　$f_{cu,0}$——混凝土配制强度,MPa;

$f_{cu,k}$——混凝土立方体抗压强度标准值,这里取设计混凝土强度等级值,MPa;

σ——施工单位的混凝土强度标准差,MPa;

1.645——达到95%强度保证率的系数。

(2)当设计强度等级大于或等于C60时,配制强度应按下式计算:

$$f_{cu,0}\geqslant 1.15f_{cu,k} \tag{4-6}$$

(3)强度标准差 σ。

强度标准差 σ 的大小表示施工单位管理水平的高低,σ 越小,说明混凝土施工质量越稳定。

①当生产单位或施工单位具有近1~3个月的同一品种、同一强度等级混凝土的强度

资料时,σ 可按下式求得:

$$\sigma = \sqrt{\frac{\sum_{i=1}^{n}(f_{cu,i} - \bar{f}_{cu})^2}{n-1}} \quad (4\text{-}7)$$

式中 $f_{cu,i}$——第 i 组的试件强度,MPa;

$\bar{f}_{cu}$——n 组试件强度的平均值,MPa;

n——试件组数,n 值应不小于 30。

对于强度等级不大于 C30 的混凝土,当 σ 计算值不小于 3.0 MPa 时,应按照计算结果取值;当 σ 计算值小于 3.0 MPa 时,σ 应取 3.0 MPa。

对于强度等级大于 C30 但不大于 C60 的混凝土,当 σ 计算值不小于 4.0 MPa 时,应按照计算结果取值;当 σ 计算值小于 4.0 MPa 时,应取 4.0 MPa。

②当没有近期的同一品种、同一强度等级混凝土强度资料时,其强度标准差 σ 可按表 4-22 取值。

在采用表 4-22 时,施工单位可根据实际情况,对 σ 做适当调整。

表 4-22 σ 取值 (单位:MPa)

混凝土强度标准值	≤C20	C25~C45	C50~C55
σ	4.0	5.0	6.0

2. 确定水胶比(W/B)

1)按强度计算水胶比

混凝土强度等级不大于 C60 时,混凝土水胶比宜按下式计算:

$$W/B = \frac{\alpha_a f_b}{f_{cu,0} + \alpha_a \alpha_b f_b} \quad (4\text{-}8)$$

式中 W/B——混凝土水胶比;

α_a、α_b——回归系数,根据工程所使用的原材料,通过试验建立的水胶比与混凝土强度关系式来确定,当不具备上述试验统计资料时,可按表 4-23 规定选用;

f_b——胶凝材料 28 d 胶砂强度实测值,MPa,当无实测值时,可按式(4-9)计算。

$$f_b = \gamma_f \gamma_s f_{ce} \quad (4\text{-}9)$$

式中 γ_f、γ_s——粉煤灰影响系数和粒化高炉矿渣粉影响系数,可按表 4-24 选用;

f_{ce}——水泥 28 d 胶砂抗压强度,MPa,可实测,也可按式(4-10)计算。

$$f_{ce} = \gamma_c f_{ce,g} \quad (4\text{-}10)$$

式中 $f_{ce,g}$——水泥强度等级值,MPa;

γ_c——水泥强度等级值的富余系数,可按实际统计资料确定,当缺乏实际统计资料时,也可按表 4-25 选用。

表 4-23 回归系数 α_a、α_b 选用

系数	粗骨料品种	
	碎石	卵石
α_a	0.53	0.49
α_b	0.20	0.13

表 4-24 粉煤灰影响系数 γ_f 和粒化高炉矿渣粉影响系数 γ_s

掺量(%)	种类	
	粉煤灰影响系数 γ_f	粒化高炉矿渣粉影响系数 γ_s
0	1.00	1.00
10	0.90~0.95	1.00
20	0.80~0.85	0.95~1.00
30	0.70~0.75	0.90~1.00
40	0.60~0.65	0.80~0.90
50	—	0.70~0.85

注:1. 本表应以 P·O 42.5 水泥为准;如采用普通硅酸盐水泥以外的通用硅酸盐水泥,可将水泥混合材掺量 20%以上部分计入矿物掺合料。

2. 宜采用Ⅰ级或Ⅱ级粉煤灰,采用Ⅰ级粉煤灰宜取上限值,采用Ⅱ级粉煤灰宜取下限值。

3. 采用 S75 级粒化高炉矿渣粉宜取下限值,采用 S95 级粒化高炉矿渣粉宜取上限值,采用 S105 级粒化高炉矿渣粉可取上限值加 0.05。

4. 当超出表中的掺量时,粉煤灰影响系数和粒化高炉矿渣粉影响系数应经试验确定。

表 4-25 水泥强度等级值的富余系数

水泥强度等级值	32.5	42.5	52.5
富余系数	1.12	1.16	1.10

2)按耐久性校核水胶比

对于设计强度大于 50 年的混凝土结构,根据国家标准《混凝土结构设计规范》(GB 50010—2010)、行业标准《普通混凝土配合比设计规程》(JGJ 55—2011)规定,应按表 4-26~表 4-28 规定的最大水胶比进行耐久性校核。

最终确定水灰比时,必须同时满足强度、抗渗、抗冻及规范等要求,故应选其中最小的水灰比。

3. 确定用水量和外加剂用量

1)用水量的确定

(1)干硬性和塑性混凝土用水量的确定。

①当水灰比在 0.40~0.80 时,根据粗骨料的品种、粒径及施工要求的混凝土拌和物

稠度,其用水量干硬性混凝土按表4-29选取,塑性混凝土按表4-30选取。

②水灰比小于0.40的混凝土以及采用特殊成型工艺的混凝土用水量应通过试验确定。

表4-26 普通混凝土最大水胶比

环境类别	条件	最大水胶比	最低强度等级	最大氯离子含量(%)	最大碱含量(kg/m³)
一	室内干燥环境; 无侵蚀性静水浸没环境	0.60	C20	0.30	不限制
二a	室内潮湿环境; 非严寒和非寒冷地区的露天环境; 非严寒和非寒冷地区与无侵蚀性的水或土壤直接接触的环境; 严寒和寒冷地区的冰冻线以下与无侵蚀性的水或土壤直接接触的环境	0.55	C25	0.20	3.0
二b	干湿交替环境; 水位频繁变动环境; 严寒和寒冷地区的露天环境; 严寒和寒冷地区的冰冻线以上与无侵蚀性的水或土壤直接接触的环境	0.50(0.55)	C30(C25)	0.15	
三a	严寒和寒冷地区冬季水位变动区环境; 受除冰盐影响环境; 海风环境	0.45(0.50)	C35(C30)	0.15	
三b	盐渍土环境; 受除冰盐作用环境; 海岸环境	0.40	C40	0.10	

注:1. 室内潮湿环境是指构件表面经常处于结露或湿润状态的环境,氯离子含量是指占胶凝材料总量的百分比,素混凝土构件的水胶比及最低强度等级的要求可适当放松。

2. 严寒和寒冷地区的划分应符合国家标准《民用建筑热工设计规范》(GB 50176—2016)的有关规定。

3. 海岸环境和海风环境宜根据当地情况,考虑主导风向及结构所处迎风、背风部位等因素的影响,由调查研究和工程经验确定。

4. 受除冰盐影响环境是指受到除冰盐盐雾影响的环境;受除冰盐作用环境是指被除冰盐溶液溅射的环境以及使用除冰盐地区的洗车房、停车楼等建筑。

5. 有可靠工程经验时,二类环境中的最低混凝土强度等级可降低一个等级,处于严寒和寒冷地区的二b、三a类环境中的混凝土应使用引气剂,并可采用括号中的有关参数。

表 4-27　抗渗混凝土最大水灰比

抗渗等级	最大水灰比	
	C20~C30 混凝土	C30 以上混凝土
P6	0.60	0.55
P8~P12	0.55	0.50
>P12	0.50	0.45

注:有抗渗要求的混凝土配合比,试配时要求抗渗水压值应比设计值提高 0.2 MPa。

表 4-28　抗冻混凝土的最大水灰比

抗冻等级	无引气剂时	掺引气剂时
F50	0.55	0.60
F100	0.50	0.55
不低于 F150	—	0.50

表 4-29　干硬性混凝土单位用水量选用　(单位:kg/m^3)

项目	指标	卵石最大粒径(mm)			碎石最大粒径(mm)		
		10	20	40	16	20	40
维勃稠度(s)	16~20	175	160	145	180	170	155
	11~15	180	165	150	185	175	160
	5~10	185	170	155	190	180	165

表 4-30　塑性混凝土单位用水量选用　(单位:kg/m^3)

拌和物稠度		卵石最大粒径(mm)				碎石最大粒径(mm)			
项目	指标	10	20	31.5	40	16	20	31.5	40
坍落度(mm)	10~30	190	170	160	150	200	185	175	165
	35~50	200	180	170	160	210	195	185	175
	55~70	210	190	180	170	220	205	195	185
	75~90	215	195	185	175	230	215	205	195

注:1. 本表用水量是采用中砂时的平均取值,如采用细砂,每立方米混凝土用水量可增加 5~10 kg,采用粗砂时则可减少 5~10 kg。

2. 掺用各种外加剂或掺合料时,可相应增减用水量。

(2)流动性和大流动性混凝土用水量的确定。

①以表 4-30 中的坍落度 90 mm 的用水量为基础,按坍落度每增大 20 mm,用水量增加 5 kg,计算出未掺外加剂时的混凝土用水量。

②掺外加剂时的用水量可按式(4-11)计算:

$$m_{w0} = m'_{w0}(1 - \beta) \tag{4-11}$$

式中 m_{w0}——每立方米混凝土的用水量,kg/m³;

m'_{w0}——未掺外加剂混凝土每立方米混凝土的用水量,kg/m³;

β——外加剂的减水率,应经混凝土试验确定。

2)外加剂用量的确定

每立方米混凝土中外加剂用量应按式(4-12)计算:

$$m_{a0} = m_{b0}\beta_a \tag{4-12}$$

式中 m_{a0}——每立方米混凝土中外加剂用量,kg/m³;

m_{b0}——每立方米混凝土中胶凝材料用量,kg/m³;

β_a——外加剂掺量(%),应经混凝土试验确定。

4. 确定胶凝材料、矿物掺合料和水泥用量

1)确定胶凝材料用量

(1)计算胶凝材料用量。

每立方米混凝土的胶凝材料用量(m_{b0})应按式(4-13)计算,并应进行试拌调整,在满足拌和物性能的情况下,取经济合理的胶凝材料用量。

$$m_{b0} = \frac{m_{w0}}{W/B} \tag{4-13}$$

(2)按耐久性要求校核胶凝材料用量。

对于设计强度大于50年的混凝土结构,根据国家标准GB 50010—2010、行业标准JGJ 55—2011规定,应按表4-31进行混凝土的最小胶凝材料用量校核。

表4-31 混凝土的最小胶凝材料用量

最大水胶比	最小胶凝材料用量(kg/m³)		
	素混凝土	钢筋混凝土	预应力混凝土
0.60	250	280	300
0.55	280	300	300
0.50	320		
≤0.45	330		

注:配制C15及其以下强度等级的混凝土,可不受本表限制。

2)确定矿物掺合料用量

每立方米混凝土的矿物掺合料用量应按下式计算:

$$m_{f0} = m_{b0}\beta_f \tag{4-14}$$

式中 m_{f0}——每立方米混凝土中矿物掺合料用量,kg/m³;

β_f——矿物掺合料掺量(%),应经试验确定。

当采用硅酸盐水泥和普通硅酸盐水泥时,钢筋混凝土中矿物掺合料最大掺量宜符合表4-32的规定,预应力钢筋混凝土中矿物掺合料最大掺量宜符合表4-33的规定。

表 4-32 钢筋混凝土中矿物掺合料最大掺量

矿物掺合料种类	水胶比	最大掺量(%)	
		硅酸盐水泥	普通硅酸盐水泥
粉煤灰	≤0.40	≤45	≤35
	>0.40	≤40	≤30
粒化高炉矿渣粉	≤0.40	≤65	≤55
	>0.40	≤55	≤45
钢渣粉	—	≤30	≤20
磷渣粉	—	≤30	≤20
硅灰	—	≤10	≤10
复合掺合料	≤0.40	≤65	≤55
	>0.40	≤55	≤45

表 4-33 预应力钢筋混凝土中矿物掺合料最大掺量

矿物掺合料种类	水胶比	最大掺量(%)	
		硅酸盐水泥	普通硅酸盐水泥
粉煤灰	≤0.40	≤35	≤30
	>0.40	≤25	≤20
粒化高炉矿渣粉	≤0.40	≤55	≤45
	>0.40	≤45	≤35
钢渣粉	—	≤20	≤10
磷渣粉	—	≤20	≤10
硅灰	—	≤10	≤10
复合掺合料	≤0.40	≤55	≤45
	>0.40	≤45	≤35

注:1. 采用其他通用硅酸盐水泥时,宜将水泥混合材料掺量20%以上的混合材料量计入矿物掺合料。

2. 复合掺合料中各组分的掺量不宜超过单掺时的最大掺量。

3. 在混合使用两种或两种以上矿物掺合料时,矿物掺合料总掺量应符合表中复合掺合料的规定。对基础大体积混凝土,粉煤灰、粒化高炉矿渣粉和复合掺合料的最大掺量可增加5%。

3) 确定水泥用量

每立方米混凝土的水泥用量应按下式计算:

$$m_{c0} = m_{b0} - m_{f0} \tag{4-15}$$

式中 m_{c0}——每立方米混凝土中水泥用量,kg/m^3。

5. 确定砂率

砂率(β_s)应根据骨料的技术指标、混凝土拌和物性能和施工要求,参考既有历史资料确定。当缺乏砂率的历史资料时,混凝土砂率的确定应符合下列规定:

坍落度小于10 mm的混凝土,其砂率应经试验确定;坍落度为10~60 mm的混凝土,砂率可根据粗骨料品种、最大公称粒径及水胶比按表4-34选取;坍落度大于60 mm的混凝土,其砂率可经试验确定,也可在表4-34的基础上,按坍落度每增大20 mm、砂率增大1%的幅度予以调整。

表4-34 混凝土的砂率 (%)

水胶比(W/B)	卵石最大粒径(mm)			碎石最大粒径(mm)		
	10.0	20.0	40.0	16.0	20.0	40.0
0.40	26~32	25~31	24~30	30~35	29~34	27~32
0.50	30~35	29~34	28~33	33~38	32~37	30~35
0.60	33~38	32~37	31~36	36~41	35~40	33~38
0.70	36~41	35~40	34~39	39~44	38~43	36~41

注:1. 本表数值是中砂的选用砂率,对于细砂或粗砂,可相应地减小或增大砂率。
2. 采用人工砂配制混凝土时,砂率可适当增大。
3. 只用一个单粒级粗骨料配制混凝土时,砂率应适当增大。
4. 对薄壁构件,砂率宜取偏大值。

6. 计算1 m³混凝土中粗、细骨料的用量

1)质量法

质量法又称假定表观密度法。1 m³混凝土拌和物的质量(表观密度)等于1 m³混凝土各组成材料的质量之和。当原材料性能比较稳定时,拌和物的表观密度将接近一个固定值,这样就可先假设一个1 m³混凝土拌和物的质量值,列出式(4-16)。根据已知的砂率及定义列出式(4-17),解联立关系式,便可求出粗、细骨料的用量。

$$m_{f0} + m_{c0} + m_{w0} + m_{s0} + m_{g0} = m_{cp} \tag{4-16}$$

$$\beta_s = \frac{m_{s0}}{m_{g0} + m_{s0}} \times 100\% \tag{4-17}$$

式中 m_{f0}——每立方米混凝土的矿物掺合料用量,kg/m³;
m_{g0}——每立方米混凝土的粗骨料用量,kg/m³;
m_{s0}——每立方米混凝土的细骨料用量,kg/m³;
β_s——砂率(%);
m_{cp}——每立方米混凝土的假定质量,可取2 350~2 450 kg。

2)体积法

1 m³(1 000 L)混凝土体积等于各组成材料所占的体积与所含空气体积之和。据此可列出式(4-18),解联立关系式,便可求出粗、细骨料的用量。

$$\frac{m_{f0}}{\rho_f}+\frac{m_{c0}}{\rho_c}+\frac{m_{g0}}{\rho_{0g}}+\frac{m_{s0}}{\rho_{0s}}+\frac{m_{w0}}{\rho_w}+0.01\alpha=1 \tag{4-18}$$

$$\beta_s=\frac{m_{s0}}{m_{g0}+m_{s0}}\times 100\% \tag{4-19}$$

式中 ρ_f——矿物掺合料密度,kg/m³;

ρ_c——水泥密度,可取 2 900~3 100 kg/m³;

ρ_{0g}——粗骨料的表观密度,kg/m³;

ρ_{0s}——细骨料的表观密度,kg/m³;

ρ_w——水的密度,可取 1 000 kg/m³;

α——混凝土的含气量百分数,在不使用引气剂或引气型外加剂时,α 可取 1。

通过以上步骤,可将水泥、水、砂、石子的用量求出,得出初步计算配合比:$m_{c0}:m_{f0}:m_{w0}:m_{s0}:m_{g0}$。

应注意的是:

(1)以上混凝土配合比计算,均以干燥状态骨料为基准(干燥状态骨料是指含水率小于0.5%的细骨料或含水率小于0.2%的粗骨料),如需以饱和面干骨料为基准进行计算,则应做相应修改。

(2)由于计算初步配合比的过程中,使用了一些经验公式和经验数据,其计算结果不一定能完全符合混凝土性能的要求,为此必须通过试配混凝土,检验其和易性、强度、耐久性,并进行必要的调整,经过试配调整和易性符合要求的混凝土配合比为基准配合比;在基准配合比的基础上,强度、耐久性均符合要求的配合比为实验室配合比,即混凝土的设计配合比。

(二)确定基准配合比

1. 试配混凝土拌和物

《普通混凝土配合比设计规程》(JGJ 55—2011)规定,按计算的初步配合比试配混凝土拌和物时,应满足表 4-35 要求。

表 4-35 混凝土配合比适配要求

序号	项目	要求		备注
1	设备及工艺	采用强制式搅拌机,搅拌方法与施工时相同		搅拌量不应小于搅拌机容量的 1/4,且不大于搅拌机的公称容量
2	原材料	采用工程中实际使用的原材料		
3	试配最小搅拌量	骨料最大公称粒径(mm)	拌和物最小搅拌量(L)	
		≤31.5	20	
		40	25	

2. 检验和易性,调整并确定基准配合比

混凝土搅拌均匀后检验拌和物的和易性,若不符合要求,则要保持初步配合比的水胶比不变,进行其他有关材料的调整,具体可参考表4-36的方法进行调整,直到符合要求。然后提出供检验混凝土强度和耐久性用的基准配合比:$m_{cj}:m_{fj}:m_{wj}:m_{sj}:m_{gj}$。

表4-36 混凝土拌和物和易性的调整参考方法

不能满足要求情况	调整参考方法
坍落度小于要求,黏聚性和保水性合适	保持水胶比不变,增加水胶浆量。相应减少砂石用量(砂率不变)
坍落度大于要求,黏聚性和保水性合适	保持水胶比不变,减少水胶浆量。相应增加砂石用量(砂率不变)
坍落度合适,黏聚性和保水性不好	增大砂率(保持砂石总量不变,提高砂用量,减少石子用量)

(三)确定实验室配合比

得出基准配合比后,水胶比值选择不一定恰当,其强度和耐久性可能会不符合要求,故应至少采用三个不同的配合比验证强度和耐久性。其中一种为"基准配合比",另外两种配合比的水胶比值,宜较基准配合比分别增大或减小5%,用水量应与"基准配合比"相同,砂率可分别增大或减小1%。在制作混凝土试验试件时,应检验混凝土拌和物的坍落度或维勃稠度、黏聚性、保水性及拌和物的表观密度,并以此结果作为代表相应配合比的混凝土拌和物的性能。

(1)根据试验得出的混凝土强度与相应的胶水比(B/W)关系,用作图法(胶水比与强度的关系直线)或计算法求出与混凝土配制强度($f_{cu,0}$)相对应的胶水比,并按下列原则确定每立方米混凝土的材料用量:

①用水量和外加剂的用量(m_w、m_a)。取基准配合比的用水量和外加剂的用量,或在基准配合比用水量的基础上,根据制作强度试件时测得的坍落度或维勃稠度进行调整确定。

②胶凝材料用量(m_f+m_c)。应以用水量乘以选定出来的胶水比计算确定。

③粗骨料和细骨料用量(m_g、m_s)。取基准配合比的粗骨料和细骨料的用量,或在基准配合比的粗骨料和细骨料用量的基础上,按选定的灰水比进行调整后确定。

(2)调整后的混凝土配合比的校正。

配合比经试配、调整确定后,还需根据实测的混凝土表观密度 $\rho_{c,t}$ 做必要的校正,具体步骤如下:

①按式(4-20)计算混凝土的表观密度值($\rho_{c,c}$)。

$$\rho_{c,c}=m_c+m_f+m_g+m_s+m_w \tag{4-20}$$

式中 $\rho_{c,c}$——混凝土表观密度计算值,kg/m^3;

m_c——每立方米混凝土水泥用量,kg/m^3;

m_f——每立方米混凝土掺合料用量,kg/m^3;

m_g——每立方米混凝土粗骨料用量,kg/m^3;

m_s——每立方米混凝土细骨料用量,kg/m^3;

m_w——每立方米混凝土用水量，kg/m^3。

②按式(4-21)计算混凝土配合比的校正系数δ。

$$\delta = \frac{\rho_{c,t}}{\rho_{c,c}} \tag{4-21}$$

式中 $\rho_{c,t}$——混凝土表观密度实测值，kg/m^3。

③当$\rho_{c,t}$与$\rho_{c,c}$之差的绝对值不超过$\rho_{c,c}$的2%时，由以上定出的配合比即确定的设计配合比；若两者之差超过2%，则须将已定出的混凝土配合比中每项材料用量均乘以校正系数δ，即最终定出的设计配合比为：$m_c:m_f:m_w:m_s:m_g$。

（四）确定施工配合比

设计配合比是以干燥材料为基准的，并且所用骨料粗细程度、级配比例与施工现场均有一定的差异，应根据现场原材料的实际情况及混凝土质量检验的结果予以调整，调整后的配合比叫作施工配合比。假定其他条件相同，仅骨料含水率不同，施工现场测出砂的含水率为$a\%$，石子的含水率为$b\%$，则将上述设计配合比换算为施工配合比，其材料的称量应为

$$\left.\begin{aligned} m'_c &= m_c \\ m'_f &= m_f \\ m'_s &= m_s(1 + a\%) \\ m'_g &= m_g(1 + b\%) \\ m'_w &= m_w - m_s \cdot a\% - m_g \cdot b\% \end{aligned}\right\} \tag{4-22}$$

式中：m'_c、m'_w、m'_s、m'_g、m'_f依次表示1 m^3混凝土拌和物中，施工时用的水泥、水、砂、石、矿物掺合料的质量，kg。

四、普通混凝土配合比设计实例

【例4-2】 某严寒地区的露天钢筋混凝土结构，混凝土采用机械搅拌、机械振捣，设计强度等级为C30，要求混凝土坍落度为75~90 mm，设计使用年限为50年，该施工单位无历史统计资料。

配合比设计所用材料：

胶凝材料采用普通硅酸盐水泥42.5级和Ⅰ级粉煤灰，粉煤灰掺量20%；水泥密度$\rho_c = 3.1\ g/cm^3$，粉煤灰密度$\rho_f = 3.0\ g/cm^3$。

减水剂采用HSP高效减水剂，减水率为20%。外加剂掺量为胶凝材料的0.80%。

骨料为工程实际使用的原材料，经存放晾晒后细骨料含水率小于0.5%，粗骨料含水率小于0.2%。所用细骨料为河砂，细度模数为2.8，表观密度$\rho_{0s} = 2.65\ g/cm^3$，堆积密度$\rho'_{0s} = 1.50\ g/cm^3$；粗骨料为碎石，粒径5~40 mm，表观密度$\rho_{0g} = 2.70\ g/cm^3$，堆积密度$\rho'_{0g} = 1.55\ g/cm^3$。

拌和用水为自来水。

试设计该混凝土的配合比。如施工现场用砂实测含水率为3%，碎石实测含水率为1%，求现场施工配合比。

解:(一)初步计算配合比

1. 确定配制强度($f_{cu,0}$)

该施工单位无历史统计资料,可根据表4-22得C30混凝土强度标准差$\sigma=5.0$ MPa。

$$f_{cu,0}=f_{cu,k}+1.645\sigma=30+1.645\times5.0=38.2(\text{MPa})$$

2. 确定水胶比(W/B)

(1)计算水泥实际强度f_{ce}。

由于缺乏实际统计资料,42.5级水泥强度等级值的富余系数按表4-25选用1.16。

$$f_{ce}=\gamma_c f_{ce,g}=1.16\times42.5=49.3(\text{MPa})$$

(2)计算水胶比。

粉煤灰掺量20%,查表4-24,可取$\gamma_f=0.85$,$\gamma_s=1.00$,则

$$f_b=\gamma_f\gamma_s f_{ce}=0.85\times1.00\times49.3=41.90(\text{MPa})$$

碎石,查表4-23得$\alpha_a=0.53$,$\alpha_b=0.20$,则

$$W/B=\frac{\alpha_a f_b}{f_{cu,0}+\alpha_a\alpha_b f_b}=\frac{0.53\times41.90}{38.2+0.53\times0.20\times41.90}=0.52$$

(3)按耐久性校核水胶比。

查表4-26知C30钢筋混凝土最大水胶比为0.50,故取$W/B=0.50$。

3. 确定单位用水量(m_{w0})

依据坍落度75~90 mm、碎石最大粒径40 mm、细度模数为2.8的中砂,查表4-30,混凝土单位用水量为195 kg。

由于采用HSP高效减水剂,减水率为20%,所以实际的单位用水量为

$$m_{w0}=195\times(1-20\%)=156(\text{kg})$$

4. 计算每立方米胶凝材料用量(m_{b0})、矿物掺合料用量(m_{f0})、水泥用量(m_{c0})和外加剂用量(m_{a0})

1)胶凝材料用量

(1)按强度计算胶凝材料用量。

$$m_{b0}=\frac{m_{w0}}{W/B}=\frac{156}{0.50}=312(\text{kg})$$

(2)按耐久性校核胶凝材料用量。查表4-31,最小胶凝材料用量320 kg,所以满足混凝土性能要求的最小胶凝材料用量$m_{b0}=320$ kg。

2)矿物掺合料用量

$$m_{f0}=m_{b0}\beta_f=320\times20\%=64(\text{kg})$$

3)水泥用量

$$m_{c0}=m_{b0}-m_{f0}=320-64=256(\text{kg})$$

4)外加剂用量

$$m_{a0}=m_{b0}\beta_a=320\times0.8\%=2.56(\text{kg})$$

5. 确定砂率(β_s)

查表4-34,取$\beta_s=35\%$。

6. 计算粗、细骨料用量(m_{g0}、m_{s0})

1)质量法

假定混凝土表观密度 $\rho_{cp}=2\ 430\ kg/m^3$,将已知数据代入式(4-16)、式(4-17)得

$$\left.\begin{aligned}&64+256+156+m_{g0}+m_{s0}=2\ 430\\&\frac{m_{s0}}{m_{g0}+m_{s0}}\times100\%=35\%\end{aligned}\right\}$$

解得:$m_{g0}=1\ 270\ kg, m_{s0}=684\ kg$。

因此,该混凝土初步计算配合比为

$m_{c0}:m_{f0}:m_{s0}:m_{g0}:m_{w0}=256:64:684:1\ 270:156=1:0.25:2.67:4.96:0.61, W/B=0.49$

2)绝对体积法

将已知数据代入式(4-18)、式(4-19)得

$$\left.\begin{aligned}&\frac{64}{3\ 000}+\frac{256}{3\ 100}+\frac{m_{g0}}{2\ 700}+\frac{m_{s0}}{2\ 650}+\frac{156}{1\ 000}+0.01\times1=1\\&\frac{m_{s0}}{m_{s0}+m_{g0}}\times100\%=35\%\end{aligned}\right\}$$

解得:$m_{g0}=1\ 273\ kg,\ m_{s0}=685\ kg$。

因此,该混凝土初步计算配合比为

$m_{c0}:m_{f0}:m_{s0}:m_{g0}:m^{w0}=256:64:685:1\ 273:156=1:0.25:2.67:4.97:0.49, W/B=0.49$。

(二)初步配合比的试拌调整(以绝对体积法结果为例)

每盘混凝土的最小搅拌量骨料最大粒径为 40 mm 时为 25 L,按初步计算配合比,试拌 25 L,其材料用量:

水泥	0.025×256=6.40(kg)
粉煤灰	0.025×64=1.60(kg)
砂	0.025×685= 17.13(kg)
碎石	0.025×1 273=31.83(kg)
水	0.025×156=3.90(kg)
外加剂	0.025×2.56=0.064(kg)=64.0 g

搅拌均匀后,做坍落度试验,测得坍落度为 60 mm,不符合要求。增加 5%的水泥浆,即水泥用量增至 6.72 kg,粉煤灰用量增至 1.68 kg,水用量增至 4.10 kg,外加剂用量增至 67.2 g,砂用量保持不变,搅拌后测得坍落度为 85 mm,黏聚性、保水性均良好。基准配合比为:$m_{cj}:m_{fj}:m_{sj}:m_{gj}:m_{wj}=256(1+5\%):64(1+5\%):685:1\ 273:156(1+5\%)=269:67:685:1\ 273:164=1:0.25:2.55:4.73:0.61, W/B=0.49$。

(三)试验室配合比(根据实测混凝土表观密度校正)

1. 强度复核

采用水胶比 0.44、0.49 和 0.54 三个不同配合比(水胶比为 0.44 和 0.54 两个配合比也经过坍落度试验调整,坍落度均满足要求),三个配合比混凝土成型试件经标准养护 28 d,强度实验值如下:

水胶比 0.44(胶水比 2.27)　　　　45.4 MPa

水胶比 0.49(胶水比 2.04)　　　　38.4 MPa

水胶比 0.54(胶水比 1.85)　　　　30.6 MPa

根据上述胶水比与对应的强度关系,作出混凝土强度与胶水比的直线关系(见图 4-17),求出与混凝土配制强度 38.2 MPa 对应的胶水比为 2.00,即水胶比为 0.50。

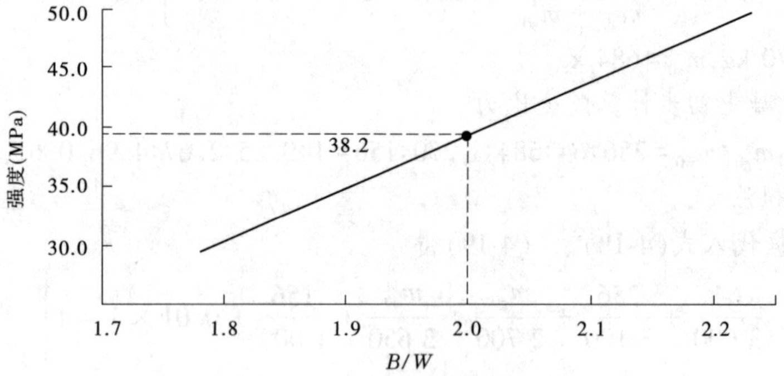

图 4-17　胶水比与强度的关系

2. 实验室配合比的计算(根据实测混凝土表观密度校正)

按水胶比 0.50 计算胶凝材料用量 $m_b=164/0.5=328$(kg),水泥用量 $m_c=262$ kg,粉煤灰 $m_f=66$ kg,外加剂 $m_a=2.62$ kg,砂 $m_s=676$ kg,石子 $m_g=1\,256$ kg。

所以,混凝土的计算表观密度为

$$\rho_{c,c}=262+66+676+1\,256+164=2\,424(\text{kg/m}^3)$$

测得混凝土表观密度 $\rho_{c,t}$ 为 2 430 kg/m³。

其修正系数 $\delta=\rho_{c,t}/\rho_{c,c}=2\,430/2\,424\approx1.00$。

故上述实验室配合比不需要修正。

由此可得实验室配合比为:$m_c:m_f:m_s:m_g:m_w=262:66:676:1\,256:164=1:0.25:2.58:4.79:0.63$,$W/B=0.50$。

(四)现场施工配合比

考虑砂含水率 3%,碎石含水率 1%,故施工配合比

$$m'_c=m_c=262\text{ kg}$$

$$m'_f=m_f=66\text{ kg}$$

$$m'_s=m_s(1+a\%)=676\times(1+3\%)=696(\text{kg})$$

$$m'_g=m_g(1+b\%)=1\,256\times(1+1\%)=1\,269(\text{kg})$$

$$m'_w=m_w-m_s\cdot a\%-m_g\cdot b\%=164-676\times3\%-1\,256\times1\%=131(\text{kg})$$

任务五　混凝土质量控制及强度评定

混凝土质量控制是工程建设的重要方面,控制的目的在于使所生产的混凝土能满足设计和使用的要求。

混凝土的质量控制包括以下三个过程:一是施工前的质量控制,包括人员配备、设备

调试、原材料进场检验及配合比的确定与调整等内容;二是施工过程控制,包括控制称量、搅拌、运输、浇筑、捣实及养护等内容;三是混凝土合格性控制,包括批量划分,确定取样批数、检测方法和验收范围。以下简述主要控制内容。

一、施工前的质量控制

(一)原材料的质量控制

混凝土中的各种原材料,应经检验合格后方可使用。

(二)配合比的控制

1. 配合比设计

普通混凝土的配合比设计,应按规范规定,根据混凝土强度等级、耐久性和和易性等要求进行设计。对有特殊要求的混凝土,其配合比设计尚应符合国家现行有效标准的专门规定。

2. 开盘鉴定

首次使用的混凝土配合比应进行开盘鉴定,其和易性应满足设计配合比的要求。开始生产时应至少留一组标准养护试件,作为验证配合比的依据。

3. 施工配合比

混凝土拌制前,应测定砂、石含水率,并根据测试结果调整材料用量,提出施工配合比。当遇雨天或含水率有显著变化时,应增加含水率检测次数,并及时调整材料用量。

4. 称量允许偏差

水泥、砂、石、混合材料的配合比要采用质量法计量,每盘称量的允许偏差:胶凝材料为±2%,粗、细骨料为±3%,水、外加剂为±1%。每工作班抽查不应少于一次。

二、生产过程中的质量控制

生产过程中的质量控制包括混凝土施工工艺各环节的控制。

(一)搅拌时间控制

混凝土的搅拌应采用强制式搅拌机搅拌,搅拌时间应随时检查,最短搅拌时间见表 4-37。

(二)浇筑完毕时间的控制

为防止拌和物从搅拌机中卸出长时间未完成浇筑而导致混凝土流动性降低、浇筑不密实等现象,要控制混凝土从搅拌机卸出到浇筑完毕的延续时间不宜超过表 4-38 的规定。

表 4-37 混凝土搅拌的最短时间 (单位:s)

混凝土的坍落度(mm)	搅拌机机型	搅拌机出料量(m^3)		
		<250	250~500	>500
≤40	强制式	60	90	120
>40 且<100	强制式	60	60	90
≥100	强制式	60		

表 4-38 混凝土从搅拌机卸出到浇筑完毕的延续时间 (单位:min)

混凝土生产地点	气温	
	≤25 ℃	>25 ℃
预拌混凝土搅拌站	150	120
施工现场	120	90
混凝土制品厂	90	60

(三)流动性控制

检查混凝土拌和物在拌制地点和浇筑地点的稠度,每一工作班至少两次。评定时应以浇筑地点的检测值为准,若混凝土从出料口至浇筑入模时间不超过 15 min,其稠度可以只在搅拌地点取样检查。

(四)养护

根据结构、构件或制品情况、环境条件、原材料情况及混凝土性能的要求等,制定施工养护方案或生产养护制度,养护过程中应严格控制温度、湿度和养护时间。

混凝土施工现场养护一般有下列规定:

(1)应在浇筑完毕的 12 h 以内对混凝土加以覆盖并保湿养护。

(2)混凝土浇水养护的时间:对采用硅酸盐水泥、普通硅酸盐水泥或矿渣硅酸盐水泥拌制的混凝土,不得少于 7 d;对掺用缓凝剂或有抗渗要求的混凝土,不得少于 14 d。

(3)浇水次数应能保持混凝土处于湿润状态;混凝土养护用水应与拌制用水相同。当日平均气温低于 5 ℃时,不得浇水。

(4)采用塑料布覆盖养护的混凝土,其敞露的全部表面应覆盖严密,并应保持塑料布内有凝结水。

(5)混凝土强度达到 1.2 MPa 前,不得在其上踩踏或安装模板及支架。

混凝土试件养护分一般标准养护和同条件养护:

(1)确定混凝土强度等级或进行材料性能研究时应采用标准养护,即在温度为(20±2)℃、相对湿度大于或等于 95%的养护室中或在温度为(20±2)℃的、不流动的氢氧化钙饱和溶液中养护。

(2)在施工过程中作为检测混凝土构件实际强度的试件应采用同条件养护,即混凝土试件与结构混凝土的养护条件相同,可较好地反映结构混凝土的强度。

由于同条件养护的温度、湿度与标准养护条件存在差异,故等效养护龄期并不等于 28 d。通常等效养护龄期的确定:一是以逐日累计养护温度达到 600 ℃·d(当气温为 0 ℃及以下时,不计入等效养护龄期)且不少于 14 d;二是逐日累计养护温度未达到 600 ℃·d 而养护龄期已达到 60 d。以优先达到两个条件之一的龄期作为有效养护龄期。

同条件养护试件检验时,可将同组试件的强度代表值乘以折算系数 1.10 后,按现行国家标准《混凝土强度检验评定标准》(GB/T 50107—2010)评定。

(五)拆模

混凝土必须养护至表面强度达到 1.2 MPa 以上,方可准许在其上行人或安装模板和支架。施工中要按规范要求,根据构件的种类和尺寸,在达到规定的强度条件下方可拆模。混凝土在自然养护下强度达到 1.2 MPa 的时间可按表 4-39 估计。

表 4-39 混凝土强度达到 1.2 MPa 的时间估计 (单位:h)

水泥品种	外界温度(℃)			
	1~5	5~10	10~15	15 以上
硅酸盐水泥、普通水泥	46	36	26	20
矿渣水泥、粉煤灰水泥、火山灰水泥	60	38	28	22

(六)混凝土试件的留置

用于检查结构构件混凝土强度的试件,应在混凝土的浇筑地点随机抽取,每拌制 100 盘且不超过 100 m^3 的同配合比的混凝土,取样不得少于一次;每工作班拌制的同一配合比的混凝土不足 100 盘时,取样不得少于一次;当一次连续浇筑超过 1 000 m^3 时,同一配合比的混凝土每 200 m^3 取样不得少于一次;每一楼层同一配合比的混凝土,取样不得少于一次;每次取样应至少留置一组标准养护试件,同条件养护试件的留置组数,应根据实际需要确定。对有抗渗要求的混凝土结构,其混凝土试件应在浇筑地点随机取样。同一工程、同一配合比的混凝土,取样不应少于一次,留置组数可根据实际需要确定。

现场混凝土质量检验以抗压强度为主,并以 150 mm 立方体试件的抗压强度为标准。混凝土试件以机口随机取样为主,每组混凝土的 3 个试件应在同一储料斗或运输车箱内的混凝土中取样制作。浇筑地点试件取样数量宜为机口取样数量的 10%,并按下列规定确定其强度代表值:大体积混凝土 28 d 龄期每 500 m^3 成型一组,设计龄期每 100 m^3 成型一组;非大体积混凝土 28 d 龄期每 100 m^3 成型一组,设计龄期每 200 m^3 成型一组。对有抗拉要求的混凝土结构,其 28 d 龄期每 2 000 m^3 成型一组,设计龄期每 3 000 m^3 成型一组。对有抗渗、抗冻或其他特殊要求的混凝土结构,在施工中适量取样检验,其数量可按每季度施工的主要部位取样成型 1~2 组。

三、混凝土强度评定

(一)混凝土强度波动规律——正态分布

受各方面因素影响,在正常生产施工条件下,混凝土的强度值随机波动,并呈一定的规律性分布,一般均接近正态分布规律,分布曲线如图 4-18 所示。

混凝土强度分布规律(正态分布)有如下特点:

(1)曲线高峰为混凝土强度平均值 $\bar{f}_{cu}$,以平均强度为对称轴,左右两边曲线是对称的。距对称轴愈远,出现的概率愈小,并逐渐趋近于零。

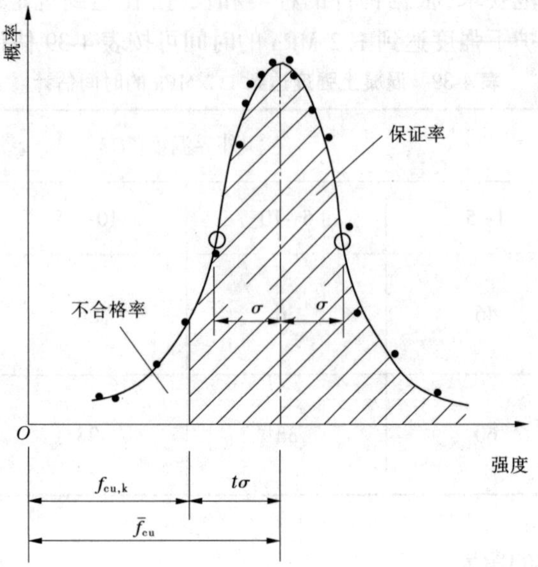

图 4-18 混凝土强度的正态分布曲线及保证率

(2)曲线与该坐标轴之间所围成的面积为概率的总和,等于 100%。

(3)曲线对称轴两侧各有一个拐点,拐点距强度平均值的距离即标准差 σ。

(4)概率分布曲线窄而高,说明强度测定值比较集中,波动较小,混凝土的均匀性好,施工水平较高;如果曲线宽而矮,则说明强度值离散程度大,混凝土的均匀性较差,施工水平较低。

(二)混凝土施工水平的评价指标

1. 混凝土强度平均值 $\bar{f}_{cu}$

$$\bar{f}_{cu} = \frac{1}{n}\sum_{i=1}^{n} f_{cu,i} \tag{4-23}$$

式中 n——混凝土试件组数;

$f_{cu,i}$——第 i 组混凝土试件的抗压强度试验值,MPa。

在混凝土强度正态分布曲线图(见图 4-18)中,强度平均值 $\bar{f}_{cu}$ 处于对称轴上(强度概率曲线最高点的横坐标),也称为样本平均值,可代表总体平均值。$\bar{f}_{cu}$ 仅代表混凝土强度总体的平均值,但并不说明混凝土强度的波动情况。标准差 σ 和变异系数 C_v 是决定强度分布特性的重要参数。

2. 标准差 σ

$$\sigma = \sqrt{\frac{\sum_{i=1}^{n}(f_{cu,i} - \bar{f}_{cu})^2}{n-1}} \tag{4-24}$$

标准差也称均方差,它表示分布曲线的拐点距强度平均值的距离。σ 值愈大,说明其强度离散程度愈大,混凝土质量也愈不稳定。

3. 变异系数 C_v

$$C_v = \sigma/\bar{f}_{cu} \tag{4-25}$$

变异系数又称离差系数或标准差系数。C_v 值愈小，说明混凝土质量愈稳定，混凝土生产的质量水平愈高。

所以，从生产和使用的角度说，要得到质量均匀、波动较小的混凝土强度，要求 σ(或 C_v)较小。在施工质量控制中，可用这两个参数作为评定混凝土均匀性的指标。

4. 强度保证率 P

强度保证率是指混凝土强度总体中，大于或等于设计强度所占的概率，以正态分布曲线上的阴影部分面积表示(见图 4-18)，即统计周期内，同批混凝土试件强度大于或等于设计强度等级的组数占统计周期内混凝土试件总组数的百分率。在进行混凝土配合比设计时，规范规定强度保证率不应小于 95%。

(三)混凝土强度评定方法

根据《混凝土强度检验评定标准》(GB/T 50107—2010)的规定，混凝土强度评定可分为统计方法和非统计方法两种。

1. 统计方法评定

(1)当标准差(σ)已知，即混凝土的生产条件在较长时间内能保持一致，且同一品种、同一强度等级混凝土的强度变异性能保持稳定，标准差可根据前一时期生产积累的同类混凝土强度数据而确定时，每批的强度标准差可按常数考虑。

强度评定应由连续的三组试件代表一个验收批，其强度应同时符合下列要求：

①如混凝土强度等级高于 C20，应符合下式要求：

$$\left.\begin{aligned} \bar{f}_{cu} &\geq f_{cu,k} + 0.7\sigma \\ f_{cu,min} &\geq f_{cu,k} - 0.7\sigma \\ f_{cu,min} &\geq 0.90 f_{cu,k} \end{aligned}\right\} \tag{4-26}$$

②如混凝土强度等级不高于 C20，应符合下式要求：

$$\left.\begin{aligned} \bar{f}_{cu} &\geq f_{cu,k} + 0.7\sigma \\ f_{cu,min} &\geq f_{cu,k} - 0.7\sigma \\ f_{cu,min} &\geq 0.85 f_{cu,k} \end{aligned}\right\} \tag{4-27}$$

式中 $\bar{f}_{cu}$—— 同一验收批 混凝土立方体抗压强度平均值 ，MPa；

$f_{cu,k}$——混凝土立方体抗压强度标准值，MPa；

$f_{cu,min}$——同一检验批混凝土立方体抗压强度最小值，MPa；

n——前一检验期内的样本容量，在该期间内样本容量不应少于 45 组；

σ——同一验收批混凝土立方体抗压强度的标准差，按式(4-24)计算，当计算值小于 2.5 MPa 时，应取 2.5 MPa；

(2)当标准差(σ)未知，即混凝土的生产条件在较长时间内不能保持一致，且同一品种、同一强度等级混凝土的强度变异性不能保持稳定，或在前一检验期内的同一品种混凝土没有足够的强度数据用以确定验收批混凝土强度标准差时，检验评定只能直接根据每一验收批抽样的强度数据来确定。

强度评定时,应由不少于10组的试件代表一个验收批,其强度应同时符合下列要求:

$$\left.\begin{aligned}\bar{f}_{cu} &\geqslant f_{cu,k}+\lambda_1 s_{f_{cu}}\\ f_{cu,min} &\geqslant \lambda_2 f_{cu,k}\end{aligned}\right\} \tag{4-28}$$

式中 $s_{f_{cu}}$——同一验收批混凝土立方体抗压强度的标准差,按式(4-29)计算,当计算值小于2.5 MPa时,应取2.5 MPa;

λ_1、λ_2——合格判定系数,按表4-40取值;

其他符号意义同前。

$$s_{f_{cu}}=\sqrt{\frac{\sum_{i=1}^{n}(f_{cu,i}-\bar{f}_{cu})^2}{n-1}} \tag{4-29}$$

表4-40 混凝土强度的合格判定系数(一)

试件组数	10~14	15~19	≥20
λ_1	1.15	1.05	0.95
λ_2	0.90	0.85	

2. 非统计方法评定

当用于评定的样本容量小于10组时,应采用非统计方法,按式(4-30)评定混凝土强度。

$$\left.\begin{aligned}\bar{f}_{cu} &\geqslant \lambda_3 f_{cu,k}\\ f_{cu,min} &\geqslant \lambda_4 f_{cu,k}\end{aligned}\right\} \tag{4-30}$$

式中 λ_3、λ_4——合格判定系数,按表4-41取值。

表4-41 混凝土强度的合格判定系数(二)

混凝土强度等级	<60	≥60
λ_3	1.15	1.10
λ_4	0.95	

(四)混凝土强度的合格性判定

混凝土强度应分批进行检验评定,当检验结果能满足以上评定公式时,该混凝土判为合格;否则,判为不合格。

对不合格批混凝土制成的结构或构件,可采用从结构、构件中钻取芯样或其他非破损检验方法,进行进一步鉴定。对不合格的结构或构件,必须及时处理。

【例4-3】 某工程使用的C20混凝土,共取得一批9组混凝土的强度代表值,数据见表4-42。试评价该批混凝土的强度是否合格。

表 4-42　混凝土的强度代表值　（单位：MPa）

混凝土组的序号	1	2	3	4	5	6	7	8	9
强度代表值	25.0	27.0	26.5	22.0	23.5	20.0	19.5	22.0	22.5

解：由于样本容量小于 10 组，故应采用非统计方法进行评定。合格标准评定采用式(4-30)。

(1)计算平均强度。

$$\bar{f}_{cu}=\frac{25.0+27.0+26.5+22.0+23.5+20.0+19.5+22.0+22.5}{9}=23.1(\text{MPa})$$

(2)由于混凝土的强度等级为 C20，查表 4-41 得强度合格判定系数 $\lambda_3=1.15$，$\lambda_4=0.95$，计算得：规范要求的最小平均强度值 $\lambda_3 f_{cu,k}=1.15\times20=23.0(\text{MPa})$，规范要求的最小强度值 $\lambda_4 f_{cu,k}=0.95\times20=19.0(\text{MPa})$。

(3)由题意知，9 组混凝土强度代表值的最小值为 19.5 MPa，大于规范要求的最小强度值 19.0 MPa；又因 9 组混凝土强度代表值的平均值为 23.1 MPa，大于规范要求的最小平均强度值 23.0 MPa。因此，该批混凝土的强度合格。

任务六　其他种类混凝土

混凝土品种很多，除普通混凝土外，还有其他特殊的性能和施工方法、适用于某一特殊领域的混凝土。如泵送混凝土、喷射混凝土、碾压混凝土、高强混凝土等。现将这几种混凝土介绍如下。

一、高强混凝土

高强混凝土为采用水泥、砂、石、高效减水剂等外加剂和粉煤灰、超细矿渣、硅灰等矿物掺合料，以常规工艺配制的 C50~C80 级混凝土。

（一）对原材料的要求

1. 水泥

水泥的品种通常选用硅酸盐水泥和普通水泥，也可采用矿渣水泥等。强度等级选择一般为：C50~C80 混凝土宜用强度等级 42.5；C80 以上选用更高强度的水泥。1 m^3 混凝土中的水泥用量要控制在 500 kg 以内，且尽可能降低水泥用量。水泥和矿物掺合料的总量不应大于 600 kg/m^3。

2. 砂、石料

一般宜选用级配良好的中砂，细度模数宜大于 2.6，含泥量不应大于 1.5%。当配制 C70 以上混凝土时，含泥量不应大于 1.0%。有害杂质控制在国家标准以内。

石子宜选用碎石，最大骨料粒径一般不宜大于 25 mm，强度宜大于混凝土强度的 1.20 倍。对强度等级大于 C80 的混凝土，最大粒径不宜大于 20 mm。针、片状含量不宜大于5%,含泥量不应大于1.0%,对强度等级大于C100的混凝土,含泥量不应大于0.5%。

3. 掺合料

高强混凝土必须掺优质活性细掺合料,如硅粉、磨细矿渣、粉煤灰或沸石粉等,复合掺加更好。

(1)硅粉:研究结果表明,硅粉对提高混凝土强度十分显著,当外掺6%~8%的硅粉时,混凝土强度一般可提高20%以上,同时可提高混凝土的抗渗、抗冻、耐磨、耐碱-骨料反应等耐久性能。但硅粉对混凝土也带来不利影响,如增大混凝土的收缩值、降低混凝土的抗裂性、减小混凝土流动性、加速混凝土的坍落度损失等。

(2)磨细矿渣。通常将矿渣磨细到比表面积350 m^2/kg以上,从而具有优异的早期强度和耐久性。掺量一般控制在20%~50%。矿粉的细度越大,其活性越高,增强作用越显著,但粉磨成本也大大增加。与硅粉相比,增强作用略逊,但其他性能优于硅粉。

(3)粉煤灰。一般选用Ⅰ级灰,利用其内含的玻璃微珠润滑作用降低水灰比,以及利用细粉末填充效应和火山灰活性效应提高混凝土强度和改善综合性能。掺量一般控制在20%~30%。Ⅰ级粉煤灰的作用效果与矿粉相似,且抗裂性优于矿粉。

4. 外加剂

高效减水剂(或泵送剂)是高强混凝土最常用的外加剂品种,减水率一般要求大于20%,以最大限度降低水灰比,提高强度。为改善混凝土的施工和易性及提供其他特殊性能,也可同时掺入引气剂、缓凝剂、防水剂、膨胀剂、防冻剂等。掺量可根据不同品种和要求根据需要选用。

(二)高强高性能混凝土的主要技术性质

(1)高强混凝土的早期强度高,但后期强度增长率一般不及普通混凝土,故不能用普通混凝土的龄期—强度关系式(或图表),由早期强度推算后期强度。如C60~C80混凝土,3 d强度为28 d的60%~70%,7 d强度为28 d的80%~90%。

(2)高强混凝土由于非常致密,故抗渗、抗冻、抗碳化、抗腐蚀等耐久性指标均十分优异,可极大地提高混凝土结构物的使用年限。

(3)由于混凝土强度高,因此构件截面尺寸可大大减小,从而改变“肥梁胖柱”的现状,减轻建筑物自重,简化地基处理,并使高强钢筋的应用和效能得以充分利用。

(4)高强混凝土的弹性模量高,徐变小,可大大提高构筑物的结构刚度。特别是对预应力混凝土结构,可大大减小预应力损失。

(5)高强混凝土的抗拉强度增长幅度往往小于抗压强度,即拉压比相对较低,且随着强度等级的提高,脆性增大,韧性下降。

(6)高强混凝土的水泥用量较大,故水化热大,自收缩大,干缩也较大,较易产生裂缝。

(三)高强混凝土的应用

高强混凝土作为住房和城乡建设部推广应用的十大新技术之一,是建设工程发展的必然趋势。发达国家早在20世纪50年代即已开始研究应用。我国约在20世纪80年代初首先在轨枕和预应力桥梁中应用。高层建筑中应用则始于80年代末,进入90年代以来,研究和应用增加,北京、上海、广州、深圳等许多大中城市已建起了多幢高强高性能混凝土建筑。

随着国民经济的发展,高强混凝土在建筑、道路、桥梁、港口、海洋、大跨度及预应力结构、高耸建筑物等工程中的应用将越来越广泛,强度等级也将不断提高,C50~C80的混凝土将普遍得到使用,C80以上的混凝土将在一定范围内得到应用。

二、碾压混凝土

碾压混凝土是利用强力振动和碾压施工方法,对超干硬性混凝土进行压实而得到的一种混凝土。根据胶凝材料和掺加粉煤灰的量,可将碾压混凝土分为三类:固结砂石料碾压混凝土、干贫型碾压混凝土、高粉煤灰掺量碾压混凝土。所列三类混凝土,胶凝材料的用量和粉煤灰的掺量依次增加,抗压强度也依次提高。

(一)对原材料的要求

碾压混凝土对水泥无特殊要求,用于水工混凝土的水泥均适用于碾压混凝土;掺合料主要是选用火电厂粉煤灰,也可采用矿渣或凝灰岩;对骨料要求与水工混凝土相似,要求粗骨料最大粒径不超过80 mm以减少离析;外加剂主要采用减水剂和缓凝剂,特别是高温季节施工,为满足碾压混凝土连续浇筑,确保层间有良好的黏结强度,避免产生冷缝,选择适宜的缓凝剂尤为重要。对有耐久性要求的碾压混凝土,必须掺加引气剂。

(二)碾压混凝土的特性及应用

与普通混凝土相比,它具有水泥用量少、施工速度快、工程造价低、温度控制简单、施工设备通用性强等优点。

碾压混凝土适用于道路机场、地坪及筑坝工程。例如,用于混凝土坝工程,可通仓薄层浇筑,碾压后切割横缝,使温控措施大为简化,这种方法称为碾压混凝土筑坝技术。

三、喷射混凝土

喷射混凝土是用压缩空气喷射施工的混凝土。喷射方法有干式喷射法、湿式喷射法、半湿喷射法及水泥裹砂喷射法等。

(一)对原材料的要求

喷射混凝土所用水泥要求快凝、早强、保水性好,不得有受潮结块现象,多采用强度为32.5 MPa以上的新鲜普通水泥,并需加入速凝剂,也可再加入减水剂,以改善混凝土性能;骨料要求质地坚硬,粗骨料最大粒径一般不大于20 mm;细骨料宜采用中、粗砂,并含有一定量的粉细颗粒。

(二)喷射混凝土的特性及应用

喷射混凝土采用的水灰比较小(常为0.40~0.45),因此混凝土较密实,强度也较高,一般28 d抗压强度均在20 MPa以上,抗拉强度在1.5 MPa以上,抗渗等级在P8以上。同时,混凝土与岩石、砖、钢材及老混凝土等具有很高的黏结强度,可以在黏结面上传递一定的拉应力和剪应力,使其与被加固材料一起承担荷载。

喷射混凝土广泛应用于薄壁结构、地下工程、边坡及基坑的加固、结构物维修工程、耐热工程、防护工程等。在高空或施工场所狭小的工程中,喷射混凝土更有明显的优越性。

四、泵送混凝土

泵送混凝土是在泵压的作用下混凝土经刚性或柔性管道输送到浇筑地点进行浇筑的混凝土。泵送混凝土通常包括流动性混凝土和大流动性混凝土。

(一)对原材料的要求

泵送混凝土要求具有比一般灌注混凝土更好的流动性、可塑性、稳定性及耐久性,这是与普通混凝土配合比设计的主要不同之处。因此,对混凝土粗骨料、细骨料、水泥品种、外加剂的选择等都必须严格控制。泵送混凝土需配制流态,故会掺入高效减水剂和缓凝剂以及粉煤灰掺合料,以改善可泵性。

泵送混凝土配合比设计时,水泥用量不小于300 kg/m^3,且不宜采用火山灰水泥。最大水灰比为0.6,一般控制在0.45~0.6较好。

粗骨料的最大粒径应符合以下要求:①碎石料粒径不应大于输送管内径的1/4;②卵石不应大于管内径的1/3;③最大粒径不得大于结构截面最小尺寸的1/4。

细骨料宜用细度模数为2.5~3.2的中砂,粒径小于0.30 mm颗粒的含量应不小于15%,砂率控制在40%~45%。

坍落度对混凝土的可泵性影响很大,泵送混凝土的坍落度应根据泵送的高度和距离确定,按表4-43选择。表4-43列出的数值是垂直和水平泵送混凝土的参考值,对于有落差、垂直向下的泵送施工,坍落度宜控制在120~160 mm。

表4-43 泵送混凝土入泵坍落度

泵送高度(m)	<30	30~60	60~100	>100
坍落度(mm)	100~140	140~160	160~180	180~200

注:水平距离要按垂直距离的5倍换算,即$L=5H$。

(二)泵送混凝土的特性及应用

由于混凝土输送泵管路可以铺设到吊车或小推车不能到达的地方,并使混凝土在一定压力下充填灌注部位,具有其他设备不可替代的特点,改变了混凝土输送效率低下的传统施工方法,因此近年来在钻孔灌注桩工程中开始应用,并广泛应用于公路、铁路、水利、高层建筑等大型混凝土工程的施工中。

五、纤维混凝土(纤维增强混凝土)

纤维混凝土是以混凝土为基材,外掺各种纤维材料而成的水泥基复合材料。纤维一般可分为两类:一类为高弹性模量的纤维,包括钢纤维、玻璃纤维和碳纤维等;另一类为低弹性模量的纤维,如尼龙、聚丙烯、人造丝以及植物纤维等。目前,实际工程中使用的纤维混凝土有钢纤维混凝土、玻璃纤维混凝土、聚丙烯纤维混凝土及石棉水泥制品等。以下仅对钢纤维混凝土、玻璃纤维混凝土及合成纤维混凝土做简单介绍。

(一)钢纤维混凝土

普通钢纤维混凝土主要用低碳钢钢纤维,耐热钢纤维混凝土等则用不锈钢钢纤维。钢纤维的外形有平直形、端钩形、大头形、异形等多种。

钢纤维混凝土广泛应用于道路工程、机场地坪及跑道、防爆及防振结构,以及要求抗裂、抗冲刷和抗气蚀的水利工程、地下洞室的衬砌、建筑物的维修等。施工方法除普通的浇筑法外,还可用泵送灌注法、喷射法及制作预制构件法。

(二)玻璃纤维混凝土

玻璃纤维混凝土是采用抗碱玻璃纤维和低碱水泥配制而成的。玻璃纤维混凝土的抗冲击性、耐热性、抗裂性等都十分优越,但耐久性有待进一步考查。因此,现阶段主要用于非承重结构或次要承重结构,如屋面瓦、天花板、下水管道、渡槽、粮仓等。

(三)合成纤维混凝土

目前常用的合成纤维主要有聚丙烯纤维和碳纤维等。

聚丙烯纤维(也称丙纶纤维)价格便宜,对混凝土增强效果并不显著,但可显著提高混凝土的韧性、抗冲击性和阻裂能力。聚丙烯纤维不锈蚀,具有良好的耐酸、耐碱性能,但会氧化,应包裹一定厚度的混凝土。

碳纤维属高强度、高弹性模量的纤维,成本较高,作为一种新材料目前应用于国防、航天、造船、机械工业等尖端工程。碳纤维增强混凝土具有高强、高抗裂、高抗冲击韧性、高耐磨等多种优越性能。在飞机场、跑道等工程中应用获得了很好的效果。

六、防水混凝土(抗渗混凝土)

防水混凝土是通过各种方法提高混凝土抗渗性能,以达到抗渗等级大于或等于P6级的混凝土。一般是通过混凝土组成材料的质量改善,合理选择混凝土配合比和骨料级配,以及掺加适量外加剂,达到混凝土内部密实或是堵塞混凝土内部毛细管通路,使混凝土具有较高的抗渗性能。目前,常用的防水混凝土按其配制方法大体可分为三类。

(一)普通防水混凝土

普通防水混凝土主要通过较多的水泥浆和砂浆来降低混凝土的孔隙率,特别是开口孔隙率来实现防水的目的。配制时,优先采用普通硅酸盐水泥或火山灰质硅酸盐水泥,混凝土水灰比不得大于0.6,砂率不宜小于35%。普通防水混凝土抗渗等级可达到P6~P12,其施工简便,但对施工控制与施工质量要求严格。它适用于一般工业、民用建筑及公共建筑的地下防水工程。

(二)外加剂防水混凝土

外加剂防水混凝土质量可靠,是目前主要使用的防水混凝土。利用外加剂来显著降低混凝土的孔隙率或改变混凝土的孔结构,或使孔隙表面具有憎水性。常用外加剂有防水剂、引气剂、减水剂等。外加剂防水混凝土品种多,满足水中结构、地下工程和一般工程的防水、防渗、抗冻、早强、耐蚀的不同要求,可以根据不同施工环境、工程条件和要求选择合适的品种。

(三)膨胀水泥防水混凝土

以膨胀水泥为胶结材料配制的防水混凝土,称为膨胀水泥防水混凝土。它适用于地下工程和地上防水构筑物、山洞、非金属油罐和主要工程的后浇缝。膨胀水泥防水混凝土具有胀缩可逆性和良好的自密作用,必须特别注意加强养护。膨胀水泥对温度很敏感,一般宜在不低于5 ℃的条件下施工。

七、水工混凝土

水工混凝土是指经常或周期性地经受环境水作用的水工建筑物整体或局部所用的混凝土。这种混凝土是河川及水电站枢纽工程、港口及航道工程较常用的混凝土。

水工建筑物所用混凝土多为大体积混凝土。由于其各位置所处工况不同,为了节省水泥和降低工程造价,在满足强度和耐久性要求的条件下,会将建筑物分区,按区块使用相应强度等级的混凝土。

除高拱坝和重力坝的个别部位外,大坝混凝土对水泥强度等级要求并不高。坝体外部水位变化区的混凝土、大坝溢流面及受冻融作用部位的混凝土,所用水泥强度等级要高于内部用水泥。温度应力是大坝混凝土产生裂缝的重要原因,故要求用于大坝的水泥具有较低的水化热。骨料质量对水工混凝土性能和水泥用量影响很大,且水工建筑物对骨料需求量相当庞大,故须严格控制骨料质量和最大粒径。水工混凝土往往使用减水剂和引气剂及复合外加剂,以保证混凝土的强度和提高耐久性。

【工程实例分析4-8】 粉煤灰聚丙烯纤维混凝土在水利工程中的应用。

现象:某套闸工程为大(2)型水工建筑物,工程规模为12(16) m ×190 m ×2.5 m。套闸上下闸首为空箱结构,闸室分12节,每节长16 m ,采用分离式坞式结构,导航墙为钢筋混凝土扶壁结构,闸门为三角门,液压启闭。套闸上下闸首、闸室墙、上下游导航墙近20 000 m^3 混凝土量,混凝土设计强度等级C25 ,采用泵送施工工艺。为防止混凝土产生温度收缩裂缝,在混凝土中掺入粉煤灰、聚丙烯纤维(PPF)、缓凝减水剂,取得较好的效果。

原理分析:混凝土中掺入粉煤灰和缓凝减水剂,减少了水泥用量,降低了混凝土水化热。掺减水剂的C25泵送粉煤灰混凝土较普通泵送混凝土减少水泥用量约80 kg/m^3,理论计算混凝土中掺入减水剂和粉煤灰后,水化热较不掺的温度降低30%左右,同时延缓了水泥水化热峰值出现时间,有利于提高混凝土的抗裂性能。

掺入PPF提高了混凝土的力学性能,特别是抗拉性能。试验认为,掺入PPF拌制的混凝土劈裂抗拉强度及极限拉伸值提高较多,弹性模量较低,混凝土的变形能力较好,能阻止混凝土中非结构性微裂缝的发展,从而提高混凝土早期的抗裂能力。原因在于PPF高度分散于混凝土基体中,在混凝土产生裂纹源后,高度分散的纤维以及每条纤维表面、两端的微纤可在混凝土基体中充分发挥搭接作用和牵制作用,在混凝土内部构成一种乱向体系,起到次级加强筋的作用,从而有效抵制裂纹的进一步扩展。

在套闸工程的混凝土中复合掺入PPF、Ⅰ级粉煤灰和缓凝高效减水剂,改善了混凝土拌和物的性能,能满足混凝土夏季泵送、浇筑振捣等施工要求,其强度满足设计和《水闸施工规范》(SL 27—2014)对混凝土强度验收的要求,并能阻止混凝土温度收缩裂缝的扩展,提高混凝土早期的抗裂能力。混凝土中复合掺入PPF、粉煤灰、缓凝高效减水剂防裂技术值得在混凝土薄壁结构中推广应用。

小 结

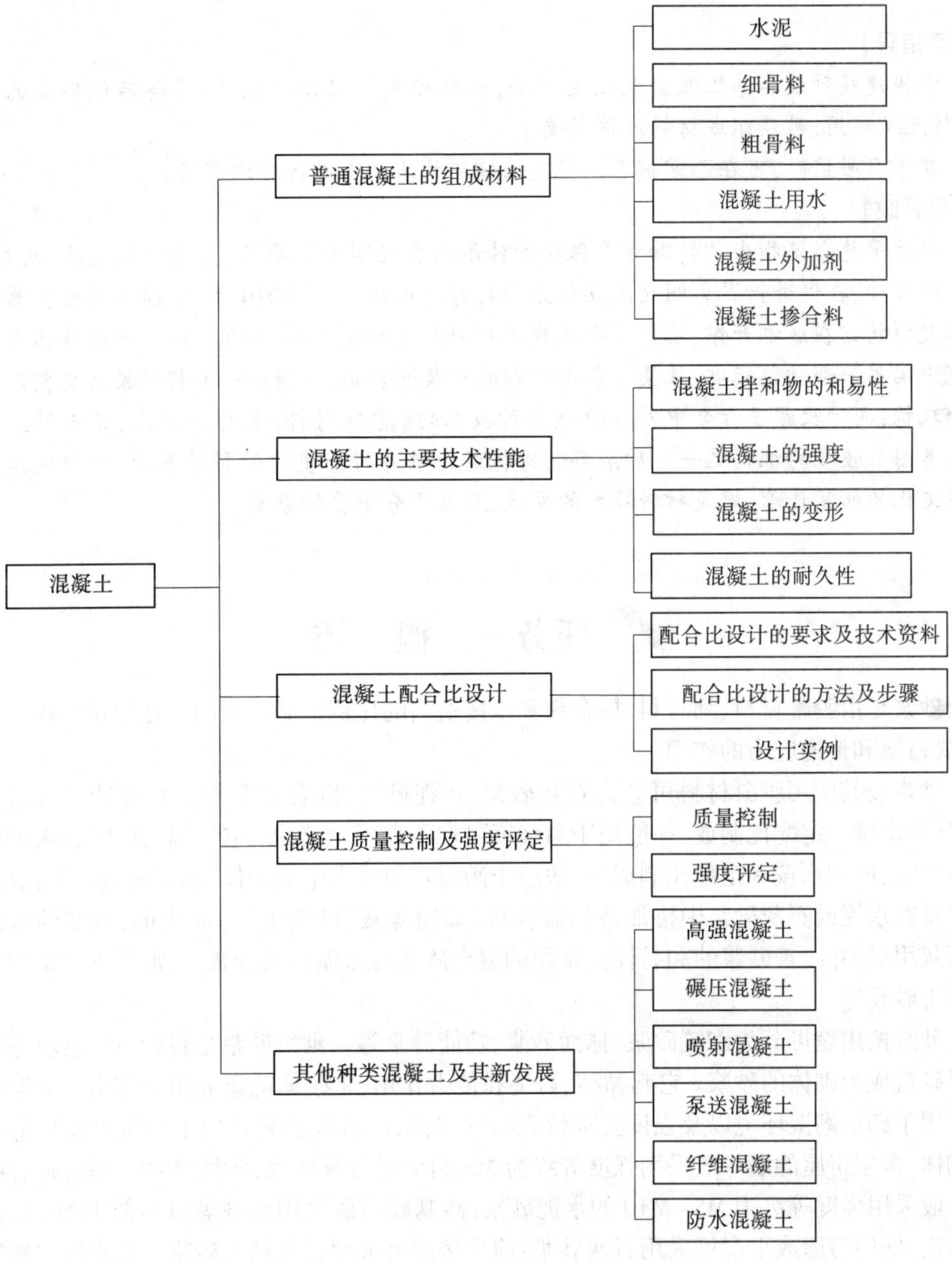
混凝土
普通混凝土的组成材料
水泥
细骨料
粗骨料
混凝土用水
混凝土外加剂
混凝土掺合料
混凝土的主要技术性能
混凝土拌和物的和易性
混凝土的强度
混凝土的变形
混凝土的耐久性
混凝土配合比设计
配合比设计的要求及技术资料
配合比设计的方法及步骤
设计实例
混凝土质量控制及强度评定
质量控制
强度评定
其他种类混凝土及其新发展
高强混凝土
碾压混凝土
喷射混凝土
泵送混凝土
纤维混凝土
防水混凝土

项目五　砂　浆

【学习指导】

掌握建筑砂浆和易性概念及测定方法,砌筑砂浆的配合比设计;了解其他砂浆的品种、特点及应用,砂浆组成材料的技术要求。

在学习砂浆时,可在已掌握普通混凝土知识的基础上进行对比掌握。

【课程思政】

习近平总书记指出,"博物馆是保护和传承人类文明的重要殿堂,是连接过去、现在、未来的桥梁,在促进世界文明交流互鉴方面具有特殊作用"。2020年,中国乃至世界第一座砂浆博物馆在成都开馆,填补了砂浆建筑材料历史研究和展示的空白。砂浆博物馆收藏有中国第一部砂浆标准,收集了各个时期的砂浆配合比,是唯一一家将砂浆历史整理出来的机构;同时收藏了古今中外各时期各种版本的《建筑材料》教材上千本,是世界上收藏此类图书较多的机构之一。砂浆博物馆将成为砂浆行业重要的科普基地,对中国传统砂浆文化的研究传承、建筑材料技术的发展,具有十分重要的意义。

任务一　概　述

砂浆是由胶凝材料、细骨料、掺合料和水按适当的比例配制而成的。在建筑工程中起黏结、衬垫和传递应力的作用。

砂浆按其所用胶凝材料可分为石灰砂浆、水泥砂浆、混合砂浆等。石灰砂浆由石灰膏、砂和水按一定配比制成,一般用于对强度要求不高、不受潮湿的砌体和抹灰层;水泥砂浆由水泥、砂和水按一定配比制成,一般用于潮湿环境或水中的砌体、墙面或地面等;混合砂浆是在水泥或石灰砂浆中掺加适当掺合料(如粉煤灰、硅藻土等)制成的,以节约水泥或石灰用量,并改善砂浆的和易性。常用的混合砂浆有水泥石灰砂浆、水泥黏土砂浆和石灰黏土砂浆等。

砂浆按用途可分为砌筑砂浆、抹面砂浆、功能砂浆等。砌筑砂浆是将砖、石、砌块等块材经砌筑成为砌体的砂浆。它起黏结、衬垫和传力作用,是砌体的重要组成部分。水泥砂浆宜用于砌筑潮湿环境以及强度要求较高的砌体;水泥石灰砂浆宜用于砌筑干燥环境中的砌体;多层房屋的墙一般采用强度等级为M5的水泥石灰砂浆;砖柱、砖拱、钢筋砖过梁等一般采用强度等级为M5~M10的水泥砂浆;砖基础一般采用强度等级不低于M5的水泥砂浆;低层房屋或平房可采用石灰砂浆;简易房屋可采用石灰黏土砂浆。凡涂抹在建筑物表面或构件表面的砂浆统称为抹面砂浆。根据功能的不同,抹面砂浆分为普通抹面砂浆、装饰砂浆、防水砂浆和具有特殊功能的砂浆,如绝热砂浆、耐酸砂浆、防辐射砂浆和吸声砂浆等。

任务二 砌筑砂浆

砌筑砂浆的主要功能是将砖、石及砌块黏结成为砌体,起传递荷载和协调变形的作用,是决定砌体工程质量的主要因素。

一、砌筑砂浆组成材料要求

(一)胶凝材料

用作砌筑砂浆的胶凝材料有水泥、石灰等无机胶凝材料,具体需要根据工程设计和使用环境条件确定。

1. 水泥

水泥品种的选择与混凝土相同,可根据砌筑部位、环境条件等选择适宜的水泥品种。

一般采用中等强度等级的水泥就能够满足砂浆强度要求。在配制砌筑砂浆时,选择水泥强度等级一般为砂浆强度等级的4~5倍,选用时尽量选择中、低强度的水泥。但M15以下水泥砂浆采用的水泥强度等级宜为32.5级,M15以上水泥砂浆或水泥混合砂浆采用的水泥强度等级宜为42.5级。不同品种的水泥,不得混合使用。

2. 石灰膏

为了保证砂浆的质量,经常将生石灰先熟化成石灰膏,然后用孔径不大于3 mm×3 mm的网过滤,且熟化时间不得少于7 d;如用磨细生石灰粉制成,其熟化时间不得小于2 d。沉淀池中储存的石灰膏,应采取防止干燥、冻结和污染的措施。严禁使用脱水硬化的石灰膏。消石灰粉不得直接应用于砂浆中。制成的膏类物质稠度一般为(120±5)mm,如果现场施工时石灰膏稠度与试配时不一致,则可参照表5-1进行换算。砌筑砂浆中水泥和石灰膏、电石膏等材料的用量可按表5-2选用。

表5-1 石灰膏不同稠度时的换算系数

石灰膏稠度(mm)	120	110	100	90	80	70	60	50	40	30
换算系数	1.00	0.99	0.97	0.95	0.93	0.92	0.90	0.88	0.87	0.86

表5-2 砌筑砂浆的材料用量

砂浆种类	材料用量(kg/m^3)
水泥砂浆	≥200
水泥混合砂浆	≥350
预拌砌筑砂浆	≥200

注:(1)水泥砂浆中的材料用量是指水泥用量。

(2)水泥混合砂浆中的材料用量是指水泥和石灰膏、电石膏等材料总量。

(3)预拌砌筑砂浆中的材料用量是指胶凝材料用量,包括水泥和替代水泥的粉煤灰等活性矿物掺合料。

(二)细骨料

配制砂浆的细骨料最常用的是天然砂。砂应符合《普通混凝土用砂、石质量及检验方法标准》(JGJ 52—2006)的技术性质要求,且应全部通过4.75 mm筛孔。

由于砂浆层较薄,砂的最大粒径应有所限制,理论上不应超过砂浆层厚度的1/5~1/4。例如砖砌体用砂浆宜选用中砂,最大粒径以不大于2.36 mm为宜;石砌体用砂浆宜选用粗砂,砂的最大粒径以不大于5.0 mm为宜;光滑的抹面及勾缝的砂浆宜采用细砂,其最大粒径以不大于1.2 mm为宜。为保证砂浆质量,尤其在配制高强度砂浆时,应选用洁净的砂。因此,对砂的含泥量应予以限制。

砂的粗细程度对砂浆的水泥用量、和易性、强度及收缩等影响很大。

也可以采用细炉渣等作为细骨料,但应该选用燃烧完全、未燃煤分和其他有害杂质含量较小的炉渣,否则将影响砂浆的质量。

(三)掺合料

砂浆常用的掺合料有粉煤灰、粒化高炉矿渣粉、电石膏等。掺合料在砂浆中可以起到提高强度和改善和易性的双重作用。掺合料的质量要求与掺入水泥混凝土中的掺合料相同。

(四)水

拌制砂浆用水与混凝土拌和用水的要求相同,均需满足《混凝土用水标准》(JGJ 63—2006)的规定。

(五)外加剂

为改善新拌及硬化后砂浆的各种性能或赋予砂浆某些特殊性能,常在砂浆中掺入适量外加剂。例如为改善砂浆的和易性,提高砂浆的抗裂性、抗冻性及保温性,可掺入微沫剂、减水剂等外加剂;为增强砂浆的防水性和抗渗性,可掺入防水剂等;为增强砂浆的保温隔热性能,除选用轻质细骨料外,还可掺入引气剂提高砂浆的孔隙率。混凝土中使用的外加剂,对砂浆也具有相应的作用。

二、砌筑砂浆的技术性质

(一)新拌砂浆的和易性

新拌砂浆的和易性是指砂浆拌和物是否便于施工,并能保证质量均匀的综合性质。和易性好的砂浆,在运输和施工过程中不易产生分层、泌水现象,能在粗糙的砌筑底面上铺成均匀的薄层,使灰缝饱满密实,且能与底面很好地黏结成整体。砂浆的和易性包括流动性和保水性两个方面。

1. 流动性

砂浆的流动性又称为稠度,可用砂浆稠度仪测定,以沉入度的大小来表示。沉入度即标准圆锥体在砂浆中沉入的深度。沉入度越大,砂浆的流动性越大,如图5-1所示。

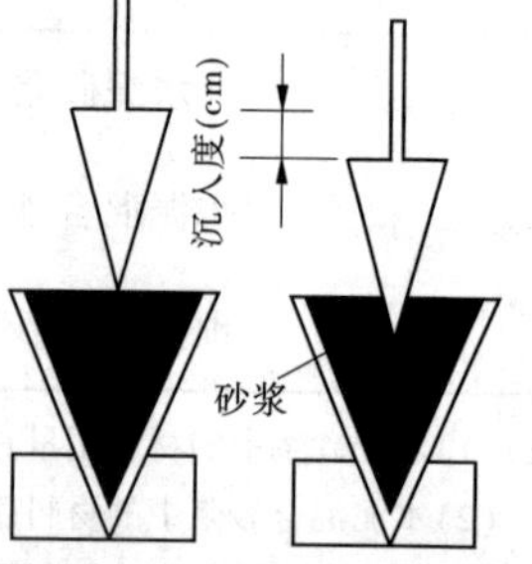

图5-1 沉入度测定示意图

砂浆的流动性与水泥的品种和用量、骨料粒径和级配以及用水量有关,主要取决于用水量。砂浆稠度应根据砌体种类、施工条件及气候条件等按表5-3选择。对于吸水性强的砌体材料和高温干燥的天气，要求砂浆稠度大一些；反之，对于密实不吸水的砌体材料和湿冷天气，要求砂浆稠度可小些。

表5-3 砌筑砂浆流动性稠度选择

砌体种类	砂浆稠度(mm)	砌体种类	砂浆稠度(mm)
烧结普通砖砌体	70~90	烧结普通砖平拱式过梁 空斗墙、筒拱 普通混凝土小型空心砌块 砌体、加气混凝土砌块砌体	50~70
轻骨料混凝土小型 空心砌块砌体	60~90		
烧结多孔砖、空心砖砌体	60~80	石砌体	30~50

2. 保水性

保水性指新拌砂浆保存水分的能力，也表示砂浆中各组成材料是否易分离的性能。

新拌砂浆在存放、运输和使用过程中，都必须保持其水分不会很快流失，才能便于施工操作且保证工程质量。如果砂浆保水性不好，在施工过程中很容易泌水、分层、离析或水分易被基面所吸收，使砂浆变得干稠，致使施工困难，同时影响胶凝材料的正常水化硬化，降低砂浆本身强度以及与基层的黏结强度。因此，砂浆要具有良好的保水性。一般来说，砂浆内胶凝材料充足，尤其是掺加了石灰膏和黏土膏等掺合料后，砂浆的保水性均较好，砂浆中掺入加气剂、微沫剂、塑化剂等也能改善砂浆的保水性和流动性。

砂浆的保水性用保水率表示，砌筑砂浆对保水率的要求见表5-4。

表5-4 砌筑砂浆的保水率 (%)

砂浆种类	保水率
水泥砂浆	≥80
水泥混合砂浆	≥84
预拌砌筑砂浆	≥88

砂浆的保水性也可以用分层度来表示，其试验方法是：测定砂浆拌和物稠度后，再装入分层度测定仪中，静置30 min后取底部1/3砂浆再测其稠度，两次稠度之差即为分层度(以mm表示)。砂浆的分层度不得大于30 mm。分层度过大(如大于30 mm)，砂浆容易泌水、分层或水分流失过快，不便于施工；但如果分层度过小(如小于10 mm)，砂浆过于干稠不易操作，易出现干缩开裂。

(二)硬化砂浆的技术性质

1. 砂浆的抗压强度及强度等级

砂浆的强度用强度等级来表示。砂浆强度等级是以边长为70.7 mm的立方体试件，在标准温度[(20±3)℃]及规定湿度(水泥砂浆大于90%，混合砂浆60%~80%)条件下养护28 d，用标准试验方法测得的抗压强度值(单位MPa)确定。根据《砌筑砂浆配合比设计规程》(JGJ/T 98—2010)的规定，水泥砂浆或预拌砌筑砂浆强度等级分为M5、M7.5、M10、M15、M20、M25、M30等7个等级，水泥混合砂浆的强度等级分为M5、M7.5、M10、

M15等4个等级。

影响砂浆强度的因素很多,除砂浆的组成材料、配合比、施工工艺等因素外,砌体材料的吸水率也会对砂浆强度产生影响。

1)不吸水的砌体材料

当所砌筑的砌体材料不吸水或吸水率很小时(如致密的石材),砂浆组成材料与其强度之间的关系与混凝土相似,主要取决于水泥强度和水灰比。计算公式如下:

$$f_{m,cu}=0.29f_{ce}\left(\frac{C}{W}-0.4\right) \tag{5-1}$$

式中 $f_{m,cu}$——砂浆28 d抗压强度,MPa;

f_{ce}——水泥实测强度,MPa;

$\frac{C}{W}$——灰水比。

2)吸水的砌体材料

当砌体材料具有较高的吸水率时,虽然砂浆具有一定的保水性,但砂浆中的部分水分仍会被砌体吸走。因而,即使砂浆用水量不同,经基底吸水后保留在砂浆中的水分却大致相同。在这种情况下,砌筑砂浆的强度主要取决于水泥的强度及水泥的用量,而与拌和水量无关。强度计算公式如下:

$$f_{m,cu}=\frac{\alpha f_{ce}Q_c}{1\ 000}+\beta \tag{5-2}$$

式中 Q_c——每立方米砂浆的水泥用量,kg;

α、β——砂浆的特征系数,其中$\alpha=3.03$,$\beta=-15.09$。

2.砂浆的黏结强度

砂浆与砌体材料的黏结力大小,对砌体的强度、耐久性、抗震性都有较大影响。一般情况下,砂浆的抗压强度越高,其黏结强度也越高。另外,砂浆的黏结强度与所砌筑材料的表面状态、清洁程度、湿润状态、施工水平及养护条件等也密切相关。

3.耐久性

水工砂浆因受环境水的作用,必须满足抗渗、抗冻、抗冲磨、抗侵蚀等要求。影响砂浆耐久性的因素与混凝土基本相同。通过对这些影响因素的合理调整,可改善砂浆的耐久性,严格控制水灰比是一个重要措施,砂浆耐久性要求的最大允许水灰比如表5-5所示。

表5-5 砂浆耐久性要求的最大允许水灰比

建筑物的部位		最大允许水灰比	
		普通水泥及矿渣水泥	火山灰水泥
水位升降区	恶劣的气候	0.55	0.60
	中等温和气候	0.60	0.65
地下及经常位于水下或经常受水压的部位		0.60	0.65

【工程实例分析 5-1】　砌筑砂浆在应用时应注意的几个问题。

(1)水泥的品种及强度等级选择不当,致使低强度等级的砂浆水泥用量少、砂子用量多,砂浆和易性差,砌筑时挤浆十分困难,同时砂浆易产生沉淀和表面泛水现象。

(2)水泥混合砂浆中掺入的塑化材料质量较差,或直接使用脱水硬化的石灰膏和直接使用消石灰粉,不但起不到改善和易性的作用,还会影响砂浆强度。

(3)同等级的水泥砂浆不能代替水泥混合砂浆。其原因主要是水泥混合砂浆与块体材料的黏结力好,水泥混合砂浆的保水性、流动性均比水泥砂浆好,且砂浆中的水分不易蒸发,促进水泥继续水化,提高了最终强度,所以用同等级的水泥砂浆代替水泥混合砂浆会导致整个砌体强度的降低。

三、砌筑砂浆的配合比设计

(一)水泥混合砂浆配合比计算步骤

1. 砂浆的试配强度

砂浆的试配强度应按式(5-3)计算:

$$f_{m,0} = kf_2 \tag{5-3}$$

式中　$f_{m,0}$——砂浆的试配强度,应精确至 0.1 MPa;

f_2——砂浆强度等级值,应精确至 0.1 MPa;

k——系数,按表 5-6 取值。

表 5-6　砂浆强度标准差 σ 及 k 值

施工水平	不同强度等级的强度标准差 σ(MPa)							k
	M5	M7.5	M10	M15	M20	M25	M30	
优良	1.00	1.50	2.00	3.00	4.00	5.00	6.00	1.15
一般	1.25	1.88	2.50	3.75	5.00	6.25	7.50	1.20
较差	1.50	2.25	3.00	4.50	6.00	7.50	9.00	1.25

2. 水泥用量的计算

水泥用量的计算应符合下列规定:

每立方米砂浆中的水泥用量应按式(5-5)计算:

$$Q_c = \frac{1\,000(f_{m,0} - \beta)}{\alpha f_{ce}} \tag{5-5}$$

式中　Q_c——每立方米砂浆的水泥用量,应精确至 1 kg;

f_{ce}——水泥的实测强度,应精确至 0.1 MPa;

α、β——砂浆的特征系数,其中 α 取 3.03,β 取−15.09。

注意:各地区也可用本地区试验资料确定 α、β 值,统计用的试验组数不得少于 30 组。

在无法取得水泥的实测强度值时,可按式(5-6)计算:

$$f_{ce} = \gamma_c f_{ce,k} \tag{5-6}$$

式中　$f_{ce,k}$——水泥强度等级值,MPa;

γ_c——水泥强度等级值的富余系数,宜按实际统计资料确定,无统计资料时可取1.0。

3. 每立方米砂浆中石灰膏用量

每立方米砂浆中石灰膏用量应按式(5-7)计算:

$$Q_D = Q_A - Q_c \tag{5-7}$$

式中 Q_D——每立方米砂浆的石灰膏用量,应精确至1 kg,石灰膏使用时的稠度宜为(120±5)mm;

Q_c——每立方米砂浆的水泥用量,应精确至1 kg;

Q_A——每立方米砂浆中水泥和石灰膏总量,应精确至1 kg,可为350 kg。

4. 每立方米砂浆中的砂用量

每立方米砂浆中砂用量 Q_s(kg/m^3)应以干燥状态(含水率小于0.5%)的堆积密度作为计算值,即1 m^3 的砂浆含有1 m^3 堆积体积的砂(kg)。

5. 每立方米砂浆中的用水量

可根据砂浆稠度等要求选用210~310 kg。注意以下几点:①混合砂浆中的用水量,不包括石灰膏中的水;②当采用细砂或粗砂时,用水量分别取上限或下限;③稠度小于70 mm时,用水量可小于下限;④施工现场气候炎热或干燥季节,可酌量增加用水量。

(二)水泥砂浆的配合比选用

水泥砂浆如按水泥混合砂浆的方法计算水泥用量,由于水泥与砂浆相比,其强度太高,造成计算出的水泥用量偏少。根据《砌筑砂浆配合比设计规程》(JGJ/T 98—2010)现场配制水泥混合砂浆的试配要求,水泥砂浆的材料用量按表5-7选用;水泥和粉煤灰砂浆材料用量按表5-8选用。

表5-7 水泥砂浆的材料用量 (单位:kg/m^3)

强度等级	水泥	砂	用水量
M5	200~230	砂的堆积密度值	270~330
M7.5	230~260		
M10	260~290		
M15	290~330		
M20	340~400		
M25	360~410		
M30	430~480		

注:1. M15及M15以下强度等级水泥砂浆,水泥强度等级为32.5级;M15以上强度等级水泥砂浆水泥强度等级为42.5级。

2. 当采用细砂或粗砂时,用水量分别取上限或下限。

3. 稠度小于70 mm时,用水量可小于下限。

4. 施工现场气候炎热或干燥季节,可酌量增加用水量。

5. 试配强度应按式(5-1)计算。

表 5-8 水泥和粉煤灰砂浆材料用量 (单位:kg/m^3)

强度等级	水泥和粉煤灰总量	粉煤灰	砂	用水量
M5	210~240	粉煤灰掺量可占胶凝材料总量的15%~25%	砂的堆积密度值	270~330
M7.5	240~270			
M10	270~300			
M15	300~330			

注:1. 表中水泥强度等级为 32.5 级;
2. 当采用细砂或粗砂时,用水量分别取上限或下限;
3. 稠度小于 70 mm 时,用水量可小于下限;
4. 施工现场气候炎热或干燥季节,可酌量增加用水量;
5. 试配强度应按式(5-1)计算。

砂浆中掺入粉煤灰后,其早期强度会有所降低,因此水泥与粉煤灰胶凝材料总量比表 5-7 中水泥用量略高。考虑到水泥中特别是 32.5 级水泥中会掺入较大量的混合材料,为保证砂浆耐久性,规定粉煤灰掺量不宜超过胶凝材料总量的 25%。当掺入矿渣粉等其他活性混合材料时,可参照表 5-8 选用。

(三)砌筑砂浆配合比试配、调整与确定

砌筑砂浆试配时应考虑工程实际要求,搅拌应符合相关的规定。

按计算或查表所得配合比进行试拌时,应按现行行业标准《建筑砂浆基本性能试验方法标准》(JGJ/T 70—2009)测定砌筑砂浆拌和物的稠度和保水率。当稠度和保水率不能满足要求时,应调整材料用量,直到符合要求,然后确定为试配时的砂浆基准配合比。

试配时至少应采用三个不同的配合比,其中一个配合比应为基准配合比,其余两个配合比的水泥用量应按基准配合比分别增加及减少 10%。在保证稠度、保水率合格的条件下,可将用水量、石灰膏、保水增稠材料或粉煤灰等活性掺合料用量做相应调整。

砂浆试配时稠度应满足施工要求,并应按现行行业标准《建筑砂浆基本性能试验方法标准》(JGJ/T 70—2009)分别测定不同配合比砂浆的表观密度及强度,并应选定符合试配强度及和易性要求、水泥用量最低的配合比作为砂浆的试配配合比。

砂浆试配配合比尚应按下列步骤进行校正:

(1)应根据上述确定的砂浆配合比材料用量,按式(5-8)计算砂浆的理论表观密度值:

$$\rho_t = Q_c + Q_d + Q_s + Q_w \tag{5-8}$$

式中 ρ_t——砂浆的理论表观密度值,应精确至 10 kg/m^3。

(2)应按式(5-9)计算砂浆配合比校正系数 δ:

$$\delta = \rho_c / \rho_t \tag{5-9}$$

式中 ρ_c——砂浆的实测表观密度值,应精确至 10 kg/m^3。

(3)当砂浆的实测表观密度值与理论表观密度值之差的绝对值不超过理论值的 2% 时,可将按本任务前面得出的试配配合比确定为砂浆设计配合比;当超过 2% 时,应将试配配合比中每项材料用量均乘以校正系数(δ)后,确定为砂浆设计配合比。

(四)配合比设计举例

【例5-1】 要求设计用于砌砖墙的水泥石灰混合砂浆,强度等级为M7.5,稠度为70~100 mm。原材料的主要参数:强度等级为32.5的普通硅酸盐水泥;中砂,堆积密度为1 450 kg/m³;现场砂含水率为2%;石灰膏的稠度为120 mm;施工水平一般。

解:(1)计算试配强度$f_{m,0}$。

$$f_{m,0}=kf_2$$

式中,$f_2=7.5$ MPa,查表5-6,$k=1.20$,则

$$f_{m,0}=1.20\times7.5=9.0(\text{MPa})$$

(2)计算水泥用量Q_c。

$$Q_c=\frac{1\ 000(f_{m,0}-\beta)}{\alpha f_{ce}}=\frac{1\ 000\times[9.0-(-15.09)]}{3.03\times32.5}=245(\text{kg})$$

(3)计算石灰膏用量Q_D。

$$Q_D=Q_A-Q_c$$

式中Q_A取350 kg,则

$$Q_D=350-245=105(\text{kg})$$

(4)计算砂子用量Q_s。

根据砂子的含水率和堆积密度计算砂子用量:

$$Q_s=1\ 450\times(1+2\%)=1\ 479(\text{kg})$$

(5)选择用水量Q_w。

由于砂浆使用中砂,稠度为70~100 mm,故在210~330 kg取中间值$Q_w=280$ kg。

(6)试配时各材料的用量比。

$$水泥:石灰膏:砂:水=245:105:1\ 479:280=1:0.43:6.04:1.14$$

(7)配合比试拌调整,强度检验,确定最终配合比。

(略)

任务三 其他砂浆

一、抹面砂浆

凡涂抹在建筑物表面或构件表面的砂浆统称为抹面砂浆。根据功能的不同,抹面砂浆分为普通抹面砂浆、装饰砂浆、防水砂浆和具有特殊功能的砂浆,如绝热砂浆、耐酸砂浆、防辐射砂浆、吸声砂浆等。根据使用部位不同,抹面砂浆又分为底层砂浆和面层砂浆。

底层砂浆起初步找平和黏结底层的作用,应有较好的和易性。砖墙底层可用石灰砂浆;混凝土底层可用混合砂浆;板条墙及金属网基层采用麻刀石灰砂浆、纸筋石灰砂浆或混合砂浆;对有防水和防潮要求的结构物,应采用水泥砂浆。底层砂浆还应有比较好的保水性,以防止水分被底面材料吸收而影响砂浆的黏结力,稠度一般为100~120 mm。

面层砂浆主要起装饰作用,应采用较细的骨料,使表面平滑细腻。室内墙面和顶棚通常采用纸筋石灰砂浆或麻刀石灰砂浆。面层砂浆所用的石灰必须充分熟化,陈伏时间不

少于1个月,以防止表面抹灰出现鼓包、爆裂等现象。受雨水作用的外墙、室内受潮和易碰撞的部位,如墙裙、踢脚板、窗台、雨棚等,一般采用1:2.5的水泥砂浆抹面。面层砂浆的稠度一般为100 mm。普通抹面砂浆的配合比可参考表5-9选用。

表5-9 普通抹面砂浆参考配合比

材料	体积配合比	材料	体积配合比
水泥:砂	1:2~1:3	水泥:石灰:砂	1:1:1.6~1:2:9
石灰:砂	1:2~1:4	石灰:黏土:砂	1:1:4~1:1:8

二、防水砂浆

制作防水层的砂浆叫作防水砂浆。砂浆防水层又叫刚性防水层。防水砂浆使用于堤坝、隧洞、水池、沟渠等具有一定刚度的混凝土或砖石砌体工程。对于变形较大或可能发生不均匀沉降的建筑物防水层不宜采用。

防水砂浆可以用普通水泥砂浆制作,其水泥用量较多,灰砂比一般为1:2.5~1:3,水灰比控制在0.5~0.55;也可以在水泥砂浆中掺入防水剂来提高砂浆的抗渗能力,或采用聚合物水泥防水砂浆。常用的防水剂有氯化铁、金属皂类防水剂。近年来,采用引气剂、减水剂、三乙醇胺等作为砂浆的减水剂,也取得了良好的防水效果。

防水砂浆在敷设时需注意以下两点:一是采用多层涂抹,逐层压实;二是做好层间结合,防止水分在层间渗流,使层间效应得以充分发挥。

三、接缝砂浆

在建筑物基础或老混凝土上浇筑混凝土时,为了避免混凝土中的石子与基础或老混凝土接触,影响结合面胶结强度,应先铺一层砂浆,此种砂浆称为接缝砂浆。接缝砂浆的水灰比应与混凝土的水灰比相同,或稍小一些。灰砂比应比混凝土的灰砂比稍高一些,以达到适宜的稠度为准。

四、钢丝网水泥砂浆

钢丝网水泥砂浆简称钢丝网水泥。它是由几层重叠的钢丝网,经浇捣30~50 MPa的高强度水泥砂浆所构成的,一般厚度为30~40 mm。由于在水泥砂浆中分散配置细而密的钢丝网,因而较钢筋混凝土有更好的弹性、抗拉强度和抗渗性,并能承受冲击荷载的作用。在水利工程中,钢丝网水泥砂浆主要用于制作压力管道、渡槽及闸门等薄壁结构物。

五、小石子砂浆

在水泥砂浆中掺入适量的小石子,称为小石子砂浆,这种砂浆主要用于毛石砌体。在毛石砌体中,石块之间的孔隙率可高达40%~50%,而且孔隙尺寸大,因而要有小石子砂浆砌筑。

小石子砂浆所用石子粒径为5~10 mm或5~20 mm。石子的掺量为骨料总量的20%~30%。这种砂浆改善了骨料级配,降低了水泥用量,提高了砂浆的强度、弹性模量和表观密度。

六、微沫砂浆

微沫砂浆是一种在砂浆中掺入微沫剂(松香热聚物等)配制而成的砂浆。微沫剂掺量一般占水泥质量的0.005%~0.01%。由于砂浆在搅拌过程中能产生大量封闭微小的气泡,从而提高了新拌砂浆的和易性,增强了砂浆的保水、抗渗、抗冻性能,同时可大幅度节约石灰膏用量。若将微沫剂与氯盐复合使用,还能提高砂浆低温施工的效果。

【工程实例分析 5-2】 砂浆质量问题。

现象:郑州某精装修高层商品房,2008 年 7 月交房,业主验房时发现内墙涂料层大面积空鼓,剥开涂料层发现里面的水泥砂浆起灰严重。

原因分析:水泥砂浆起灰原因大致有:水泥强度等级低或使用过期、受潮、结块的水泥;水泥砂浆受冻,未完全水化;砂子过细或砂子含泥量过大;压光过早,或压光过迟;养护过早或未养护;水灰比过大。

经核查本案例是由于水泥砂浆受冻、砂子含泥量过大引起的起灰。由于内墙涂料不能很好地与水泥砂浆黏结,故而引起大面积空鼓。

小　结

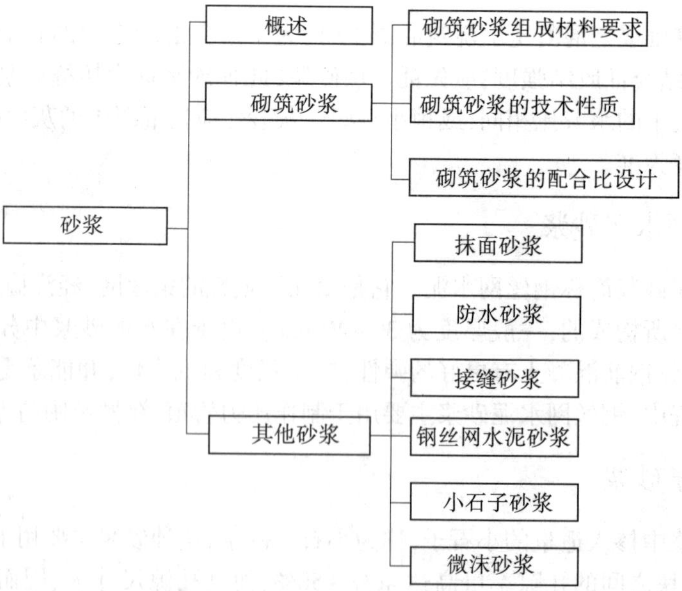

项目六　砌体材料

【学习指导】

掌握几种砌墙砖的技术性质和特点,混凝土砌块、加气混凝土砌块的性能和特点;了解石材的主要技术性质及选用原则,烧结多孔砖、烧结空心砖及砌块的主要规格。

【课程思政】

中国是砌体大国,在历史上有举世闻名的万里长城,它是两千多年前用"秦砖汉瓦"建造的世界上最伟大的砌体工程之一;有在春秋战国时期就已兴修水利,如今仍然起灌溉作用的秦国李冰父子修建的都江堰水利工程;有在1400年前由料石修建的现存河北赵县的安济桥(赵州桥),这是世界上最早的敞肩式拱桥,该桥已被美国土木工程学会选入世界第12个土木工程里程碑。这些都是值得我们自豪和继承的,也对弘扬我国文化遗产起到积极作用。

任务一　砌筑石材

凡是由天然岩石开采的,经加工或者未经过加工的石材,称为天然石材。天然石材作为建筑材料已具有悠久的历史,因其来源广泛、质地坚固、耐久性好,被广泛用于水利工程、建筑工程及其他工程中。

一、岩石的种类

天然岩石是各种不同地质作用所产生的天然矿物集合体。按地质形成条件不同,天然岩石可分为岩浆岩、沉积岩、变质岩。

(一)岩浆岩及工程中常用的岩浆岩石材

1. 岩浆岩

岩浆岩又叫火成岩,是地壳深处熔融态岩浆,向压力低的地方运动,侵入地壳岩层,溢出地表或喷出、冷却凝固而成的岩石的总称。由于冷却的温度和压力的条件不同,又分为深成岩、喷出岩和火山岩。常见的深成岩有花岗岩、正长岩等;常见的喷出岩有玄武岩、辉绿石、安山石等;火山岩是火山喷发时,喷到空中的岩浆经急剧冷却后形成的、具有玻璃质结构矿物,具有化学不稳定性。

2. 常用的岩浆岩石材

花岗岩的主要矿物成分是正长石、石英,次要的矿物有云母、角闪石等。它为致密全结晶质均粒状结构,块状构造,表观密度大,孔隙率和吸水率小,抗酸侵蚀性强,表面经琢磨后色泽美观,可作为装饰材料,在工程中常用于基础、基座、闸坝、桥墩、路面等。玄武岩的主要矿物成分是斜长石和辉石,多呈斑状结构,颜色深暗,密度大,抗压强度因构造的不同而波动较大,一般为 100~150 MPa,材质硬脆,不容易加工。玄武岩主要用来敷设路面,铺砌堤岸边坡等,也是铸石原料和配置高强混凝土的较好的骨料。辉绿石的主要矿物成分和玄武岩相同,具有较高的耐酸性,可作为耐酸混凝土骨料。其熔点为 1 400~1 500 ℃,可作为铸石的原料,铸出的材料结构均匀、密实、抗酸性能好,常用于化工设备的耐酸结构中。

火山喷发时所形成的火山灰、浮石及火山凝灰岩均为多孔结构,表观密度小,强度比较低,导热系数小,可用作砌墙材料和轻混凝土骨料。

(二)沉积岩及工程中常用的沉积岩石材

1. 沉积岩

沉积岩是地表的岩石经过风化、破碎、溶解、冲刷、搬运等自然力的作用,逐渐沉积而成的岩石。它们的特点是具有较多的孔隙、明显的层理及力学性质的方向性。常见的有石灰石、砂岩、石膏等。

2. 常用的沉积岩石材

石灰岩的主要矿物成分是方解石,常含有白云石、石英、黏土矿物等。其特点是结构层理分明,构造细密,密度为 2.6~2.8 g/cm^3,抗压强度一般为 60~80 MPa,并且具有较高的耐水性和抗冻性。由于石灰石分布广,开采加工容易,所以广泛用于工程建设中。

砂岩是由粒径 0.05~2 mm 的砂粒(多为耐风化的石英、正长石、白云母等矿物及部分岩石碎屑)经天然胶结物质胶结变硬的沉积岩。其性能与胶结物质的种类及胶结的密实程度有关。

(三)变质岩及工程中常用的变质岩石材

1. 变质岩

变质岩是沉积岩、岩浆岩又经过地壳运动,在压力、温度、化学变化等因素的作用下发生质变而形成的新的岩石。常见的变质岩有片麻岩、大理岩、石英岩等。

2. 常用的变质岩石材

片麻岩是由花岗岩变质而成的。矿物成分与花岗岩类似,片麻状构造,各个方向上物理力学性质不同。

大理岩是由石灰岩、白云岩变质而成的,俗称大理石,主要的矿物成分为方解石、白云石等。大理岩构造致密,抗压强度高(70~110 MPa)、硬度不大,易于开采、加工和磨光。

石英岩是由硅质砂岩变质而成的。砂岩变质后形成坚硬致密的变晶结构,强度高(最高达 400 MPa),硬度大,加工难,耐久性强,可用于各类砌筑工程、重要建筑物的贴面、铺筑道路及作为混凝土骨料。

二、石材的主要技术性质

(一)表观密度与强度等级

石材按表观密度大小分重石和轻石两类,表观密度大于 1 800 kg/m^3 的为重石,表观密度小于 1 800 kg/m^3 的为轻石。重石用于建筑的基础、贴面、地面、不采暖房屋外墙、桥梁及水工建筑物等,轻石主要用于采暖房屋外墙。

石材的强度等级可分为 MU100、MU80、MU60、MU50、MU30、MU20、MU15 和 MU10。

石材的强度等级可用边长为 70 mm 立方体试块的抗压强度表示。抗压强度取三个试件破坏强度的平均值。试块也可采用表 6-1 所列的其他尺寸的立方体,但应对其试验结果乘以相应的换算系数后才可作为石材的强度等级。

表 6-1　石材强度等级换算系数

立方体边长(mm)	200	150	100	70	50
换算系数	1.43	1.28	1.14	1	0.86

(二)抗冻性

石材的抗冻指标是用冻融循环次数表示的,在规定的冻融循环次数(15 次、20 次或 50 次)内,无贯穿裂缝,质量损失不超过 5%,强度降低不大于 25%时,抗冻性合格。石材的抗冻性主要取决于矿物成分、结构及其构造,应根据使用条件选用相应的抗冻指标。

(三)耐水性

石材的耐水性根据软化系数分为高、中、低三等。高耐水性的石材,软化系数大于 0.9;中耐水性的石材,软化系数为 0.7~0.9;低耐水性的石材,软化系数为 0.6~0.7。软化系数低于 0.6 的石材一般不允许用于重要的工程。

三、砌筑石材

工程中常用的砌筑石材分为毛石和料石两类。

(一)毛石

毛石是由爆破直接获得的石块,按平整度又分为乱毛石和平毛石两类。

1. 乱毛石

乱毛石形状不规则,一般在一个方向上的尺寸达 300~400 mm,质量为 20~30 kg。常用于砌筑基础、勒角、墙身、堤坝、挡土墙等,也可以用作毛石混凝土骨料。

2. 平毛石

平毛石是由乱毛石经略加工而成的,形状较乱毛石平整,其形状基本有六个面,但表面粗糙,中部厚度不小于 200 mm。常用于砌筑基础、勒角、墙角、桥墩、涵洞等。

(二)料石

料石也叫条石,是由人工或机械开采出的、较规则的六面体石块,略经凿琢而成,按其加工后的外形规则程度分为毛料石、粗料石、半细料石和细料石四种。

1. 毛料石

毛料石外形大致方正,一般不加工或仅稍加修整,高度不应小于 200 mm,叠砌面凹入深度不大于 25 mm。

2. 粗料石

粗料石截面的宽度、高度不小于 200 mm,且不小于长度的 1/4,叠砌面凹入深度不大于 20 mm。

3. 半细料石

半细料石的规格同粗料石,但叠砌面凹入深度不应大于 15 mm。

4. *细料石*

细料石经过细加工,外形规则,规格尺寸同粗料石,叠砌面凹入深度不大于10 mm。

任务二　砌墙砖

砖石是最古老、传统的建筑材料,砖石结构的应用已有几千年历史,砌墙砖是我国所使用的主要墙体材料之一。砌墙砖一般分为烧结砖和非烧结砖两类,其中烧结砖是性能非常优越的、既古老又现代的墙体材料,可以在各种地区以单一材料满足建筑节能50%~65%的要求,它在墙体材料中占有举足轻重的地位。

一、烧结普通砖

烧结普通砖是以黏土、页岩、粉煤灰、煤矸石为主要原料,经焙烧而成的普通砖。

(一)烧结普通砖的分类

烧结普通砖按所用的主要原料分为烧结黏土砖(N)、烧结页岩砖(Y)、烧结粉煤灰砖(F)、烧结煤矸石砖(M)、建筑渣土砖(Z)、淤泥砖(U)、污泥砖(W)和固体废弃物砖(G)。

1. *烧结黏土砖*

烧结黏土砖又称黏土砖,是以黏土为主要原料,经配料、制坯、干燥、烧结而成的烧结普通砖。当焙烧过程中砖窑内为氧化气氛时,黏土中所含铁的化合物成分被氧化成高价氧化铁(Fe_2O_3),从而得到红砖。此时,如果减少窑内空气的供给,同时加入少量水分,在砖窑内形成还原气氛,使坯体继续在这种环境下燃烧,高价氧化铁(Fe_2O_3)还原成青灰色的低价氧化铁(FeO),即可制得青砖。一般认为青砖较红砖结实,耐碱性、耐久性好,但青砖只能在土窑中制得,价格较贵。

2. *烧结页岩砖*

烧结页岩砖是页岩经过破碎、粉磨、配料、成型、干燥和焙烧等工序制成的砖。由于页岩磨细的程度不及黏土,一般制坯所需要的用水量比黏土少,所以砖坯干燥的速度快、成品的体积收缩小。作为一种新型建筑节能墙体材料,烧结页岩砖既可用于砌筑承重墙,又具有良好的热工性能,可减少施工过程中的损耗,提高工作效率。

3. *烧结粉煤灰砖*

烧结粉煤灰砖是将电厂排出的粉煤灰作为烧砖的主要原料,可以部分代替黏土。在烧制过程中,为改善粉煤灰的可塑性可适量掺入黏土。烧结粉煤灰砖一般呈淡红色或深红色,可代替黏土砖用于一般的工业与民用建筑。

4. *烧结煤矸石砖*

烧结煤矸石砖是以煤矿的废料煤矸石为原料,经粉碎后,根据其含碳量及可塑性进行适当配料而制成的。由于煤矸石是采煤的副产品,所以在烧制过程中一般不需要额外加煤,不但消耗了大量的废渣,同时节约了能源。烧结煤矸石砖的颜色较普通砖深,色泽均匀,声音清脆。烧结煤矸石砖可以完全代替普通黏土砖用于一般的工业与民用建筑。

(二)烧结普通砖的等级和规格

1. 等级

根据《烧结普通砖》(GB/T 5101—2017)的规定,烧结普通砖的抗压强度分为 MU30、MU25、MU20、MU15、MU10 等五个强度等级。

2. 规格

烧结普通砖为直角六面体(见图 6-1)。其公称尺寸为 240 mm×115 mm×53 mm,加上 10 mm 厚的砌筑灰缝,则 4 块砖长、8 块砖宽、16 块砖厚形成一个长、宽、高分别为 1 m 的立方体。1 m^3 的砌筑体需砖数为 4×8×16=512(块),这方便了工程量计算。

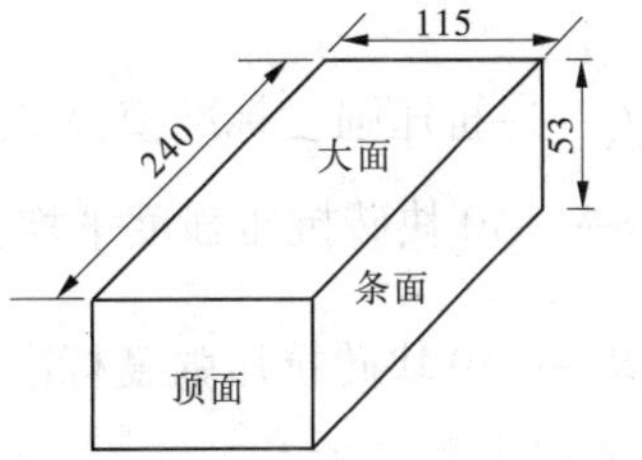

图 6-1　砖的尺寸及各部分名称　(单位:mm)

(三)烧结普通砖的主要技术要求

1. 外观要求

烧结普通砖的外观标准直接影响砖体的外观和强度,所以规范中对尺寸偏差、两条面的高度差、弯曲程度、裂纹、颜色情况都给出了相应的规定,要求各等级烧结普通砖的尺寸允许偏差和外观质量应符合表 6-2 和表 6-3 的要求。

表 6-2　烧结普通砖的尺寸允许偏差　(单位:mm)

公称尺寸	指标	
	样本平均偏差	样本极差,≤
240(长)	±2.0	6.0
115(宽)	±1.5	5.0
53(高)	±1.5	4.0

表 6-3　烧结普通砖的外观质量　(单位:mm)

项目		指标
两条面高度差,≤		2
弯曲,≤		2
杂质凸出高度,≤		2
缺棱掉角的三个破坏尺寸,不得同时大于		5
裂纹长度,≤	大面上宽度方向及其延伸至条面的长度	30
	大面上长度方向及其延伸至顶面的长度或条顶面上水平裂纹的长度	50
完整面,不得少于		一条面和一顶面

注:1. 为砌筑挂浆而施加的凹凸纹、槽、压花等不算作缺陷。

2. 凡有下列缺陷者,不得称为完整面:①缺损在条面或顶面上造成的破坏面尺寸同时大于 10 mm×10 mm;②条面或顶面上裂纹宽度大于 1 mm,其长度超过 30 mm;③压陷、粘底、焦花在条面或顶面上的凹陷或凸出超过 2 mm,区域尺寸同时大于 10 mm×10 mm。

2.强度等级

烧结普通砖分为5个强度等级:MU30、MU25、MU20、MU15、MU10。砖的强度等级按平均值$\bar{f}$和标准值$\bar{f}_k$评定。样本容量$n=10$时,标准值f_k按式(6-1)计算。各等级应满足表6-4中的各强度指标。

$$f_k = \bar{f} - 1.8S \tag{6-1}$$

式中 f_k——抗压强度标准值,MPa;

$\bar{f}$——10块砖抗压强度平均值,MPa;

S——10块砖抗压强度标准差,MPa, $S = \sqrt{\frac{1}{9}\sum_{i=1}^{10}(f_i - \bar{f})^2}$。

表6-4 烧结普通砖的强度等级 (单位:MPa)

强度等级	抗压强度平均值$\bar{f}$ ≥	强度标准值f_k ≥
MU30	30.0	22.0
MU25	25.0	18.0
MU20	20.0	14.0
MU15	15.0	10.0
MU10	10.0	6.5

3.耐久性

1)抗风化性能

抗风化性能是烧结普通砖抵抗自然风化作用的能力,指砖在干湿变化、温度变化、冻融变化等物理因素作用下,不被破坏并保持原有性质的能力。它是烧结普通砖耐久性的重要指标。由于自然风化程度与地区有关,通常按照风化指数将我国各省(自治区、直辖市)划分为严重风化区和非严重风化区,如表6-5所示。风化指数是指日气温从正温降至负温或从负温升至正温的每年平均天数与每年从霜冻之日起至消失霜冻之日这一期间降雨总量(以mm计)的平均值的乘积。风化指数不小于12 700为严重风化区,风化指数小于12 700为非严重风化区。严重风化区的砖必须进行冻融试验。冻融试验时取5块吸水饱和试件进行15次冻融循环,之后每块砖样不允许出现裂纹、分层、掉皮、缺棱等冻坏现象,且每块砖样的质量损失不得大于2%。其他地区的砖如果其抗风化性能达到表6-6的要求,可不再进行冻融试验,但是若有一项指标达不到要求,则必须进行冻融试验。

表 6-5 风化区的划分

严重风化区		非严重风化区	
1. 黑龙江省	11. 河北省	1. 山东省	11. 福建省
2. 吉林省	12. 北京市	2. 河南省	12. 台湾省
3. 辽宁省	13. 天津市	3. 安徽省	13. 广东省
4. 内蒙古自治区	14. 西藏自治区	4. 江苏省	14. 广西壮族自治区
5. 新疆维吾尔自治区		5. 湖北省	15. 海南省
6. 宁夏回族自治区		6. 江西省	16. 云南省
7. 甘肃省		7. 浙江省	17. 上海市
8. 青海省		8. 四川省	18. 重庆市
9. 陕西省		9. 贵州省	
10. 山西省		10. 湖南省	

表 6-6 烧结普通砖的抗风化性能

砖种类	严重风化区				非严重风化区			
	5 h 沸煮吸水率(%),≤		饱和系数,≤		5 h 沸煮吸水率(%),≤		饱和系数,≤	
	平均值	单块最大值	平均值	单块最大值	平均值	单块最大值	平均值	单块最大值
黏土砖、建筑渣土砖	18	20	0.85	0.87	19	20	0.88	0.90
粉煤灰砖	21	23			23	35		
页岩砖	16	18	0.74	0.77	18	20	0.78	0.80
煤矸石砖								

2)*泛霜*

泛霜是一种砖或砖砌体外部的直观现象,呈白色粉末、白色絮状物,严重时呈鱼鳞状的剥离、脱落、粉化。砖块的泛霜是由于砖内含有可溶性硫酸盐,遇水溶解,随着砖体吸收水分的不断增加,溶解度由大变小。当外部环境发生变化时,砖内盐形成晶体,积聚在砖的表面呈白色,称为泛霜。煤矸石空心砖的白霜以 $MgSO_4$ 为主,白霜不仅影响建筑物的美观,而且由于结晶膨胀会使砖体分层和松散,直接关系到建筑物的寿命。因此,国家标准严格规定烧结制品中,每块砖不准许出现严重泛霜。

3)*石灰爆裂*

当烧制砖块时原料中夹杂着石灰质物质,焙烧过程中生成生石灰,砖块在使用过程中吸水使生石灰转变成熟石灰,其体积会增大 1 倍左右,从而导致砖块爆裂,称为石灰爆裂。石灰爆裂程度直接影响烧结砖的使用,较轻的造成砖块表面破坏及墙体面层脱落,严重的会直接破坏砖块和墙体结构,造成砖块和墙体强度损失,甚至崩溃,因此国家标准对烧结砖石灰爆裂做了如下严格控制:①破坏尺寸大于 2 mm 且小于或等于 15 mm 的爆裂区域,每组砖不得多于 15 处,其中大于 10 mm 的不得多于 7 处;②不准许出现最大破坏尺寸大于 15 mm 的爆裂区域;③试验后抗压强度损失不得大于 5 MPa。

(四)烧结普通砖的应用

烧结普通砖具有一定的强度及良好的绝热性和耐久性,且原料广泛,工艺简单,因而可作为墙体材料用于制造基础、柱、拱、铺砌地面等,有时也用于小型水利工程,如闸墩、涵管、渡槽、挡土墙等。但需要注意的是,由于砖的吸水率大,一般为 15%~20%,在砌筑之前必须将砖进行吸水润湿,否则会降低砌筑砂浆的黏结强度。但是随着建筑业的快速发展,传统烧结黏土砖的弊端日益突出,烧结黏土砖的生产毁田且取土量大、能耗高、自重大,施工中工人劳动强度大、工效低。为了保护土地资源和生态环境,有效节约能源,至 2003 年 6 月 1 日,全国 170 个城市取缔烧结黏土砖的使用,并于 2005 年全面停止生产、经营、使用黏土砖,取而代之的是广泛推广使用利用工业废料制成的新兴墙体材料。

二、烧结多孔砖

烧结多孔砖是以黏土、页岩、煤矸石或粉煤灰为主要原料,经焙烧而成的,孔洞率大于或等于 33%,孔的尺寸小而数量多,主要用于六层以下建筑物承重部位的砖,简称多孔砖。

(一)烧结多孔砖的分类

烧结多孔砖的分类与烧结普通砖类似,也是按主要原料进行划分的,有黏土砖和黏土砌块(N)、页岩砖和页岩砌块(Y)、煤矸石砖和煤矸石砌块(M)、粉煤灰砖和粉煤灰砌块(F)、淤泥砖和淤泥砌块(U)、固体废弃物砖和固体废弃物砌块(G)。

(二)烧结多孔砖的规格与质量等级

1. 规格

目前,烧结多孔砖分为 P 型砖和 M 型砖,其外形为直角六面体,长、宽、高尺寸:P 型砖为 240 mm×115 mm×90 mm、M 型砖为 190 mm×190 mm×90 mm,如图 6-2、图 6-3 所示。

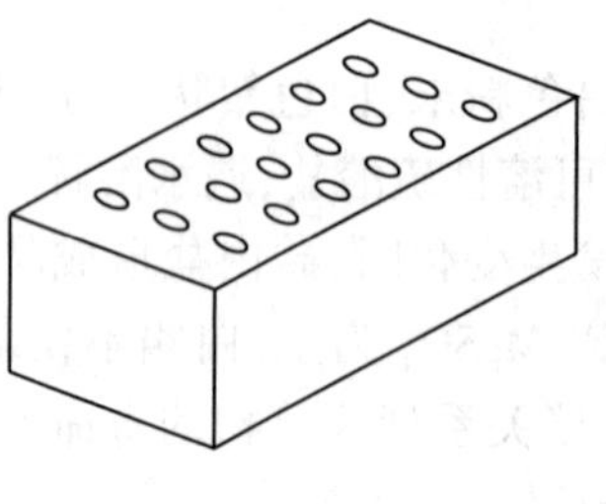

图 6-2 P 型砖

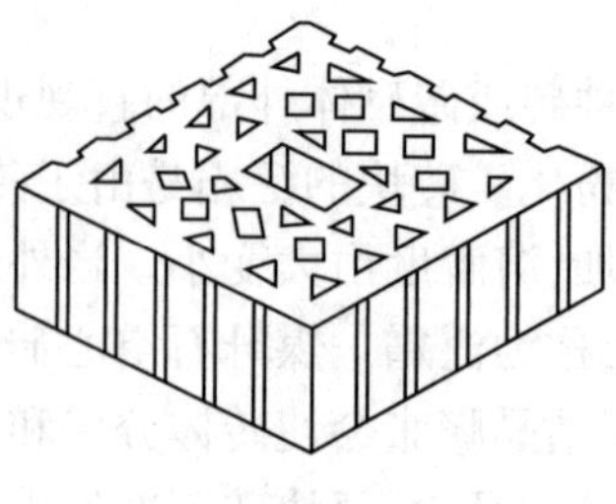

图 6-3 M 型砖

烧结多孔砖孔洞规定见表 6-7。

表 6-7　烧结多孔砖孔洞规定　(单位:mm)

圆孔直径	非圆孔内切圆直径	手抓孔
≤22	≤15	(30~40)×(75~85)

2. 质量等级

根据《烧结多孔砖和多孔砌块》(GB 13544—2011)的规定,烧结多孔砖根据抗压强度分为 MU30、MU25、MU20、MU15、MU10 等五个强度等级。

(三)烧结多孔砖的主要技术要求

1. 尺寸允许偏差和外观要求

烧结多孔砖的尺寸允许偏差应满足表 6-8 的规定,外观质量应符合表 6-9 的规定。

表 6-8　烧结多孔砖的尺寸允许偏差　(单位:mm)

尺寸	样本平均偏差	样本极差,≤
>400	±3.0	10.0
300~400	±2.5	9.0
200~300	±2.5	8.0
100~200	±2.0	7.0
<100	±1.5	6.0

表 6-9　烧结多孔砖的外观质量　(单位:mm)

项目		指标
1. 完整面,不得少于		一条面和一顶面
2. 缺棱掉角的三个破坏尺寸,不得同时大于		30
3. 裂纹长度	(1)大面(有孔面)上深入孔壁 15 mm 以上宽度方向及其延伸到条面的长度,≤	80
	(2)大面(有孔面)上深入孔壁 15 mm 以上长度方向及其延伸到顶面的长度,≤	100
	(3)条顶面上的水平裂纹,≤	100
4. 杂质在砖或砌块面上造成的凸出高度,≤		5

注:凡有下列缺陷之一者,不能称为完整面:

1. 缺损在条面或顶面上造成的破坏面尺寸同时大于 20 mm×30 mm。
2. 条面或顶面上裂纹宽度大于 1 mm,其长度超过 70 mm。
3. 压陷、焦花、粘底在条面或顶面上的凹陷或凸出超过 2 mm,区域最大投影尺寸同时大于 20 mm×30 mm。

2. 强度等级和耐久性

烧结多孔砖的强度等级和评定方法与烧结普通砖完全相同,其具体指标参照表6-4。

烧结多孔砖耐久性包括泛霜、石灰爆裂和抗风化性能,这些指标的规定与烧结普通砖完全相同。

三、烧结空心砖

烧结空心砖是以黏土、页岩、煤矸石为主要原料经焙烧而成的孔洞率大于40%,孔的尺寸大而数量少的砖。

(一)烧结空心砖的分类

烧结空心砖的分类与烧结普通砖类似,按主要原料进行划分,如黏土空心砖和空心砌块(N)、页岩空心砖和空心砌块(Y)、煤矸石空心砖和空心砌块(M)、粉煤灰空心砖和空心砌块(F)、淤泥空心砖和空心砌块(U)、建筑渣土空心砖和空心砌块(Z)、其他固体废弃物空心砖和空心砌块(G)。

烧结空心砖尺寸应满足长度 $L \leqslant 390$ mm,宽度 $b \leqslant 190$ mm,高度 $d \leqslant 180$ mm。为方便砌筑,在大面和条面上应设深1~2 mm的凹线槽,如图6-4所示。

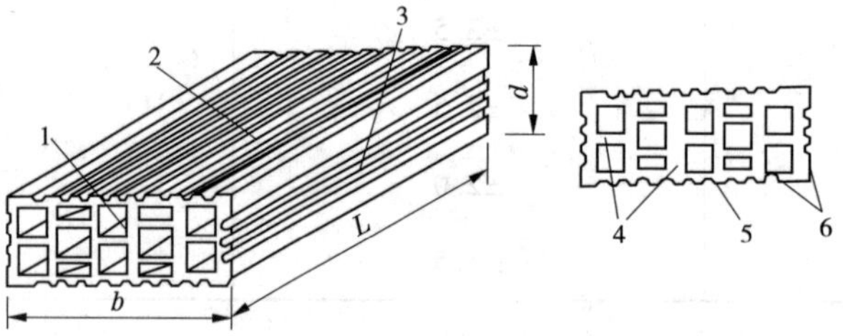

1—顶面;2—大面;3—条面;4—肋;5—凹线槽;6—壁;

L—长度;b—宽度;d—高度

图6-4 烧结空心砖示意图

由于孔洞垂直于顶面,平行于大面且使用时大面受压,所以烧结空心砖多用作非承重墙,如多层建筑的内隔墙和框架结构的填充墙等。

(二)烧结空心砖的规格

根据《烧结空心砖和空心砌块》(GB/T 13545—2014)的规定,烧结空心砖的外形为直角六面体,其长、宽、高均应符合390 mm、290 mm、240 mm、190 mm、180 mm、175 mm、140 mm、115 mm、90 mm等尺寸组合,如290 mm×190 mm×90 mm、190 mm×190 mm×90 mm和240 mm×180 mm×115 mm等。

(三)烧结空心砖的主要技术性质

1. 强度等级

烧结空心砖的抗压强度分为MU10、MU7.5、MU5、MU3.5等四个等级,如表6-10所示。

表 6-10 烧结空心砖的强度等级

强度等级	抗压强度(MPa)		
	抗压强度平均值 $\bar{f}$,≥	变异系数 $\delta \leq 0.21$	变异系数 $\delta > 0.21$
		强度标准值 f_k,≥	单块最小抗压强度值 f_{min},≥
MU10	10.0	7.0	8.0
MU7.5	7.5	5.0	5.8
MU5	5.0	3.5	4.0
MU3.5	3.5	2.5	2.8

2. 密度等级

根据表观密度不同,烧结空心砖分为 800、900、1 000、1 100 四个密度级别,如表 6-11 所示。

表 6-11 烧结空心砖的密度等级

密度等级	5 块体积密度平均值(kg/m^3)	密度等级	5 块体积密度平均值(kg/m^3)
800	≤800	1 000	901~1 000
900	801~900	1 100	1 001~1 100

四、烧结多孔砖和烧结空心砖的应用

现在国内建筑施工主要采用烧结多孔砖和烧结空心砖作为实心黏土砖的替代产品,烧结空心砖主要应用于非承重的建筑内隔墙和填充墙,烧结多孔砖主要应用于砖混结构承重墙体。用烧结多孔砖和烧结空心砖代替实心砖可使建筑物自重减轻 1/3 左右,节约原料 20%~30%,节省燃料 10%~20%,且烧成率高,造价降低 20%,施工效率提高 40%,保温隔热性能和吸声性能有较大提高。在相同的热工性能要求下,用烧结空心砖砌筑的墙体厚度可减薄半砖左右。一些较发达国家烧结空心砖占砖总产量的 70%~90%,我国目前也正在大力推广而且发展很快。

【工程实例分析 6-1】 多层建筑墙体裂缝分析。

现象:山东省泰安市某小区 5#楼 4 单元顶层西户住宅,出现墙体裂缝如图 6-5、图 6-6 所示,现场观察为西卧室外墙自圈梁下斜向裂至窗台,缝宽约 2 mm。试分析裂缝产生的原因,采取何种补救措施?

原因分析:混合结构墙体上的斜裂缝多由温度变化引起。在太阳辐射热作用下,混凝土屋盖与其下的砖墙之间存在较大的正温差,且混凝土线膨胀系数又比黏土砖砌体大,当温度升高,线膨胀系数较大的混凝土板热胀时,受到温度低、线膨胀系数较小的砖墙的约束,因而在混凝土板内引起压应力,在接触面上产生剪应力。如墙体材料的抗拉强度较

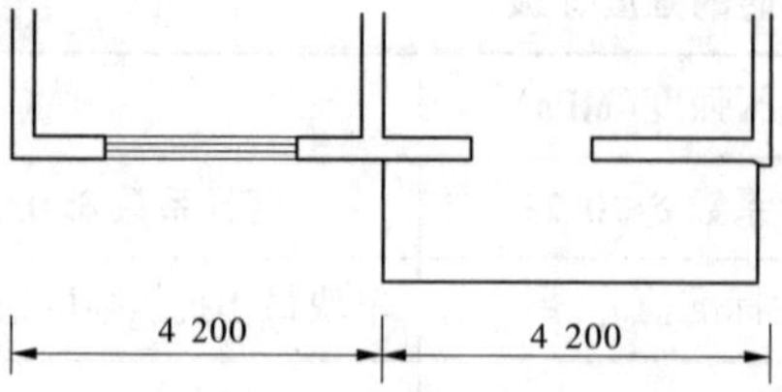

图6-5 平面图 (单位:mm)

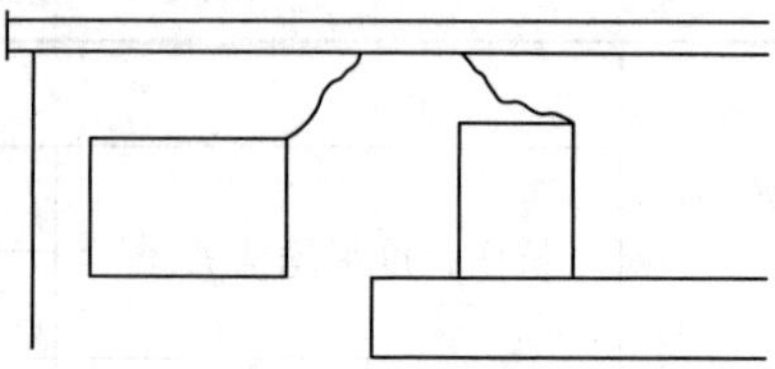
图6-6 立面图

低,则在墙体内产生八字形或倒八字形斜裂缝,如图6-6所示。

补救措施:

(1)做好温度隔热层,以减少温差。

(2)砌筑顶层墙体时,按规定应把砖浸湿,防止干砖上墙。

(3)砌筑砂浆按配合比拌制,保证砌筑砂浆的强度等级,特别注意不能使用碎砖。

(4)拉结筋放置时,必须先检测钢筋是否合格,再按照设计规定的位置放置,以保证墙体的整体性。

由于过去对砖混结构多层住宅顶层墙体温差裂缝在设计和施工中重视程度不够,使得已竣工的工程或多或少地存在着这类问题。对已发生的温差裂缝,可采取以下维修措施:将出现裂缝的整个墙面的抹灰层剔除干净,露出砖墙面及圈梁的混凝土面;在剔干净抹灰层的整个墙面上钉上钢丝网,钢丝网必须与墙体连接牢固、绷紧;在钢丝网上抹1:2.5水泥砂浆,并赶实压光。

任务三 砌 块

一、概述

砌块是利用混凝土、工业废料(炉渣、粉煤灰等)或地方材料制成的人造块材,外形尺寸比砖大,通常外形为直角六面体,长度大于365 mm或宽度大于240 mm或高度大于115 mm,且高度不大于长度或宽度的6倍,长度不超过高度的3倍。

砌块有设备简单、砌筑速度快的优点,符合建筑工业化发展中墙体改革的要求。由于其尺寸较大,施工效率较高,故在土木工程中应用广泛,尤其是采用混凝土制作的各种砌块,具有节约黏土资源、能耗低、利用工业废料、强度高、耐久性好等优点,已成为我国增长最快、产量最多、应用最广的砌块材料。

砌块按产品规格分为小型砌块(115 mm<h<380 mm)、中型砌块(380 mm<h<980 mm)、大型砌块(h>980 mm),使用以中、小型砌块居多;按外观形状可以分为实心砌块(空心率小于25%)和空心砌块(空心率大于25%),空心砌块又分为单排方孔、单排圆孔和多排扁孔三种形式,其中多排扁孔砌块对保温较有利;按原材料分为普通混凝土小型空心砌块、轻骨料混凝土小型空心砌块、蒸压加气混凝土砌块、粉煤灰砌块和石膏砌块等;按砌块在组砌中的位置与作用可以分为主砌块和各种辅助砌块;按用途分为承重砌块和非承重砌块等。本节对常用的几种砌块做主要介绍。

二、普通混凝土小型空心砌块

普通混凝土小型空心砌块是以水泥、矿物掺合料、砂、石、水等为原料，经搅拌、振动成型、养护等工艺制成的小型砌块，包括空心砌块和实心砌块。

（一）普通混凝土小型空心砌块的等级

普通混凝土小型空心砌块按强度等级分为 MU5.0、MU7.5、MU10、MU15、MU20、MU25、MU30、、M35、MU40，产品强度等级应符合《普通混凝土小型砌块》（GB/T 8239—2014）的规定（见表 6-12）。

表 6-12　普通混凝土小型砌块强度等级

强度等级	抗压强度	
	平均值，≥	单块最小值，≥
MU5.0	5.0	4.0
MU7.5	7.5	6.0
MU10	10.0	8.0
MU15	15.0	12.0
MU20	20.0	16.0
MU25	25.0	20.0
MU30	30.0	24.0
MU35	35.0	28.0
MU40	40.0	32.0

（二）普通混凝土小型空心砌块的规格和外观质量

普通混凝土小型空心砌块的主规格尺寸（长×宽×高）为 390 mm×190 mm×190 mm，其他规格尺寸可由供需双方协商，即可组成墙用砌块基本系列。砌块各部位的名称如图 6-7 所示，其中最小外壁厚度应不小于 30 mm，最小肋厚应不小于 25 mm，空心率应不小于 25%，其尺寸允许偏差应符合表 6-13 的规定。

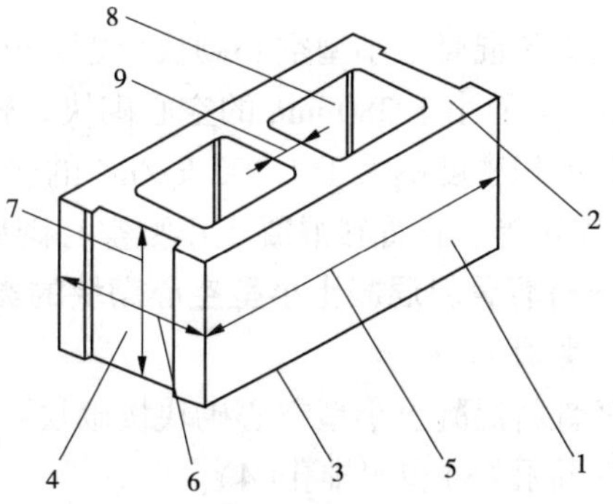

1—条面；2—坐浆面；3—铺浆面；4—顶面；5—长度；6—宽度；7—高度；8—壁；9—肋

图 6-7　普通混凝土小型空心砌块

普通混凝土小型空心砌块的外观质量包括弯曲程度、缺棱掉角的情况以及裂纹延伸的投影尺寸累计等三方面，产品外观质量应符合表 6-14 的要求。

表 6-13　普通混凝土小型空心砌块尺寸允许偏差

项目名称	技术指标(mm)
长度	±2
宽度	±2
高度	+3、-2

注:免浆砌块的尺寸允许偏差应由企业根据块型特点自行给出,尺寸偏差不影响垒砌和墙片性能。

表 6-14　普通混凝土小型空心砌块外观质量

项目名称		技术指标
弯曲,≤		2 mm
缺棱掉角	个数,≤	1个
	三个方向投影尺寸的最大值,≤	20 mm
裂纹延伸的投影尺寸累计,≤		30 mm

普通混凝土小型空心砌块具有节能、节地、减少环境污染、保持生态平衡的优点,符合我国建筑节能政策和资源可持续发展战略,已被列入国家墙体材料革新和建筑节能工作重点发展的墙体材料之一。

三、轻骨料混凝土小型空心砌块

轻骨料混凝土小型空心砌块(代号 LHB)是指用轻骨料混凝土制成的主规格高度大于 115 mm 而小于 380 mm 的空心砌块。轻骨料是指堆积密度不大于 1 100 kg/m³ 的轻粗骨料和堆积密度不大于 1 200 kg/m³ 的轻细骨料的总称,常用的骨料有浮石、煤渣、煤矸石、粉煤灰等。轻骨料混凝土小型空心砌块多用于非承重结构,属于小型砌筑块材。

(一)轻骨料混凝土小型空心砌块的类别、等级

1. 类别

轻骨料混凝土小型空心砌块按砌块孔的排数分为五类:实心(0)、单排孔(1)、双排孔(2)、三排孔(3)和四排孔(4)。

2. 等级

轻骨料混凝土小型空心砌块按其强度可分为 2.5 MPa、3.5 MPa、5.0 MPa、7.5 MPa、10.0 MPa 等五个等级,产品强度应符合《轻集料混凝土小型空心砌块》(GB/T 15229—2011)的规定(见表 6-15)。轻骨料混凝土小型空心砌块按其密度可分为 500、600、700、800、900、1 000、1 200、1 400 等八个等级,其中实心砌块的密度等级不应大于 800。

轻骨料混凝土小型空心砌块按尺寸允许偏差和外观质量分为一等品(B)和合格品(C)两个等级。

表 6-15　轻骨料混凝土小型空心砌块的强度等级　（单位:MPa）

强度等级	抗压强度(MPa)		密度等级范围(kg/m³),≤
	平均值,≥	最小值,≥	
MU2.5	2.5	2.0	800
MU3.5	3.5	2.8	1 000
MU5.0	5.0	4.0	1 200
MU7.5	7.5	6.0	1 200① 1 300②
MU10.0	10.0	8.0	1 200① 1 400②

注:1. 当砌块的抗压强度同时满足 2 个强度等级或 2 个以上强度等级要求时,应以满足要求的最高强度等级为准。
2. ①除自然煤矸石掺量不小于砌块质量 35%外的其他砌块。
3. ②自然煤矸石掺量不小于砌块质量 35%以外的砌块。

(二)轻骨料混凝土小型空心砌块的应用

轻骨料混凝土小型空心砌块以其节省耕地、质量轻、保湿性能好、施工方便、砌筑工效高、综合工程造价低等优点,在我国已经被列为取代黏土实心砖的首选新型墙体材料,广泛应用于多层和高层建筑的填充墙、内隔墙和底层别墅式住宅。

四、蒸压加气混凝土砌块

蒸压加气混凝土砌块(简称加气混凝土砌块,代号 ACB)是由硅质材料(砂)和钙质材料(水泥石灰),加入适量调节剂、发泡剂,按一定比例配合,经混合搅拌、浇筑、发泡、坯体静停、切割、高温高压蒸养等工序制成的。因产品本身具有无数微小封闭、独立、分布不均匀的气孔结构,具有轻质、高强、耐久、隔热、保湿、吸声、隔声、防水、防火、抗振、施工快捷、可加工性强等多种功能,是一种优良的新型墙体材料。

(一)蒸压加气混凝土砌块的规格、等级

1. 规格

蒸压加气混凝土砌块的规格尺寸应符合《蒸压加气混凝土砌块》(GB 11968—2006)的规定,见表 6-16。

表 6-16　蒸压加气混凝土砌块的规格尺寸　（单位:mm）

长度	宽度	高度
600	100、120、125、150、180、200、240、250、300	200、240、250、300

注:如需要其他规格,可由供需双方协商解决。

2. 等级

蒸压加气混凝土砌块按抗压强度分为 A1.0、A2.0、A2.5、A3.5、A5.0、A7.5、A10.0 等七个强度等级,各等级的立方体抗压强度值应符合表 6-17 的规定。

表 6-17 蒸压加气混凝土砌块的立方体抗压强度 (单位:MPa)

强度等级	立方体抗压强度		强度等级	立方体抗压强度	
	平均值,≥	单块最小值,≥		平均值,≥	单块最小值,≥
A1.0	1.0	0.8	A5.0	5.0	4.0
A2.0	2.0	1.6	A7.5	7.5	6.0
A2.5	2.5	2.0	A10.0	10.0	8.0
A3.5	3.5	2.8			

(二)蒸压加气混凝土砌块应用

蒸压加气混凝土砌块质量轻,表观密度约为黏土砖的1/3,适用于低层建筑的承重墙、多层建筑的间隔墙和高层框架结构的填充墙,也可用于一般工业建筑的围护墙。其作为保湿隔热材料也可用于复合墙板和屋面结构中,广泛应用于工业与民用建筑、多层和高层建筑及建筑物夹层等,可减轻建筑物自重,增加建筑物的使用面积,降低综合造价,同时由于墙体轻、结构自重减小,大大提高了建筑自身的抗震能力。因此,蒸压加气混凝土砌块是建筑工程中使用的最佳砌块之一。

【工程实例分析6-2】 蒸压加气混凝土砌块砌体裂缝。

现象:某工程用蒸压加气混凝土砌块砌筑外墙,该蒸压加气混凝土砌块出釜一周后即砌筑,工程完工一个月后,墙体出现裂纹,试分析原因。

原因分析:该外墙属于框架结构的非承重墙,所用的蒸压加气混凝土砌块出釜仅一周,其收缩率仍很大,在砌筑完工干燥过程中继续产生收缩,墙体在沿着砌块与砌块交接处就易产生裂缝。

小 结

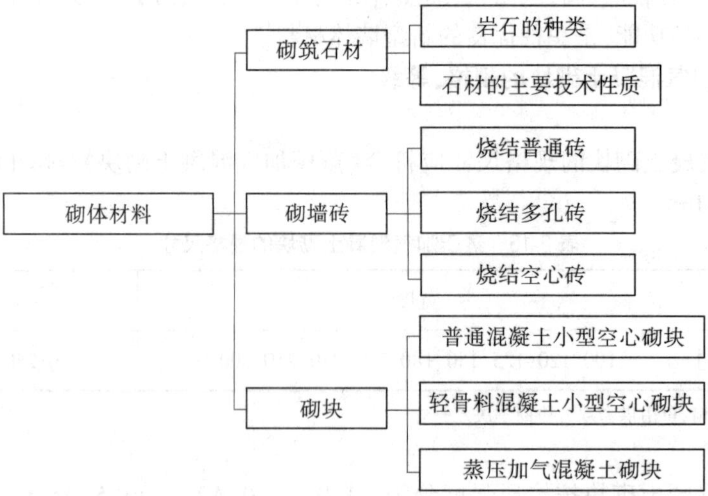

项目七 建筑钢材

【学习指导】

本项目是建筑材料课程的重点之一。通过学习，应掌握建筑钢材的力学性能、工艺性能及现行国家标准和规范对钢材的技术要求以及钢材的腐蚀原因及其防止措施；理解钢材的化学组成及各种元素对钢材性能的影响、常用钢材的品种及特点；了解建筑钢材的冶炼、分类。

重点：建筑钢材的力学性能、工艺性能及现行国家标准、规范对钢材的技术要求。

难点：材料的组成、结构、构造对材料性质的影响。

【课程思政】

党的二十大报告提出，必须坚持科技是第一生产力、人才是第一资源、创新是第一动力。通过科技创新，提升工程建设质量。港珠澳大桥跨越伶仃洋，是连接香港、广东珠海、澳门三地的超大型跨海交通工程，通过科技创新，太钢自主研发的双相不锈钢钢筋成功替代了传统钢材，大幅延长桥梁在高温、高湿、高盐环境下的使用寿命，有力推动了我国跨海大桥建设材料的升级。

建筑钢材是建筑工程中所用各种钢材的总称，包括钢结构用的各种型钢、钢板，钢筋混凝土中用的各种钢筋、钢丝和钢绞线等。

钢材强度高，有一定塑性和韧性，能承受冲击和振动荷载，可以焊接或铆接，具有良好的加工性能、便于装配等优点。建筑钢材既适用于大跨度结构、高层结构和受动力荷载的结构，也可广泛用于钢筋混凝土结构。因此，钢材被列为建筑工程的三大重要材料之一。钢材的主要缺点是易锈蚀、维护费用大、耐火性差、生产能耗大等。

任务一 概 述

一、钢的冶炼

炼钢就是在 1 700 ℃左右的炼钢炉中把熔融状态的生铁进行加工，使其含碳量降到 2.06%以下，并将其他元素调整到规定范围之内。

钢的冶炼方法根据炼钢设备的不同主要分为平炉炼钢法、转炉炼钢法和电弧炼钢法三种。平炉炼钢法是以固态或液态的生铁、铁矿石或废钢材作为原料，用煤气或重油加热冶炼。由于冶炼时间长，钢的化学成分较易控制，除渣较净，成品质量高，可生产优质碳素钢、合金钢或特殊要求的专用钢，但投资大、能耗大、冶炼周期长。转炉炼钢法分为侧吹转炉和顶吹氧气转炉。生产侧吹转炉钢是将熔融状态的铁水，由转炉侧面吹入高压热空气，使铁水中的杂质在空气中氧化，从而除去杂质。但是，在吹炼时易混入氮、氢等有害气体，使钢质变坏,控制钢的成分较难。侧吹转炉钢的炉体容量小、出钢快,一般只能用来炼制普通碳素钢。顶吹氧气转炉法是将纯氧从转炉顶部吹入炉内,克服了空气转炉法的缺点,效率较高,钢质也易控制,近年来采用较多。电弧炼钢是通过石墨电极向电弧炼钢炉内输入电能,以电极端部和炉料之间发生的电弧为热源进行炼钢的方法,电炉钢以废钢为主要原料。

二、钢的分类

钢与生铁的区分在于含碳的数量。含碳量大于2.06%的称为生铁,生铁硬而脆,无韧性和塑性,在建筑上应用很少,最大用途适用于炼钢;含碳量小于2.06%的称为钢。钢的品种繁多,一般分类归纳如下。

(一)按化学成分分类

1. 碳素钢

碳素钢的化学成分主要是铁,其次是碳,故也称铁碳合金。其含碳量为0.02%~2.06%。此外,还含有极少量的硅、锰和微量的硫、磷等元素。碳素钢按含碳量又可分为低碳钢(含碳量小于0.25%)、中碳钢(含碳量为0.25%~0.60%)和高碳钢(含碳量大于0.60%)三种,其中低碳钢在建筑工程中应用最多。

2. 合金钢

合金钢是指在炼钢过程中,有意识地加入一种或多种能改善钢材性能的合金元素而制得的钢种。常用的合金元素有硅、锰、钛、钒、铌、铬等。按合金元素总含量的不同,合金钢可以分为低合金钢(合金元素总含量小于5%)、中合金钢(合金元素总含量为5%~10%)和高合金钢(合金元素总含量大于10%)。低合金钢为建筑工程中常用的主要钢种。

(二)按冶炼时脱氧程度分类

冶炼时脱氧程度不同,钢的质量差别很大,通常可分为以下四种。

1. 沸腾钢

炼钢时仅加入锰铁进行脱氧,脱氧不完全。这种钢水浇入锭模时,有大量的CO气体从钢水中外逸,引起钢水呈沸腾状,故称沸腾钢,代号为“F”。沸腾钢组织不够致密,成分不太均匀,硫、磷等杂质偏析较严重,故质量较差。但因其成本低、产量高,故被广泛用于一般建筑工程。

2. 镇静钢

炼钢时采用锰铁、硅铁和铝锭等做脱氧剂,脱氧完全,且同时能起去硫作用。这种钢水铸锭时能平静地充满锭模并冷却凝固,故称镇静钢,代号为“Z”。镇静钢虽成本较高,但其组织致密、成分均匀、性能稳定,故质量好,适用于预应力混凝土等重要的结构工程。

3. 半镇静钢

半镇静钢的脱氧程度介于沸腾钢和镇静钢之间,是质量较好的钢,其代号为“b”。

4. 特殊镇静钢

特殊镇静钢是比镇静钢脱氧程度还要充分、还要彻底的钢,故其质量最好,适用于特别重要的结构,代号为“TZ”。

(三)按有害杂质含量分类

按钢中有害杂质磷(P)和硫(S)含量的多少,钢材可分为以下四类。

1. 普通钢

磷含量不大于 0.045%，硫含量不大于 0.050%。

2. 优质钢

磷含量不大于 0.035%，硫含量不大于 0.035%。

3. 高级优质钢

磷含量不大于 0.030%，硫含量不大于 0.030%。

4. 特级优质钢

磷含量不大于 0.025%，硫含量不大于 0.020%。

(四)按用途分类

1. 结构钢

结构钢是主要用于工程结构构件及机械零件的钢。

2. 工具钢

工具钢是主要用于各种刀具、量具及模具的钢。

3. 特殊钢

特殊钢是具有特殊物理、化学或机械性能的钢，如不锈钢、耐热钢、耐酸钢、耐磨钢、磁性钢等。

三、建筑钢材的类属

建筑工程中常用的各种钢材及钢筋混凝土用的钢筋，就其用途分类而言，均属于结构钢；就其质量分类而言，均属于普通钢；就其含碳量的分类而言，均属于低碳钢。因此，建筑工程中用钢材和钢筋混凝土用的钢筋是属于碳素结构钢或低合金结构钢。

任务二　建筑钢材的主要技术性能

钢材的技术性能包括力学性能、工艺性能和化学性能等。力学性能主要包括拉伸性能、冲击韧性、疲劳强度、硬度等；工艺性能是钢材在加工制造过程中所表现的特性，包括冷弯性能、焊接性能、热处理性能等。只有了解、掌握钢材的各种性能，才能正确、经济、合理地选择和使用各种钢材。

一、力学性能

(一)拉伸性能

钢材的拉伸性能是表示钢材性能和选用钢材的重要指标，反映建筑钢材的拉伸指标，包括屈服强度 σ_s、抗拉强度 σ_b 和伸长率 δ。

钢材的拉伸性能，典型地反映在广泛使用的软钢（低碳钢）拉伸试验时得到的应力 σ 与应变 ε 的关系上，如图 7-1 所示。钢材从拉伸到拉断，在外力作用下的变形可分为四个阶段，即弹性阶段（Ⅰ）、屈服阶段（Ⅱ）、强化阶段（Ⅲ）和颈缩阶段（Ⅳ）。

1. 弹性阶段（*OA* 段）

在拉伸的开始阶段，*OA* 为直线，说明应力与应变成正比。应力增大，应变也增大。如果卸去外力,试件则恢复原状,这种能恢复原状的性质叫作弹性,这个阶段叫弹性阶段。弹性阶段最高点(图7-1中A点)对应的应力σ_p称为比例极限。应力和应变的比值为常数,称为弹性模量,用E表示,即$\sigma/\varepsilon=E$。弹性模量是钢材在受力条件下计算结构变形的重要指标。

2. 屈服阶段(AB段)

应力继续增大,超过比例极限时,应力与应变开始失去比例关系,这一阶段开始时的图形接近直线,应力增大到$B_上$点后,变形急剧增加,应力则在不大的范围($B_上$、$B_下$、B)内波动,呈现锯齿状,该阶段称为屈服阶段。把此时应力不增大、应变增大时的应力σ_s定义为屈服极限强度。屈服点σ_s是热轧钢筋和冷拉钢筋的强度标准值确定的依据,也是工程设计中强度取值的依据。此时,钢材的性质也由弹性转为塑性,如将拉力卸去,试件的变形不会全部恢复,即发生塑性变形。

3. 强化阶段(BC段)

应力继续增大,超过屈服强度后,应力增大又产生应变,钢材进入强化阶段,C点所对应的应力,即试件拉断前的最大应力σ_b,称为抗拉强度。抗拉强度σ_b是钢丝、钢绞线和热处理钢筋强度标准值确定的依据。

4. 颈缩阶段(CD段)

应力超过C点后,在试件薄弱处的截面将显著缩小,使试件出现颈缩,如图7-2所示,随着断面急剧缩小,塑性变形迅速增大,应力随之下降,试件很快被拉断。

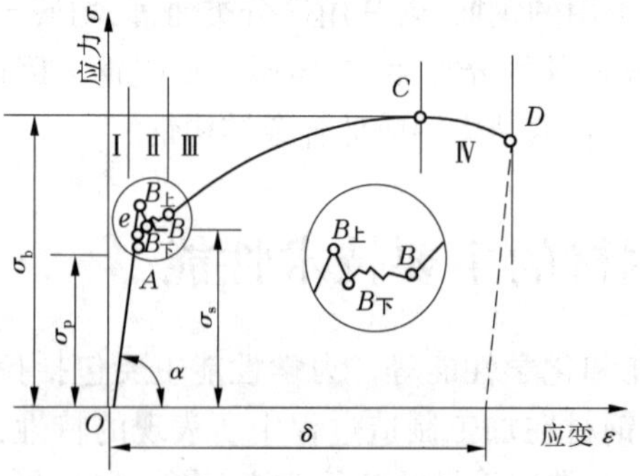

图7-1 低碳钢受拉应力—应变关系

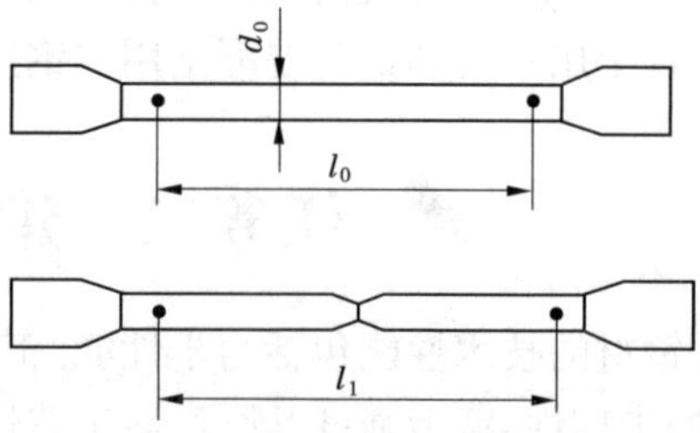

图7-2 试件拉伸前和断裂后标距长度

钢材的σ_p和σ_s越大,表示钢材对小量塑性变形的抵抗能力越大。因此,在不发生塑性变形的条件下,钢材所能承受的应力就越大。σ_b越大,则钢筋所能承受的应力就越大。屈服强度和抗拉强度之比(简称屈强比,σ_s/σ_b)能反映钢材的利用率和结构安全可靠程度。计算中屈强比取值越小,说明超过屈服点后的强度贮备能力越大,则结构的安全可靠程度越高;但屈强比过小,又说明钢材的利用率偏低,造成钢材浪费。建筑结构钢合理的屈强比一般为0.60~0.75。

试件拉断后,将拉断后的两段试件拼对起来,量出拉断后的标距长l_1,如图7-2所示。按式(7-1)计算伸长率:

$$\delta=\frac{l_1-l_0}{l_0}\times 100\% \tag{7-1}$$

式中　δ——试件的伸长率(%);

l_0——原始标距长度, mm;

l_1——断后标距长度, mm。

伸长率是衡量钢材塑性的重要指标,其值越大说明钢材的塑性越好。塑性变形能力强,可使应力重新分布,避免应力集中,结构的安全性增大。塑性变形在试件标距内的分布是不均匀的,颈缩处的变形最大,离颈缩部位越远其变形越小。所以,原始标距与直径之比越小,则颈缩处伸长值在整个伸长值中的比例越大,计算出来的δ值就越大。标距的大小影响伸长率的计算结果,通常以δ_5和δ_{10}分别表示$l_0=5d_0$和$l_0=10d_0$时的伸长率。对于同一种钢材,其δ_5大于δ_{10}。某些线材的标距用$l_0=100$ mm,伸长率用δ_{100}表示。

除伸长率外,断面收缩率也是表示钢材塑性的一个指标,其值越大,表明钢材塑性越大。断面收缩率计算如下:

$$\psi = \frac{A_0 - A_1}{A_0} \times 100\% \tag{7-2}$$

式中　A_0——试件原始面积,mm^2;

A_1——试件拉断后颈缩处的截面面积,mm^2。

中碳钢和高碳钢(硬钢)的拉伸曲线与低碳钢不同,屈服现象不明显,伸长率小。这类钢材由于没有明显的屈服阶段,难以测定屈服点,则规定产生残余变形为0.2%原标距长度时所对应的应力值,作为钢的屈服强度,称为条件屈服点,用$\sigma_{0.2}$表示,如图7-3所示。

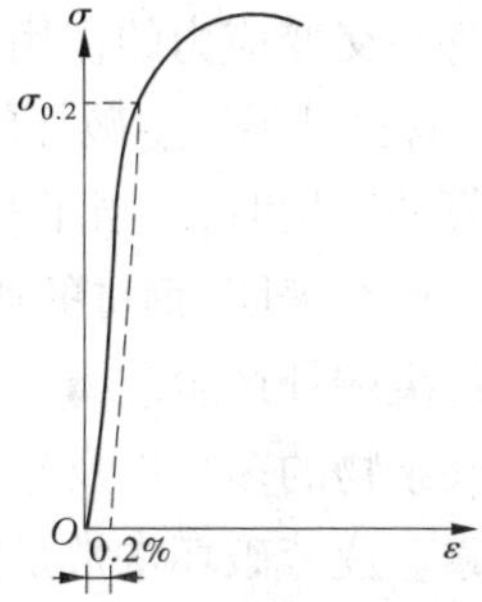

图7-3　中碳钢、高碳钢σ—ε关系

(二)冲击韧性

钢材抵抗冲击荷载而不被破坏的能力称为冲击韧性。用于重要结构的钢材,特别是承受冲击振动荷载的结构所使用的钢材,必须保证冲击韧性。

钢材的冲击韧性用标准试件在做冲击试验时,每平方厘米所吸收的冲击断裂功(J/cm^2)表示,其符号为α_k。试验时将试件放置在固定支座上,然后以摆锤冲击试件刻槽的背面,使试件承受冲击弯曲而断裂,如图7-4所示。显然,α_k值越大,钢材的冲击韧性越好。

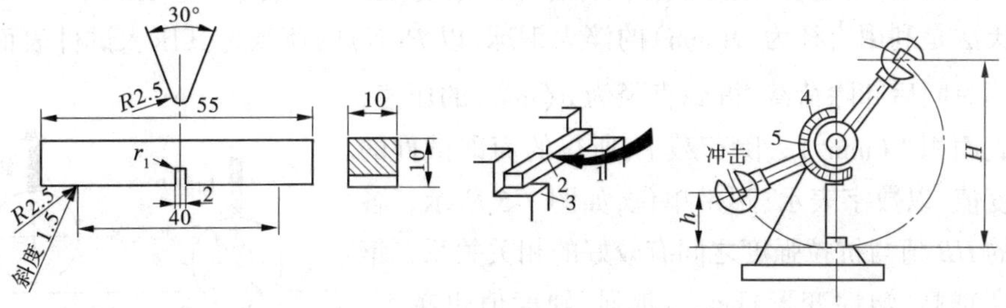

1—摆锤;2—试件;3—试验台;4—刻度盘;5—指针

图7-4　钢材冲击韧性试验示意图　(单位: mm)

影响钢材冲击韧性的因素很多,当钢材内硫、磷的含量高,存在化学偏析,含有非金属夹杂物及焊接形成的微裂缝时,钢材的冲击韧性都会显著降低。

环境温度对钢材的冲击功影响很大。试验证明,冲击韧性随温度的降低而下降,开始时下降缓和,当达到一定温度范围时,突然下降很多而且呈脆性,这种性质称为钢材的冷脆性。这时的温度称为脆性临界温度,其数值愈低,钢材的低温冲击韧性愈好。所以,在负温下使用的结构,应选用脆性临界温度较使用温度低的钢材。由于脆性临界温度的测定较复杂,故规范中通常是根据气温条件规定-20 ℃或-40 ℃的负温冲击值指标。

冲击韧性随时间的延长而下降的现象称为时效,完成时效的过程可达数十年,但钢材如经冷加工或使用中受振动和反复荷载的影响,时效可迅速发展。因时效导致钢材性能改变的程度称为时效敏感性。时效敏感性越大的钢材,经过时效后冲击韧性的降低越显著。为了保证安全,对于承受动荷载的重要结构,应当选用时效敏感性小的钢材。

总之,对于直接承受动荷载,而且可能在负温下工作的重要结构,必须按照有关规范要求进行钢材的冲击韧性检验。

(三)疲劳强度

钢材在交变荷载反复多次作用下,可在最大应力远低于抗拉强度的情况下突然破坏,这种破坏称为疲劳破坏。钢材的疲劳破坏指标用疲劳强度(或称疲劳极限)来表示,它是试件在交变应力的作用下,不发生疲劳破坏的最大应力值。一般将承受交变荷载达 1×10^7 周次时不发生破坏的最大应力定义为疲劳强度。在设计承受反复荷载且须进行疲劳验算的结构时,应当了解所用钢材的疲劳强度。

研究表明,钢材的疲劳破坏是由拉应力引起的,首先在局部开始形成微细裂缝,由于裂缝尖端处产生应力集中而使裂缝迅速扩展直至钢材断裂。因此,钢材内部成分的偏析和夹杂物的多少以及最大应力处的表面光洁程度、加工损伤等,都是影响钢材疲劳强度的因素。疲劳破坏常常是突然发生的,往往会造成严重事故。

(四)硬度

硬度是指钢材抵抗外物压入表面而不产生塑性变形的能力,即钢材表面抵抗塑性变形的能力。

钢材的硬度是用一定的静荷载,把一定直径的淬火钢球压入试件表面,然后测定压痕的面积或深度来确定的。测定钢材硬度的方法有布氏法、洛氏法和维氏法等,较常用的为布氏法和洛氏法。相应的硬度试验指标称布氏硬度(HB)和洛氏硬度(HR)。

布氏法是利用直径为 D(mm)的淬火钢球,以 P(N)的荷载将其压入试件表面,经规定的持续时间后卸除荷载,得到直径为 d(mm)的压痕,以压痕表面积 F(mm^2)去除荷载 P,所得的商即试件的布氏硬度值,以数字表示,不带单位,如图7-5所示。各类钢材的 HB 值与抗拉强度之间有较好的相关关系。钢材的强度越高,塑性变形抵抗力越强,硬度值也越大。对于碳素钢,当 $HB<175$ 时,抗拉强度 $\sigma_b \approx 3.6HB$;当 $HB>175$ 时,抗拉强度 $\sigma_b \approx 3.5HB$。根据这一关系,可以

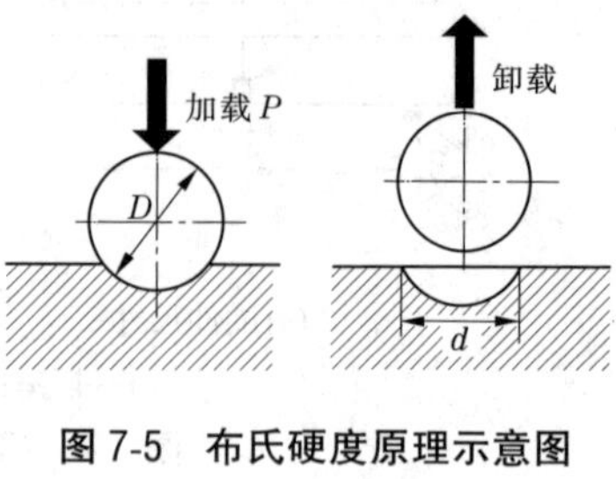

图7-5 布氏硬度原理示意图

直接在钢结构上测出钢材的 HB 值，并估算出该钢材的抗拉强度。

洛氏法是按压入试件深度的大小表示材料硬度值的。洛氏法压痕很小，一般用于判断机械零件的热处理效果。

二、工艺性能

钢材要经常进行各种加工，因此必须具有良好的工艺性能，包括冷弯、冷拉、冷拔及焊接等性能。

(一)冷弯性能

冷弯性能是钢材的重要工艺性能，是指钢材在常温下承受弯曲变形的能力，以试件弯曲的角度(90°或 180°)和弯心直径(d)对试件厚度(或直径 a)的比值来表示，如图 7-6 所示。弯曲的角度愈大，弯心直径对试件厚度(或直径)的比值愈小，表示对冷弯性能的要求愈高。冷弯检验是按规定的弯曲角度和弯心直径进行弯曲后，检查试件弯曲处外面及侧面不发生裂缝、断裂或起层，即认为冷弯性能合格。

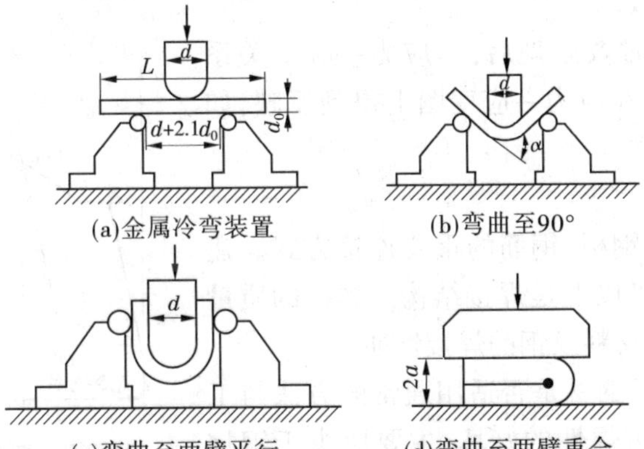

图 7-6　冷弯试验图

冷弯是钢材处于不利变形条件下的塑性，更有助于暴露钢材的某些内在缺陷，而伸长率则是反映钢材在均匀变形下的塑性。因此，相对于伸长率而言，冷弯是对钢材塑性更严格的检验，它能揭示钢材是否存在内部组织不均匀、内应力和夹杂物等缺陷。冷弯试验对焊接质量也是一种严格的检验，能揭示焊件在受弯表面存在未熔合、微裂纹及夹杂物等缺陷。

(二)冷加工性能及时效

1. 冷加工强化处理

将钢材在常温下进行冷加工(如冷拉、冷拔或冷轧)，使之产生塑性变形，从而提高屈服强度，这个过程称为冷加工强化处理。经强化处理后钢材的塑性和韧性降低。由于塑性变形中产生内应力，故钢材的弹性模量降低。

建筑工地或预制构件厂常利用该原理对钢筋按一定制度进行冷拉或冷加工，以提高屈服强度，节约钢材。

1)冷拉

冷拉是将热轧钢筋在常温下用冷拉设备加力进行张拉。钢材冷拉后,屈服强度可提高20%~30%,同时钢筋长度还可增加4%~10%。钢材经冷拉后屈服阶段缩短,伸长率降低,材质变硬。

2)冷拔

冷拔是将光圆钢筋通过硬质合金拔丝模强行拉拔。每次拉拔断面缩小应在10%以下。钢筋在冷拔过程中,不仅受拉,还受到挤压作用,因而冷拔作用比冷拉作用强烈。经过一次或多次冷拔后的钢筋,表面光洁度高,屈服强度可提高40%~60%,但塑性大大降低,具有硬钢的性质。

2. 时效

钢材经冷加工后,在常温下存放15~20 d,或加热至100~200 ℃保持2 h左右,其屈服强度、抗拉强度及硬度进一步提高,而塑性及韧性继续降低,这种现象称为时效。前者称为自然时效,后者称为人工时效。通常对强度较低的钢筋可采用自然时效,强度较高的钢筋则需采用人工时效。

钢材经冷加工及时效处理后,其应力—应变关系变化的规律,可明显地在应力—应变图上得到反映,如图7-7所示。

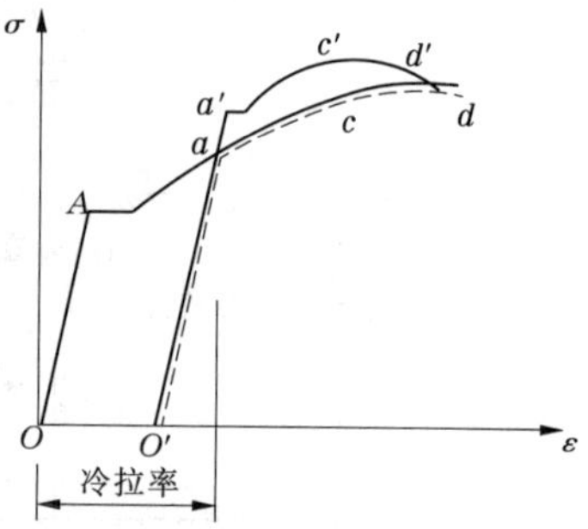

图7-7 钢筋经冷拉时效后应力—应变关系的变化

(三)焊接性能

焊接是各种型钢、钢板、钢筋的重要连接方式。建筑工程的钢结构有90%以上是焊接结构。焊接的质量取决于焊接工艺、焊接材料及钢的焊接性能。

钢材的可焊性是指钢材是否适用通常的方法与工艺进行焊接的性能。可焊性的好坏,主要取决于钢材的化学成分。含碳量小于0.25%的碳素钢具有良好的可焊性。加入合金元素(如硅、锰、钒、钛等)将增大焊接处的硬脆性,降低可焊性,特别是硫能使焊接产生热裂纹及硬脆性。

钢筋焊接应注意的问题是:冷拉钢筋的焊接应在冷拉之前进行;钢筋焊接之前,焊接部位应清除铁锈、熔渣、油污等。

(四)钢材的热处理

将钢材按一定规则加热、保温和冷却,以改变其组织结构,从而获得需要的加工工艺,总称为钢材的热处理。热处理的方法有淬火、回火、退火和正火。

1. 淬火

将钢材加热至基本组织转变温度以上(当含碳量大于0.8%时,为723 ℃)30~50 ℃,保温,使组织完全转变,随即放入冷却介质(盐水、冷水或矿物油)中急冷的处理过程称为淬火。淬火使钢的硬度、强度、耐磨性提高。

2. 回火

经淬火处理的钢,再加热、冷却的处理过程称为回火。回火的温度低于723 ℃。回火处理可消除淬火产生的内应力,适当降低淬火钢件的硬度并提高其韧性。回火的温度越接近 723 ℃,降低硬度、提高韧性的效果越显著。

3. 退火

将钢材加热至基本组织转变温度 30~50 ℃,保温后以适当的速度缓慢冷却的处理过程称为退火。退火可降低钢材原有的硬度,改善其塑性及韧性。

4. 正火

将钢材加热至基本组织转变温度 30~50 ℃,保温后在空气中冷却的处理过程称为正火。正火后的钢材,硬度较退火处理者高,塑性也差,但由于正火后钢的结晶较韧且均匀,故强度有所提高。

三、钢的化学成分对钢材性能的影响

钢材的性能主要取决于其中的化学成分。钢的化学成分主要是铁和碳,此外还有少量的硅、锰、磷、硫、氧和氮等元素,这些元素的存在对钢材性能也有不同的影响。

(一)碳(C)

碳是形成钢材强度的主要成分,是钢材中除铁外含量最多的元素。含碳量对普通碳素结构钢性能的影响如图 7-8 所示。由图 7-8 可以看出,一般钢材都有最佳含碳量,当达到最佳含碳量时,钢材的强度最高。随着含碳量的增加,钢材的硬度提高,但其塑性、韧性、冷弯性能、可焊性及抗锈蚀能力下降。因此,建筑钢材对含碳量要加以限制,一般不应超过 0.22%,在焊接结构中还应低于 0.20%。

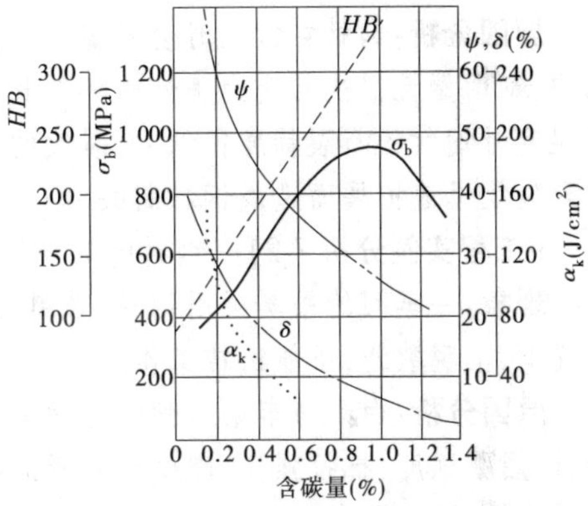

图 7-8 含碳量对普通碳素结构钢性能的影响

(二)硅(Si)

硅是还原剂和强脱氧剂,是制作镇静钢的必要元素。硅适量增加时可提高钢材的强度和硬度而不显著影响其塑性、韧性、冷弯性能及可焊性。在碳素镇静钢中硅的含量为 0.12%~0.3%,在低合金钢中硅的含量为 0.2%~0.55%。硅过量时钢材的塑性和韧性明显下降,而且可焊性能变差,冷脆性增加。

(三)锰(Mn)

锰是钢中的有益元素,它能显著提高钢材的强度而不过多降低塑性和冲击韧性。锰有脱氧作用,是弱脱氧剂,同时可以消除硫引起的钢材热脆现象及改善冷脆倾向。锰是低合金钢中的主要合金元素,含量一般为 1.2%~1.6%,过量时会降低钢材的可焊性。

(四)硫(S)和磷(P)

硫是钢中极其有害的元素,属杂质。钢材随着含硫量的增加,将大大降低其热加工性、可焊性、冲击韧性、疲劳强度和抗腐蚀性。此外,非金属硫化物夹杂经热轧加工后还会在厚钢板中形成局部分层现象,在采用焊接连接的节点中,沿板厚方向承受拉力时,会发生层状撕裂破坏。因此,对硫的含量必须严加控制,一般不超过 0.045%~0.05%,Q235 的 C 级钢与 D 级钢要求更严。

磷可提高钢材的强度和抗锈蚀能力,但却严重降低钢材的塑性、韧性和可焊性,特别是在温度较低时使钢材变脆,即在低温条件下使钢材的塑性和韧性显著降低,容易脆裂。因而应严格控制其含量,一般不超过0.045%。但采取适当的冶金工艺处理后,磷也可作为合金元素,含量为0.05%~0.12%。

(五)氧(O)和氮(N)

氧和氮也是钢中的有害元素,氧能使钢材热脆,其作用比硫剧烈;氮能使钢材冷脆,与磷类似,故其含量应严格控制。

(六)铝(Al)、钛(Ti)、钒(V)、铌(Nb)

铝、钛、钒、铌均是炼钢时的强脱氧剂,也是钢中常用的合金元素。可改善钢材的组织结构,使晶体细化,能显著提高钢材的强度,改善钢的韧性和抗锈蚀性,同时不显著降低塑性。

【工程实例分析7-1】 钢筋冷脆性分析。

现象:某钢结构桥,位于新疆,深冬的某个夜晚,在正常荷载作用下,钢桥突然断裂,造成了重大的交通事故。

原因分析:钢材在低温时会变脆,其韧性会随着温度的降低而降低。在某一个温度范围内,钢由塑性很快转变为脆性破坏。此时,存在一个韧性—脆性转变温度T_1,当低于这个温度时钢材的断裂韧度很低,对裂纹的存在很敏感,因此往往在受力不大的情况下,便导致裂纹迅速扩展而造成钢材断裂。

【工程实例分析7-2】 钢材时效分析。

现象:一车间的吊车梁用钢材,采用常规冷拉,提高了屈服强度,但在工作时间不长的情况下,出现裂缝,不能正常工作。

原因分析:由于吊车梁承受的是动荷载,需要一定的冲击韧性,而经过冷加工之后的钢材,屈服强度、抗拉强度、硬度都有所提高,但是塑性和韧性有所降低,而且经过冷加工之后的钢材,时效要较不经冷加工的钢材更加明显,因此塑性和韧性就会大大降低,在动荷载作用下,就容易出现脆性破坏。

任务三 建筑钢材的技术标准及应用

建筑钢材常用于钢结构和钢筋混凝土结构,前者主要用型钢和钢板,后者主要用钢筋和钢丝,两者均多为碳素结构钢和低合金结构钢。

一、碳素结构钢

(一)碳素结构钢的牌号及其表示方法

国家标准《碳素结构钢》(GB/T 700—2006)规定,碳素结构钢按其屈服点分为Q195、Q215、Q235和Q275四个牌号。各牌号钢又按其硫、磷含量由多到少分为A、B、C、D四个质量等级。碳素结构钢的牌号由代表屈服强度的字母"Q"、屈服强度数值(单位为MPa)、质量等级符号(A、B、C、D)、脱氧方法符号(F、Z、TZ)等四个部分按顺序组成。例如Q235AF,它表示屈服强度为235 MPa、质量等级为A级的沸腾碳素结构钢。

碳素结构钢的牌号组成中,表示镇静钢的符号"Z"和表示特殊镇静钢的符号"TZ"可以省略,例如:质量等级分别为 C 级和 D 级的 Q235 钢,其牌号表示为 Q235CZ 和 Q235DTZ,可以省略为 Q235C 和 Q235D。

随着牌号的增大,其含碳量增加,强度提高,塑性和韧性降低,冷弯性能逐渐变差。同一钢牌号内质量等级越高,钢材的质量越好。

(二)碳素结构钢的技术要求

碳素结构钢的化学成分、冷弯性能及力学性能应符合表 7-1~表 7-3 的规定。

表 7-1　碳素结构钢的化学成分

<table>
<tr><th rowspan="2">牌号</th><th rowspan="2">统一数学代号[a]</th><th rowspan="2">等级</th><th rowspan="2">厚度(或直径)(mm)</th><th rowspan="2">脱氧方法</th><th colspan="5">化学成分(质量百分数)(%),不大于</th></tr>
<tr><th>C</th><th>Si</th><th>Mn</th><th>P</th><th>S</th></tr>
<tr><td>Q195</td><td>U11952</td><td>—</td><td>—</td><td>F、Z</td><td>0. 12</td><td>0. 30</td><td>0. 50</td><td>0. 035</td><td>0. 040</td></tr>
<tr><td rowspan="2">Q215</td><td>U12152</td><td>A</td><td rowspan="2">—</td><td rowspan="2">F、Z</td><td rowspan="2">0. 15</td><td rowspan="2">0. 35</td><td rowspan="2">1. 20</td><td rowspan="2">0. 045</td><td>0. 050</td></tr>
<tr><td>U12155</td><td>B</td><td>0. 045</td></tr>
<tr><td rowspan="4">Q235</td><td>U12352</td><td>A</td><td rowspan="4">—</td><td rowspan="2">F、Z</td><td>0. 22</td><td rowspan="4">0. 35</td><td rowspan="4">1. 40</td><td rowspan="2">0. 045</td><td>0. 050</td></tr>
<tr><td>U12355</td><td>B</td><td>0. 20[b]</td><td>0. 045</td></tr>
<tr><td>U12358</td><td>C</td><td>Z</td><td rowspan="2">0. 17</td><td>0. 040</td><td>0. 040</td></tr>
<tr><td>U12359</td><td>D</td><td>TZ</td><td>0. 035</td><td>0. 035</td></tr>
<tr><td rowspan="5">Q275</td><td>U12752</td><td>A</td><td>—</td><td>F、Z</td><td>0. 24</td><td rowspan="5">0. 35</td><td rowspan="5">1. 50</td><td>0. 045</td><td>0. 050</td></tr>
<tr><td rowspan="2">U12755</td><td rowspan="2">B</td><td>≤40</td><td rowspan="2">Z</td><td>0. 21</td><td rowspan="2">0. 045</td><td rowspan="2">0. 045</td></tr>
<tr><td>>40</td><td>0. 22</td></tr>
<tr><td>U12758</td><td>C</td><td rowspan="2">—</td><td>Z</td><td rowspan="2">0. 20</td><td>0. 040</td><td>0. 040</td></tr>
<tr><td>U12759</td><td>D</td><td>TZ</td><td>0. 035</td><td>0. 035</td></tr>
</table>

注:a. 表中为镇静钢、特殊镇静钢牌号的统一数字,沸腾钢牌号的统一数字代号如下:Q195F—U11950;Q215AF—U12150,Q215BF—U12153;Q235AF—U12350,Q235BF—U12353;Q275AF—U12750。

b. 经需方同意,Q235B 的碳含量可不大于 0. 22%。

(三)碳素结构钢的特性与选用

工程中应用最广泛的碳素结构钢牌号为 Q235,其含碳量为 0. 14%~0. 22%,属低碳钢,由于该牌号钢既具有较高的强度,又具有较好的塑性和韧性,可焊性也好,且经焊接及气割后力学性能仍亦稳定,有利于冷加工,故能较好地满足一般钢结构和钢筋混凝土结构的用钢要求。

Q195、Q215 钢强度低,塑性和韧性较好,易于冷加工,常用作钢钉、铆钉、螺栓及铁丝等。Q235 钢强度适中,具有良好的承载性,又具有较好的塑性、韧性、可焊性和可加工性,且成本较低,是钢结构常用的牌号,大量制作成钢筋、型钢和钢板等,在工程中应用较为广泛。Q275 钢强度较高,但塑性、韧性和可焊性较差,不易焊接和冷加工,可用于轧制钢筋、制作螺栓配件等。

表 7-2　碳素结构钢的冷弯性能

牌号	试样方向	冷弯试验 $B=2a^{a}$　180°	
		钢材厚度(或直径)[b](mm)	
		≤60	>60~100
		弯心直径 d	
Q195	纵	0	—
	横	0.5a	
Q215	纵	0.5a	1.5a
	横	a	2a
Q235	纵	a	2a
	横	1.5a	2.5a
Q275	纵	1.5a	2.5a
	横	2a	3a

注:a. B 为试样宽度,a 为试样厚度(或直径)。

b. 钢材厚度(或直径)大于 100 mm 时,弯曲试验由双方协商确定。

表 7-3　碳素结构钢的力学性能

牌号	等级	屈服强度[a] R_{eH}(N/mm²),不小于						抗拉强度[b] R_m (N/mm²)	伸长率 δ_5(%)					冲击试验(V形缺口)	
		厚度(或直径)(mm)							厚度(或直径)(mm)					温度(℃)	冲击吸收功(纵向)(J),不小于
		≤16	>16~40	>40~60	>60~100	>100~150	>150~200		≤40	>40~60	>60~100	>100~150	>150~200		
Q195	—	195	185	—	—	—	—	315~430	33	—	—	—	—	—	—
Q215	A	215	205	195	185	175	165	335~450	31	30	29	27	26	—	—
	B													+20	27
Q235	A	235	225	215	215	195	185	370~500	26	25	24	22	21	—	—
	B													+20	27[c]
	C													0	
	D													−20	
Q275	A	275	265	255	245	225	215	410~540	22	21	20	18	17	—	—
	B													+20	27
	C													0	
	D													−20	

注:a. Q195 的屈服强度值仅供参考,不作交货条件。

b. 厚度大于 100 mm 的钢材,抗拉强度下限允许降低 20 N/mm²。宽带钢(包括剪切钢板)抗拉强度上限不作交货条件。

c. 厚度小于 25 mm 的 Q235B 级钢材,如供方能保证冲击吸收值合格,经需方同意,可不做检验。

二、优质碳素结构钢

优质碳素结构钢分为优质钢、高级优质钢(钢号后加 A)和特级优质钢(钢号后加 E)。根据国家标准《钢铁产品牌号表示方法》(GB/T 221—2008)规定,优质碳素结构钢的牌号采用阿拉伯数字或阿拉伯数字和规定的符号表示，以2位阿拉伯数字表示平均含碳量（以万分数计），如：平均含碳量为0.08%的沸腾钢，其牌号表示为“08F”；平均含碳量为0.10%的半镇静钢，其牌号表示为“10b”。较高含锰量的优质碳素结构钢，在表示平均含碳量的阿拉伯数字后加锰元素符号，如：平均含碳量为0.50%，含锰量为0.70%~1.0%的钢，其牌号表示为“50Mn”。目前，我国生产的优质碳素结构钢有31个牌号，优质碳素结构钢中的硫、磷等有害杂质含量更低，且脱氧充分，质量稳定，在建筑工程中常用作重要结构的钢铸件、高强螺栓及预应力锚具。

三、低合金高强度结构钢

为了改善碳素钢的力学性能和工艺性能，或为了得到某种特殊的理化性能，在炼钢时有意识地加入一定量的一种或几种合金元素，所得的钢称为合金钢。低合金高强度结构钢是在碳素结构钢的基础上，添加总量小于5%的一种或几种合金元素的一种结构钢，所加元素主要有锰、硅、钒、钛、铌、铬、镍等元素，其目的是提高钢的屈服强度、抗拉强度、耐磨性、耐蚀性及耐低温性能等。因此，它是综合性能较为理想的钢材。另外，与使用碳素钢相比，可节约钢材20%~30%。

（一）低合金高强度结构钢的牌号表示法

根据国家标准《低合金高强度结构钢》（GB/T 1591—2018）的规定，低合金高强度结构钢牌号的表示方法由代表屈服强度“屈”字的汉语拼音首字母Q、规定的最小上屈服强度数值、交货状态代号、质量等级符号（B、C、D、E、F）四个部分组成。交货状态为热轧时，交货状态代号AR或WAR可省略；交货状态为正火或正火轧制时，交货状态代号均用N表示，如Q355ND。当需方要求钢板具有厚度方向性能时，在上述规定的牌号后加上代表厚度方向（Z向）性能级别的符号，如Q355NDZ25。

低合金高强度结构钢分为镇静钢和特殊镇静钢，在牌号的组成中没有表示脱氧方法的符号。低合金高强度结构钢的牌号也可以采用2位阿拉伯数字（表示平均含碳量，以万分之几计）和规定的元素符号按顺序表示。

（二）低合金高强度结构钢的技术要求

低合金高强度结构钢的拉伸、冷弯和冲击试验指标，按钢材厚度或直径不同，其技术要求如表7-4所示。

（三）低合金高强度结构钢的特点与应用

由于低合金高强度结构钢中的合金元素的结晶强化和固熔强化等作用，该钢材不但具有较高的强度，而且具有较好的塑性、韧性和可焊性。因此，在钢结构和钢筋混凝土结构中常采用低合金高强度结构钢轧制型钢（角钢、槽钢、工字钢）、钢板、钢管及钢筋，广泛用于钢结构和钢筋混凝土结构，特别适用于各种重型结构、高层结构、大跨度结构及桥梁工程。

表 7-4 低合金高强度热轧结构钢的力学性能

牌号	质量等级	上屈服强度 R_{eH}(MPa) 公称厚度或直径(mm)		抗拉强度 R_m (MPa)	断后伸长率 A^b (%)	冲击功(A_{kv})(纵向)(J)				180°弯曲试验[c]; D 为弯芯直径,a 为试件厚度(直径) 钢材厚度(直径)(mm)	
		≤16	>16,≤40	≤100		+20 ℃	0 ℃	-20 ℃	-40 ℃	≤16	>16~100
		不小于			纵向/横向,不小于						
Q355	B	355	345	470~630	纵向:22 横向:20	34/27				D=2a	D=3a
	C	355	345				34/27				
	D	355	345					34/27			
Q390	B	390	380	490~650	纵向:21 横向:20	34/27					
	C	390	380				34/27				
	D	390	380					34/27			
Q420[a]	B	420	410	520~680	纵向:20	34/27					
	C	420	410				34/27				
Q460[a]	C	460	450	550~720	纵向:18		34/27				

注:a. 只适用于型钢和棒材。

b. 本表中数值适用于公称厚度或直径≤40 mm。

c. 对于公称宽度不小于 600 mm 的钢板及钢带,拉伸试验取横向试样;其他钢材的拉伸试验取纵向试样。

任务四 常用建筑钢材及钢材的选用

一、热轧钢筋

用加热钢坯轧成的条形成品钢筋,称为热轧钢筋。它是建筑工程中用量最大的钢材品种之一。热轧钢筋按表面形状分为热轧光圆钢筋和热轧带肋钢筋。

(一)热轧光圆钢筋

经热轧成型,横截面通常为圆形,表面光滑的成品钢筋,称为热轧光圆钢筋(HPB)。热轧光圆钢筋的屈服强度特征值为 300 级,其牌号由 HPB 和屈服强度特征值构成,牌号为 HPB300。

热轧光圆钢筋的公称直径为 6~22 mm,《钢筋混凝土用钢 第 1 部分:热轧光圆钢筋》(GB/T 1499.1—2017)推荐的钢筋公称直径为 6 mm、8 mm、10 mm、12 mm、16 mm 和 20 mm。可按直条或盘卷交货,按定尺长度交货的直条钢筋,其长度允许偏差为 0~50 mm;按盘卷交货的钢筋,每根盘条质量应不小于 1 000 kg。

热轧光圆钢筋的下屈服强度、抗拉强度、断后伸长率、最大力总延伸率等力学性能特征值应符合表 7-5 的规定。表中各力学性能特征值,可作为交货检验的最小保证值。按规定的弯心直径弯曲 180°后,钢筋受弯部位表面不得产生裂纹。

(二)热轧带肋钢筋

经热轧成型并自然冷却的横截面为圆形的,且表面通常带有两条纵肋和沿长度方向均匀分布的横肋的钢筋,称为热轧带肋钢筋。按肋纹的形状分为月牙肋和等高肋(见

图 7-9、图 7-10)，月牙肋的纵横肋不相交，而等高肋则纵横肋相交。月牙肋钢筋有生产简便、强度高、应力集中、敏感性小、抗疲劳性能好等优点，但它与混凝土的黏结锚固性能稍逊于等高肋钢筋。

表 7-5　热轧光圆钢筋的力学性能和工艺性能

牌号	下屈服强度（MPa）	抗拉强度（MPa）	断后伸长率（%）	最大力总延伸率(%)	冷弯试验 180° d—弯芯直径， a—钢筋公称直径
	不小于				
HPB300	300	420	25.0	10.0	$d=a$

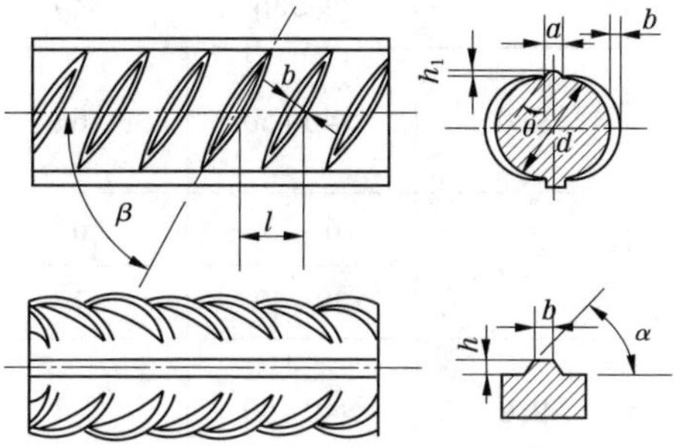

d—钢筋内径；α—横肋斜角；h—横肋高度；
β—横肋与轴线夹角；h_1—纵肋高度；θ—纵肋斜角；
a—纵肋顶宽；l—横肋间距；b—横肋顶宽

图 7-9　月牙肋钢筋表面及截面形状

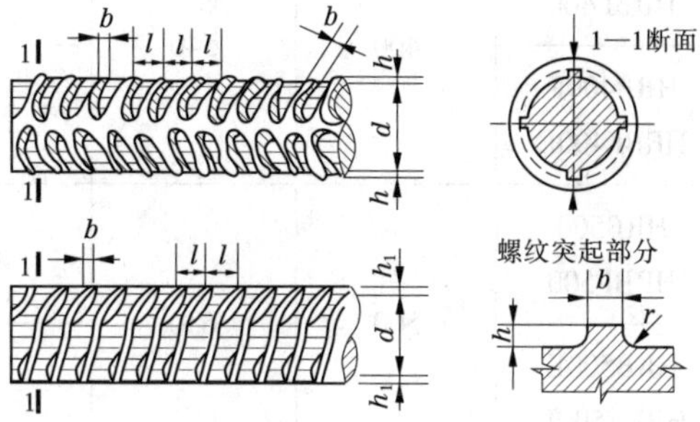

d—钢筋内径；h—横肋高度；b—横肋顶宽；
h_1—纵肋高度；l—横肋间距；
r—横肋根部圆弧半径

图 7-10　等高肋钢筋表面及截面形状

热轧带肋钢筋按屈服强度特征值分为 400、500、600 三级，钢筋牌号构成见表 7-6。

表 7-6　热轧带肋钢筋牌号构成及含义

类别	牌号	牌号构成	英文字母含义
普通热轧钢筋	HRB400	由HRB+屈服强度特征值构成	HRB—热轧带肋钢筋的英文(Hot rolled Ribbed Bars)缩写； E—“地震”的英文(Earthquake)首位字母
	HRB500		
	HRB600		
	HRB400E	由HRB+屈服强度特征值+E构成	
	HRB500E		
细晶粒热轧钢筋	HRBF400	由HRBF+屈服强度特征值构成	HRBF—在热轧带肋钢筋的英文缩写后加“细”的英文(Fine)首位字母； E—“地震”的英文(Earthquake)首位字母
	HRBF500		
	HRBF400E	由HRBF+屈服强度特征值+E构成	
	HRBF500E		

热轧带肋钢筋的公称直径为6~50 mm,热轧带肋钢筋的力学性能和工艺性能应符合《钢筋混凝土用钢　第2部分:热轧带助钢筋》(GB/T 1499.2—2018)(见表7-7)的规定。表中所列各力学性能特征值,可作为交货检验的最小保证值;按规定的弯芯直径弯曲180°后,钢筋受弯部位表面不得产生裂纹。对牌号带E的钢筋应进行反向弯曲试验。经反向弯曲试验后,钢筋受弯曲部位表面不得产生裂纹。

表7-7　热轧带肋钢筋的力学性能和工艺性能

牌号	下屈服强度(MPa)	抗拉强度(MPa)	断后伸长率(%)	最大力总延伸率(%)	弯曲性能(弯曲180°)	
	不小于				公称直径 d(mm)	弯曲压头直径 D^a
HRB400 HRBF400	400	540	16	7.5	6~25	4d
					28~40	5d
HRB400E HRBF400E			—	9.0	>40~50	6d
HRB500 HRBF500	500	630	15	7.5	6~25	6d
					28~40	7d
HRB500E HRBF500E			—	9.0	>40~50	8d
HRB600	600	730	14	7.5	6~25	6d
					28~40	7d
					>40~50	8d

注:a. 对牌号带E的钢筋应进行反向弯曲试验。根据需方要求,其他牌号钢筋也可进行反向弯曲试验,反向弯曲试验的弯曲压头直径比弯曲试验相应增加一个钢筋公称直径。可用反向弯曲试验代替弯曲试验,经反向弯曲试验后,钢筋受弯部位表面不得产生裂纹。

热轧带肋钢筋通常按定尺长度交货,具体交货长度应在合同中注明,按定尺长度交货时的长度允许偏差为0~50 mm。热轧带肋钢筋也可以盘卷交货,每盘应是一条钢筋,允许每批有5%的盘数由两条钢筋组成。

热轧钢筋中热轧光圆钢筋的强度较低,但塑性及焊接性能很好,便于各种冷加工,因而广泛用作普通钢筋混凝土构件的受力筋及各种钢筋混凝土结构的构造筋;HRB335和HRB400钢筋强度较高,塑性和焊接性能也较好,故广泛用作大、中型钢筋混凝土结构的受力钢筋;HRB500钢筋强度高,但塑性及焊接性能较差,可用作预应力钢筋。

二、冷轧带肋钢筋

热轧圆盘条经冷轧后,在其表面带有沿长度方向均匀分布的三面或二面横肋的钢筋,称为冷轧带肋钢筋。

冷轧带肋钢筋按延性高低分为两类:冷轧带肋钢筋和高延性冷轧带肋钢筋。冷轧带肋钢筋的牌号由CRB+钢筋的抗拉强度特征值构成;高延性冷轧带肋钢筋的牌号由

CRB+钢筋的抗拉强度特征值+H 构成。冷轧带肋钢筋分为 CRB550、CRB650、CRB800、CRB600H、CRB680H、CRB800H 六个牌号。CRB550、CRB600H 为普通钢筋混凝土用钢筋,CRB650、CRB800、CRB00H 为预应力混凝土用钢筋,CRB680H 既可作为普通钢筋混凝土用钢筋,也可作为预应力混凝土用钢筋。

CRB550、CRB600H、CRB680H 钢筋的公称直径为 4 ~ 12 mm。CRB650、CRB800、CRB800H 钢筋的公称直径(相当于横截面面积相等的光圆钢筋的公称直径)为 4 mm、5 mm、6 mm。钢筋通常按盘卷交货,经供需双方协商也可按定尺长度交货。钢筋按定尺长度交货时,其长度及允许偏差按供需双方协商确定。盘卷钢筋每盘的质量不小于 100 kg,且每盘应由一根钢筋组成,CRB650 及以上牌号钢筋作为预应力混凝土用钢筋使用时,不得有焊接接头。

冷轧带肋钢筋的表面不得有裂纹、折叠、结疤、油污及其他影响使用的缺陷。冷轧带肋钢筋的表面可有浮锈,但不得有锈皮及目视可见的麻坑等腐蚀现象。

冷轧带肋钢筋的力学性能和工艺性能应符合表 7-8 的规定。有关技术要求细则,参见国家标准《冷轧带肋钢筋》(GB/T 13788—2017)。

表 7-8 冷轧带肋钢筋的力学性能和工艺性能

牌号	抗拉强度 R_m (MPa),不小于	断后伸长率(%),不小于		弯曲试验[a] 180°	反复弯曲次数	应力松弛初始应力应相当于公称抗拉强度的70%
		A_{10}	$A_{100\ mm}$			1 000 h 松弛率(%),不大于
CRB550	550	11.0	—	$D=3d$	—	—
CRB600H	600	14.0	—	$D=3d$	—	—
CRB680H[b]	680	14.0	—	$D=3d$	4	5
CRB650	650	—	4.0	—	3	8
CRB800	800	—	4.0	—	3	8
CRB800H	800	—	7.0	—	4	5

注:a. 表中 D 为弯芯直径,d 为钢筋公称直径。

b. 当该牌号钢筋作为普通钢筋混凝土用钢筋使用时,对反复弯曲和应力松弛不做要求;当该牌号钢筋作为预应力混凝土用钢筋使用时应进行反复弯曲试验代替 180°弯曲试验,并检测松弛率。

冷轧带肋钢筋具有以下优点:

(1)强度高、塑性好,综合力学性能优良。CRB550、CRB650 的抗拉强度由冷轧前的不足 500 MPa 提高到 550 MPa、650 MPa;冷拔低碳钢丝的断后伸长率仅 2%左右,而冷轧带肋钢筋的断后伸长率大于 4%。

(2)握裹力强。混凝土对冷轧带肋钢筋的握裹力为同直径冷拔钢丝的 3~6 倍。又由于塑性较好,大幅度提高了构件的整体强度和抗振能力。

(3)节约钢材,降低成本。以冷轧带肋钢筋代替Ⅰ级钢筋用于普通钢筋混凝土构件,可节约钢材 30%以上。如用以代替冷拔低碳钢丝用于预应力混凝土多孔板中,可节约钢材 5%~10%,且每立方米混凝土可节省水泥约 40 kg。

(4)提高构件整体质量,改善构件的延性,避免"抽丝"现象。用冷轧带肋钢筋制作的预应力空心楼板,其强度、抗裂度均明显优于冷拔低碳钢丝制作的构件。

冷轧带肋钢筋适用于中、小型预应力混凝土构件和普通混凝土构件,也可焊接网片。

三、热处理钢筋

热处理钢筋分为预应力混凝土用热处理钢筋和钢筋混凝土用余热处理钢筋。预应力混凝土用热处理钢筋是用热轧螺纹钢筋经淬火和回火调质、热处理而成的。

预应力混凝土用热处理钢筋的优点是:强度高,可代替高强钢丝使用;节约钢材;锚固性好,不易打滑,预应力值稳定;施工简便,开盘后钢筋自然伸直,不需调直及焊接。主要用于预应力钢筋混凝土枕轨,也用于预应力梁、板结构及吊车梁等。

钢筋混凝土用余热处理钢筋是把热轧后的钢筋立即穿水,控制表面冷却,然后利用芯部余热自身完成回火处理所得的成品钢筋。根据国家标准《钢筋混凝土用余热处理钢筋》(GB 13014—2013),钢筋混凝土用余热处理钢筋按屈服强度特征值分为400级、500级;按用途分为可焊和非可焊。钢筋混凝土用余热处理钢筋牌号及其含义见表7-9。

表7-9 钢筋混凝土用余热处理钢筋

类别	牌号	牌号构成	英文字母含义
余热处理钢筋	RRB400 RRB500	由RRB+规定的屈服强度特征值构成	RRB—余热处理钢筋的英文缩写 W—焊接的英文缩写
	RRB400W	由RRB+规定的屈服强度特征值构成+可焊	

四、预应力混凝土用钢丝和钢绞线

预应力混凝土用钢丝或钢铰线常作为大型预应力混凝土构件的主要受力钢筋。

(一)预应力混凝土用钢丝

预应力混凝土用钢丝简称钢丝,是以优质碳素结构钢盘条为原料,经淬火、酸洗、冷拉等工艺制成的用作预应力混凝土骨架的钢丝。

《预应力混凝土用钢丝》(GB/T 5223—2014)规定,预应力钢丝按加工状态分为冷拉钢丝和消除应力钢丝两类。消除应力钢丝按松弛性能又分为低松弛钢丝和普通松弛钢丝。预应力钢丝按外形分为光圆、螺旋肋和刻痕三种。

冷拉钢丝(用盘条通过拔丝模或轧辊经冷加工而成)代号“WCD”,低松弛钢丝(在塑性变形下进行短时热处理而成)代号“WLR”,普通松弛钢丝(通过矫直工序后在适当温度下进行短时热处理)代号“WNR”,光圆钢丝代号“P”,螺旋肋钢丝(表面沿长度方向上具有规则间隔的肋条)代号“H”,刻痕钢丝(表面沿长度方向上具有规则间隔的压痕)代号“I”。

压力管道用无涂(镀)层冷拉钢丝的力学性能应符合表7-10的规定。0.2%屈服力$F_{p0.2}$应不小于最大力特征值F_m的75%。消除应力的光圆及螺旋肋钢丝的力学性能应符合表7-11的规定。0.2%屈服力$F_{p0.2}$应不小于最大力特征值F_m的88%。对所有规格消除应力的刻痕钢丝,其弯曲次数均应不少于3次。

表 7-10　压力管道用冷拉钢丝的力学性能

公称直径 d_n (mm)	公称抗拉强度 R_m (MPa)	最大力的特征值 F_m (kN)	最大力的最大值 $F_{m,max}$ (kN)	0.2%屈服力 $F_{p0.2}$ (kN),≥	每 210 mm 扭矩的扭转次数 N,≥	断面收缩率 Z(%),≥	氢脆敏感性能负载为70%最大力时,断裂时间 t(h),≥	应力松弛性能初始力为最大力70%时,1 000 h 应力松弛率 r(%),≤
4.00	1 470	18.48	20.99	13.86	10	35	75	7.5
5.00		28.86	32.79	21.65	10	35		
6.00		41.56	47.21	31.17	8	30		
7.00		56.57	64.27	42.42	8	30		
8.00		73.88	83.93	55.41	7	30		
4.00	1 570	19.73	22.24	14.80	10	35		
5.00		30.82	34.75	23.11	10	35		
6.00		44.38	50.03	33.29	8	30		
7.00		60.41	68.11	45.31	8	30		
8.00		78.91	88.96	59.18	7	30		
4.00	1 670	20.99	23.50	15.74	10	35		
5.00		32.78	36.71	24.59	10	35		
6.00		47.21	52.86	35.41	8	30		
7.00		64.26	71.96	48.20	8	30		
8.00		83.93	93.99	62.95	6	30		
4.00	1 770	22.25	24.76	16.69	10	35		
5.00		34.75	38.68	26.06	10	35		
6.00		50.04	55.69	37.53	8	30		
7.00		68.11	75.81	51.08	6	30		

表 7-11 消除应力光圆及螺旋肋钢丝的力学性能

公称直径 d_n (mm)	公称抗拉强度 R_m (MPa)	最大力的特征值 F_m(kN)	最大力的最大值 $F_{m,max}$ (kN)	0.2%屈服力 $F_{p0.2}$ (kN)，≥	最大力总伸长率 (L_0=200 mm) A_{gt}(%)，≥	反复弯曲性能		应力松弛性能	
						弯曲次数 (次/180°)，≥	弯曲半径 R (mm)	初始力相当于实际最大力的百分数 (%)	1 000 h 应力松弛率 r(%)，≤
4.00		18.48	20.99	16.22		3	10		
4.80		26.61	30.23	23.35		4	15		
5.00		28.86	32.78	25.32		4	15		
6.00		41.56	47.21	36.47		4	15		
6.25		45.10	51.24	39.58		4	20		
7.00		56.57	64.26	49.64		4	20		
7.50	1 470	64.94	73.78	56.99		4	20		
8.00		73.88	83.93	64.84		4	20		
9.00		93.52	106.25	82.07		4	25		
9.50		104.19	118.37	91.44		4	25		
10.00		115.45	131.16	101.32		4	25		
11.00		139.69	158.70	122.59		—	—		
12.00		166.26	188.88	145.90		—	—		
4.00		19.73	22.24	17.37		3	10		
4.80		28.41	32.03	25.00		4	15		
5.00		30.82	34.75	27.12		4	15		
6.00		44.38	50.03	39.06		4	15		2.5
6.25		48.17	54.31	42.39	3.5	4	20	70	
7.00		60.41	68.11	53.16		4	20		
7.50	1 570	69.36	78.20	61.04		4	20		
8.00		78.91	88.96	69.44		4	20		
9.00		99.88	112.60	87.89		4	25		4.5
9.50		111.28	125.46	97.93		4	25	80	
10.00		123.31	139.02	108.51		4	25		
11.00		149.20	168.21	131.30		—	—		
12.00		177.57	200.19	156.26		—	—		
4.00		20.99	23.50	18.47		3	10		
5.00		32.78	36.71	28.85		4	15		
6.00		47.21	52.86	41.54		4	15		
6.25	1 670	51.24	57.38	45.09		4	20		
7.00		64.26	71.96	56.55		4	20		
7.50		73.78	82.62	64.93		4	20		
8.00		83.93	93.98	73.86		4	20		
9.00		106.25	118.97	93.50		4	25		

续表 7-11

公称直径 d_n (mm)	公称抗拉强度 R_m (MPa)	最大力的特征值 F_m(kN)	最大力的最大值 $F_{m,max}$ (kN)	0.2% 屈服力 $F_{p0.2}$ (kN)，≥	最大力总伸长率 (L_0=200 mm) A_{gt}(%)，≥	反复弯曲性能		应力松弛性能	
						弯曲次数 (次/180°)，≥	弯曲半径 R (mm)	初始力相当于实际最大力的百分数 (%)	1 000 h 应力松弛率 r(%)，≤
4.00		22.25	24.76	19.58		3	10		
5.00		34.75	38.68	30.58		4	15		
6.00	1 770	50.04	55.69	44.03		4	15		
7.00		68.11	75.81	59.94		4	20		
7.50		78.20	87.04	68.81		4	20		
4.00		23.38	25.89	20.57		3	10		
5.00	1 870	36.51	40.44	32.13		4	15		
6.00		52.58	58.23	46.27		4	15		
7.00		71.57	79.27	62.98		4	20		

预应力混凝土用钢丝每盘应由一根钢丝组成，其盘重不小于 1 000 kg，不小于 10 盘时允许有 10%的盘数不大于 1 000 kg 但不小于 300 kg。钢丝表面不得有裂纹和油污，也不允许有影响使用的拉痕、机械损伤等，允许有深度不大于钢丝公称直径 4%的不连续纵向表面裂缝。

预应力混凝土用钢丝具有强度高、柔性好、无接头等优点，施工方便，不需冷拉、焊接接头等处理，而且质量稳定、安全可靠。主要应用于大跨度屋架及薄腹梁、大跨度吊车梁、桥梁、电杆、枕轨或曲线配筋的预应力混凝土构件。刻痕钢丝由于屈服强度高且与混凝土的握裹力大，主要用于预应力钢筋混凝土结构以减少混凝土裂缝。

（二）预应力钢绞线

预应力混凝土用钢绞线简称预应力钢绞线，是由多根直径为 2.5～5.0 mm 的高强度钢丝捻制而成的。

钢绞线按结构分为以下 8 类，其结构代号为：用两根钢丝捻制的钢绞线：(1×2)，用三根钢丝捻制的钢绞线：(1×3)，用三根刻痕钢丝捻制的钢绞线：(1×3 Ⅰ)，用七根钢丝捻制的标准型钢绞线：(1×7)，用六根刻痕钢丝和一根光圆中心钢丝捻制的钢绞线：(1×7 Ⅰ)，用七根钢丝捻制又经模拔的钢绞线：(1×7)C，用十九根钢丝捻制的 1+9+9 西鲁式钢绞线：(1×19S)，用十九根钢丝捻制的 1+6+6/6 瓦林吞式钢绞线：(1×19W)。

按《预应力混凝土用钢绞线》(GB/T 5224—2014)交货的产品标记应包含预应力钢绞线、结构代号、公称直径、强度级别、标准号等内容。

示例 1：公称直径为 15.20 mm，强度级别为 1 860 MPa 的七根钢丝捻制的标准型钢绞线,其标记为:预应力钢绞线 1×7-15.20-1860-GB/T 5224—2014。

示例2:公称直径为8.74 mm,强度级别为1 670 MPa的三根刻痕钢丝捻制的钢绞线,其标记为:预应力钢绞线 1×3 I-8.74-1670-GB/T 5224—2014。

示例3:公称直径为12.70 mm,强度级别为1 860 MPa的七根钢丝捻制又经模拔的钢绞线,其标记为:预应力钢绞线(1×7)C-12.70-1860-GB/T 5224—2014。

预应力钢绞线交货时,每盘卷钢绞线质量不小于1 000 kg,不小于10盘时允许有10%的盘卷质量小于1 000 kg,但不能小于300 kg。

钢绞线的捻向一般为左(S)捻,右(Z)捻需在合同中注明。

除非需方有特殊要求,钢绞线表面不得有油、润滑脂等降低钢绞线与混凝土黏结力的物质。钢绞线允许有轻微的浮锈,但不得有目视可见的锈蚀麻坑。钢绞线表面允许存在回火颜色。

钢绞线的检验规则应按《钢及钢产品交货一般技术要求》(GB/T 17505—2016)的规定。产品的尺寸、外形、质量及允许偏差、力学性能等均应满足《预应力混凝土用钢绞线》(GB/T 5224—2014)的规定。

钢绞线具有强度高、断面面积大、使用根数少、柔性好、质量稳定、易于在混凝土结构中排列布置、易于锚固、松弛率低等优点,适用于做大型建筑和大跨度吊车梁等大跨度预应力混凝土构件的预应力钢筋,广泛应用于大跨度、重荷载的结构工程中。

五、型钢

型钢是长度和截面周长之比相当大的直条钢材的统称。型钢按截面形状分为简单截面和复杂截面(异型)两大类。

简单截面的热轧型钢有扁钢、圆钢、方钢、六角钢和八角钢五种,规格尺寸如表7-12所示。复杂截面的热轧型钢包括角钢、工字钢、槽钢和其他异型截面钢,规格尺寸如表7-13所示。

表7-12 简单截面热轧型钢的规格尺寸

型钢名称	表示规格的主要尺寸	尺寸范围(mm)
扁钢	宽度 厚度	10~200 3~60
圆钢	直径	5.5~310
方钢	边长	5.5~200
六角钢	对边距离	8~70
八角钢	对边距离	16~40

六、钢板

钢板是宽厚比很大的矩形板。按轧制工艺不同分热轧和冷轧两大类。按其公称厚度,钢板分为薄板(厚度0.1~4 mm)、中板(厚度4~20 mm)、厚板(厚度20~60 mm)和特厚板(厚度超过60 mm)。

表 7-13　角钢、工字钢和槽钢的规格尺寸

型钢名称	表示规格的主要尺寸	尺寸范围(mm)
等边角钢	“∠”与边宽度值×边宽度值×边厚度值	边宽度:20~250 边厚度:3~35
不等边角钢	“∠”与长边宽度值×短边宽度值×边厚度值	长边宽度:25~200 短边宽度:16~125 边厚度:3~18
工字钢	“I”与高度值×腿宽度值×腰厚度值	高度:100~630 腿宽度:68~180 腰厚度:4.5~17.0
槽钢	“[”与高度值×腿宽度值×腰厚度值	高度:50~400 腿宽度:37~104 腰厚度:4.5~14.5

(一)热轧钢板

热轧钢板按边缘状态分为切边和不切边两类,按精度分为普通精度和较高精度,按所用钢种分为碳素结构钢、低合金结构钢和优质碳素结构钢三类。

(二)热轧花纹钢板

热轧花纹钢板是由普通碳素结构钢,经热轧、矫直和切边而成的凸纹钢板。热轧花纹钢板(不包括纹高的厚度)有 2.5 mm、3.0 mm、3.5 mm、4.0 mm、4.5 mm、5.0 mm、5.5 mm、6.0 mm、7.0 mm 和 8.0 mm 几种。随厚度增加,规定纹高加大有 1.0 mm、1.5 mm 和 2.0 mm 三种,也有纹高均为 2.5 mm 的品种。

(三)冷轧钢板

冷轧钢板是以热轧钢和钢带为原料,在常温下经冷轧机轧制而成的,其边缘状态有切边和不切边两种。按轧制精度分普通精度和较高精度,按钢种分碳素结构钢、低合金结构钢、硅钢、不锈钢等。

(四)钢带

钢带是厚度较薄、宽度较窄、以卷材供应的钢板。按轧制工艺分为热轧和冷轧,按边缘状态分为切边和不切边,按精度分为普通精度和较高精度,按厚度分为薄钢带(0.1~4.0 mm、0.02~0.1 mm)、超薄钢带(0.02 mm 以下),按宽度分为窄钢带(宽度≤600 mm)、宽钢带(宽度>600 mm)。

钢带主要用作弯曲型钢、焊接钢管、制作五金件的原料,直接用于各种结构及容器等。

除以上介绍的钢板外,还有镀层薄钢板,如镀锡钢板(旧称马口铁)、镀锌薄板(俗称白铁皮)、镀铝钢板、镀铅锡合金钢板等。

七、建筑钢材的选用原则

水利工程中常用的建筑钢材主要是钢筋混凝土用钢材和钢结构用钢材,主要根据是

结构的重要性、荷载性质(动荷载或静荷载)、连接方法(焊接或铆接)和温度条件等,综合考虑钢种或牌号、质量等级和脱氧程度等进行选用,在满足工程的各种要求的前提下,保证结构的安全经济。

建筑钢材的选用一般遵循以下原则:

(1)荷载情况。对于经常承受动力或振动荷载的结构,容易产生应力集中,从而引起疲劳破坏,需要选用材质高的钢材。

(2)使用温度。对于经常处于低温状态的结构,钢材容易发生冷脆断裂,尤其是在焊接结构中,因而要求钢材具有良好的塑性和低温冲击韧性。

(3)连接方式。对于焊接结构,当温度变化和受力性质改变时,焊缝附近的母体金属容易出现冷、热裂纹,促使结构早期破坏。所以,焊接结构对钢材化学成分和机械性能要求应较严。

(4)钢材厚度。钢材力学性能一般随厚度增大而降低,钢材经多次轧制后,钢的内部结晶组织更为紧密,强度更高,质量更好,故一般结构用的钢材厚度不宜超过40 mm。

(5)结构重要性。选择钢材要考虑结构使用的重要性,如大跨度结构、重要的建筑物结构,需选用质量相对较好的钢材。

此外,高层建筑结构用钢宜采用B、C、D等级的Q235碳素结构钢和B、C、D、E等级的Q345低合金高强度结构钢。抗振结构钢材的屈强比不应小于1.2,应有明显的屈服台阶,伸长率应大于20%,且具有良好的可焊性。

任务五　钢材的锈蚀及防止

一、钢材的锈蚀

钢材的锈蚀是指钢的表面与周围介质发生化学作用或电化学作用而遭到侵蚀并破坏的过程。钢材锈蚀可发生在许多能引起锈蚀的介质中,如湿润空气、工业废气等。锈蚀不仅使钢结构有效断面面积减小,而且会形成程度不等的锈坑、锈斑,造成应力集中,加速结构破坏。

钢材锈蚀的主要影响因素有环境湿度、侵蚀性介质的性质及数量、钢材材质及表面状况等。根据锈蚀作用机制,可分为以下两类。

(一)化学锈蚀

化学锈蚀指钢材直接与周围介质发生化学反应而产生的锈蚀。这种锈蚀多数是氧化作用使钢材表面形成疏松的铁氧化物。在常温下,钢材表面形成一薄层钝化能力很弱的氧化保护膜,它疏松,易破裂,有害介质可进一步渗入而发生反应,造成锈蚀。在干燥环境下,锈蚀进展缓慢,但在温度或湿度较高的环境条件下,这种锈蚀进展加快。

(二)电化学锈蚀

电化学锈蚀是由于金属表面形成了原电池而产生的锈蚀。钢材本身含有铁、碳等多种成分,由于这些成分的电极电位不同,形成许多微电池。在潮湿空气中,钢材表面将覆盖一层薄的水膜。在阳极区,铁被氧化成Fe^{2+}离子进入水膜。因为水中溶有来自空气中的氧，故在阴极区氧将被还原为OH^-离子，两者结合成为不溶于水的$Fe(OH)_2$，并进一步氧化成为疏松易剥落的红棕色铁锈$Fe(OH)_3$。电化学锈蚀是最主要的钢材锈蚀形式。

钢材锈蚀时，伴随体积增大，最严重的可达原体积的6倍。在钢筋混凝土中会使周围的混凝土胀裂。

二、锈蚀的防止

(一)保护层法

在钢材表面施加保护层，使钢与周围介质隔离，从而防止锈蚀。保护层可分为金属保护层和非金属保护层两类。

金属保护层是用耐蚀性较强的金属，以电镀或喷镀的方法覆盖钢材表面，如镀锌、镀锡、镀铬等。

非金属保护层使用有机物质或无机物质做保护层。常用的是钢材表面涂刷各种防锈涂料，此法简单易行，但不耐久。此外，还可采用塑性保护层、沥青保护层及搪瓷保护层等。

(二)牺牲阳极保护法

此法常用于水下的钢结构中，即在要保护的钢结构上接以较钢材更活泼的金属，如锌、镁等。于是这些更为活泼的金属在介质中成为原电池的阳极而遭到腐蚀，取代了铁素体，使钢结构均成为阴极而得到保护。

(三)制成合金钢

钢材的化学成分对耐锈蚀性有很大的影响，如在钢中加入合金元素铬、镍、钛、铜等，制成不锈钢。这种钢在大气作用下，能在表面形成一种致密的防腐保护层，起到耐腐蚀的作用，从而提高钢材的耐锈蚀能力。

(四)混凝土用钢筋的防腐

为了防止混凝土中钢筋锈蚀，应保证混凝土的密实度以及钢筋外侧混凝土保护层的厚度，控制混凝土中最大水灰比及最小水泥用量，在二氧化碳浓度高的工业区采用硅酸盐水泥或普通硅酸盐水泥，限制氯盐外加剂的掺加量和保证混凝土一定的碱度等，特别对于预应力混凝土，应禁止使用含氯盐的骨料和外加剂。另外，在钢筋表面涂覆环氧树脂或镀锌也是一种有效的防锈措施。

【工程实例分析7-3】　水工钢结构防腐分析。

现象：某灌区取水钢闸门，表面涂薄层油漆防腐，运行十几年之后，闸门被腐蚀，无法开启，最后不得不重新更换。

原因分析：由于该钢闸门浸在水中，水中砂、石的碰撞与摩擦、水流的冲刷，使油漆很容易剥落，加上灌区部分干、支渠道的水存在不同程度的污染，使失去油漆保护的钢闸门表面与污水发生化学反应，生成$Fe(OH)_2$与$Fe(OH)_3$，它们是疏松多孔的物质，起初为斑状、锈泡，逐渐密集后便成片剥落。剥落后又开始进行新一层锈蚀，周而复始，造成闸门被腐蚀，从而不能正常工作，不得不重新更换。

小 结

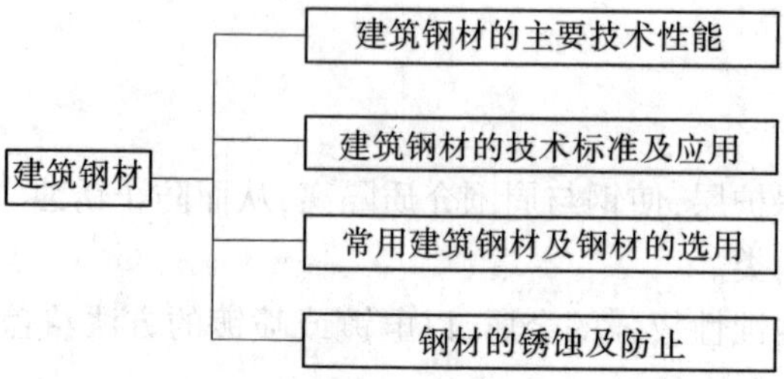

项目八　防水材料

【学习指导】

掌握石油沥青和沥青混合材料的技术性质及选用标准，熟悉防水涂料、防水卷材和密封材料的种类及应用，了解煤沥青、改性沥青等其他种类的沥青。

【课程思政】

为响应党的二十大号召，国家及地方政府陆续出台一系列有关建筑防水材料政策，针对防水行业从优化营商环境、绿色发展、节能环保、质量建设、科技创新、标准制定、职业教育、区域发展、城市建设等方面加以规范。2022 年 9 月 27 日，住房和城乡建设部发布了《建筑与市政工程防水通用规范》(GB 55030-2022)，该文件自 2023 年 4 月 1 日起实施，在材料工程要求、设计、施工、验收及运行维护五个方面制定了相对应的规定标准，并作为强制性工程建设规范执行。

防水材料是在建筑、水利、公路及桥梁等土木工程中广泛应用的一种能够防止雨水、地下水及其他水分渗透的材料。

防水材料按状态可分为沥青、防水卷材、防水涂料、防水黏结材料和防水密封材料。

任务一　沥　青

一、石油沥青

石油沥青是石油原油经蒸馏等提炼出各种轻质油(如汽油、柴油等)及润滑油以后的残留物，或经再加工而得的产品。它是一种有机胶凝材料，在常温下呈固体、半固体或黏稠性液体，颜色为褐色或黑褐色。

(一)石油沥青的技术性质

1. 黏滞性(黏性)

黏滞性是反映沥青材料内部阻碍其相对流动的一种特性。它反映了沥青在外力作用下抵抗变形的能力，是划分沥青牌号的主要依据。液体沥青的黏滞性用黏滞度(黏度)表示，它表征了液体沥青在流动时的内部阻力；半固体或固体的石油沥青用针入度表示，它反映了石油沥青抵抗剪切变形的能力。针入度是沥青划分牌号的主要技术指标。

黏滞度是液体沥青在规定温度 t(25 ℃或 60 ℃)下，经规定直径 d(3.5 mm 或 10 mm)的孔流出 50 cm^3 所需的时间(秒数)T，常用符号 $C_t^d T$ 表示。黏滞度值越大，表示沥青的稠度越大。黏滞度测定示意如图 8-1 所示。

半固体沥青、固体沥青的黏滞度指标是针入度。针入度是在温度 25 ℃条件下，以规定质量 100 g 的标准针，在规定时间 5 s 内贯入试样中的深度，以 0.1 mm 为 1 度表示。针入度越大,表示沥青流动性越大,黏滞性越差,其数值范围为5~200。针入度测定示意如图8-2所示。

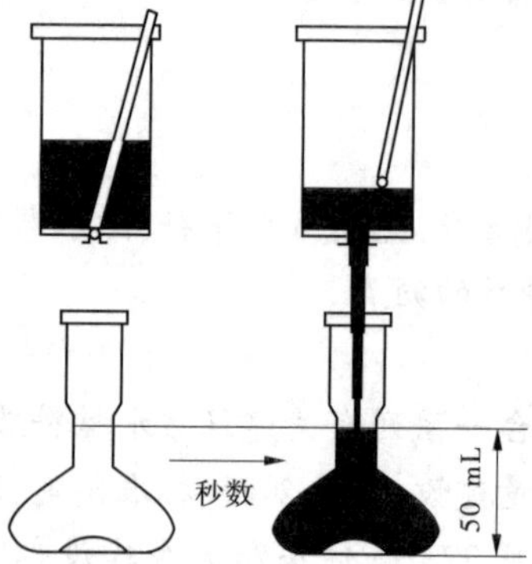

图8-1 黏滞度测定示意图

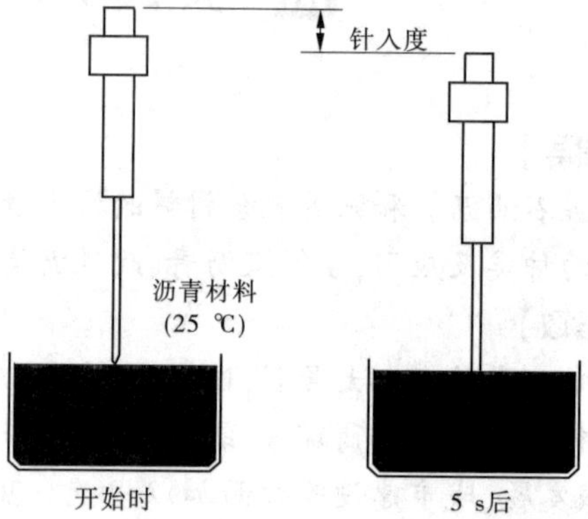

图8-2 针入度测定示意图

2. 塑性

塑性是指石油沥青在外力作用时发生变形而不破坏,除去外力后仍保持变形后的形状不变的性质。塑性反映了沥青开裂后的自愈能力及受机械应力作用后变形而不破坏的能力,它是石油沥青的主要性能之一。

沥青的塑性用延度(延伸度或延伸率)表示。方法是把沥青试样制成8字形标准试件(试件中间最小断面面积为1 cm^2),在规定温度(25 ℃)和规定的拉伸速度(5 cm/min)下在延伸仪上拉断时的伸长长度,以cm为单位。沥青的延度值越大,表示沥青塑性越好。延伸度测定示意如图8-3所示。

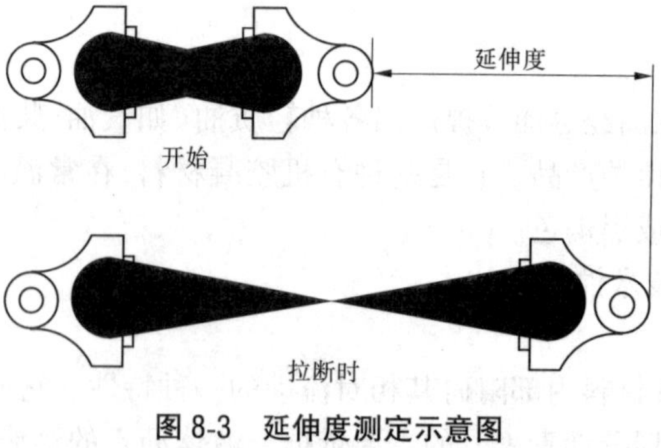

图8-3 延伸度测定示意图

3. 温度敏感性

温度敏感性是指石油沥青的黏滞性和塑性随温度升降而变化的性能,是沥青一个很重要的性质。温度敏感性较小的石油沥青,其黏滞性和塑性随温度变化较小。

温度敏感性常用软化点来表示,软化点是指沥青材料由固态转变为具有一定流动性膏体的温度。软化点可采用环球法测定,如图8-4所示。它是把沥青试样装入规定尺寸的铜环(直径约16 mm、高约6 mm)内。试样上放置一标准钢球(直径9.53 mm,质量3.5 g),浸入水中或甘油中,以5 ℃/min的速度升温加热,使沥青软化下垂,其下垂量达

25.4 mm 时的温度(℃)即为沥青软化点。

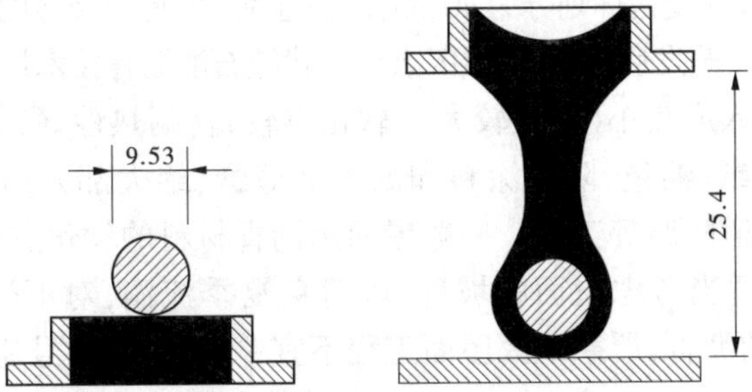

图 8-4　软化点测定示意图　(单位:mm)

不同的沥青软化点不同,一般为 25~100 ℃。软化点越高,表明沥青的耐热性越好,即温度稳定性越好。沥青软化点不能太低,否则夏季易融化发软;但也不能太高,否则不易加工,而且太硬,冬季易发生脆裂现象。在实际应用中,沥青应具有较高的软化点和较低的脆化点。沥青在温度非常低时具有像玻璃一样脆硬的玻璃态,脆化点是指沥青由玻璃态向高弹态转变时的温度。

石油沥青温度敏感性与地沥青质含量和蜡含量密切相关。地沥青质增多,温度敏感性降低。工程上往往用加入滑石粉、石灰石粉或其他矿物填料的方法来减小沥青的温度敏感性。沥青中含蜡量多时,其温度敏感性大。

针入度、延度、软化点被称为沥青的三大技术指标。

4. 大气稳定性

大气稳定性是指石油沥青在热、阳光、氧气和潮湿等因素长期综合作用下抵抗老化的性能,它反映了沥青的耐久性。

石油沥青的大气稳定性以沥青试样在加热蒸发前后的蒸发损失百分率和蒸发后针入度比来评定。其测定方法是:先测定沥青试样的质量及针入度,然后将试样置于烘箱中,在 160 ℃下加热蒸发 5 h,待冷却后再测定其质量和针入度,求出质量的蒸发损失百分率和蒸发后针入度比。蒸发损失百分率愈小,蒸发后针入度比愈大,则表示沥青大气稳定性愈好,亦即老化缓慢。

以上四种性质是石油沥青的主要性质,是鉴定工程中常用石油沥青品质的依据。此外,为鉴定沥青的质量和防火、防爆安全性,还包括黏结性、溶解度、闪点、燃点等指标。黏结性是指沥青与骨料黏结在一起的抗剥离能力,黏结性好的沥青与骨料黏结牢固,不易在骨料表面与沥青间产生剥离现象;溶解度是指石油沥青在溶剂(苯或二硫化碳)中可溶部分质量占全部质量的百分率,它用来确定沥青中有害杂质的含量;闪点是指石油沥青在规定的条件下,加热产生的挥发性可燃气体和空气的混合物达到初次闪火时的温度,又常称着火点;达到着火点温度的沥青,若温度再度上升与火接触产生火焰,并持续燃烧 5 s 以上,这个开始燃烧的温度就称为燃点。沥青的闪点和燃点温度值一般相差 10 ℃左右。

(二)石油沥青的技术标准及选用

石油沥青按用途可分为建筑石油沥青、道路石油沥青和普通石油沥青等。由于其使用范围不同,分别制定了不同的技术标准。

1. 建筑石油沥青

建筑石油沥青按针入度指标划分为40、30、10三个牌号,每一牌号的沥青还应保证相应的延度、软化点、蒸发损失、蒸发后针入度比、闪点等。建筑石油沥青技术指标如表8-1所示。

建筑石油沥青针入度较小(黏性较大)、软化点较高(耐热性好),但延度较小(塑性较小),主要用于制作油纸、油毡、防水涂料和沥青嵌缝膏,绝大部分用于屋面及地下防水、沟槽防水防腐蚀及管道防腐等工程。一般屋面用沥青材料的软化点应比本地区屋面最高温度高20~25 ℃,并适当考虑屋面的坡度,以避免夏季流淌,对不受较高温度作用的部位,宜选用牌号较大的沥青,严寒地区屋面工程不宜单独使用10号建筑石油沥青。

表8-1 建筑石油沥青技术指标

指标	牌号		
	40号	30号	10号
针入度(25 ℃,100 g,5 s)(1/10 mm)	36~50	26~35	10~25
延度(20 ℃,5 cm/min)(cm),不小于	3.5	2.5	1.5
软化点(环球法)(℃),不小于	60	75	95
溶解度(三氯乙烯、四氯化碳或苯)(%),不小于	99.5		
蒸发损失(160 ℃,5 h)(%),不大于	1		
蒸发后针入度比(%),不小于	65		
闪点(开口)(℃),不小于	230		

2. 道路石油沥青

道路石油沥青按道路的交通量可分为中、轻交通道路石油沥青和重交通道路石油沥青。

中、轻交通道路石油沥青主要用于二级以下公路和城市次干道、支路路面的沥青,主要分为A-60、A-100、A-140、A-180、A-200五个牌号,其中A-60和A-100按延度指标又划分为甲、乙两个副牌号,各牌号技术指标如表8-2所示。

表8-2 中、轻交通道路石油沥青技术指标

指标	牌号						
	A-200	A-180	A-140	A-100甲	A-100乙	A-60甲	A-60乙
针入度(25 ℃,100 g,5 s)(1/10 mm)	201~300	161~200	121~160	91~120	81~120	51~80	41~80
延度(20 ℃,5 cm/min)(cm),不小于	—	100	100	90	60	70	40
软化点(环球法)(℃)	30~45	35~45	38~48	42~52	42~52	45~55	45~55
溶解度(三氯乙烯、四氯化碳或苯)(%),不小于	99	99	99	99	99	99	99
蒸发损失(160 ℃,5 h)(%),不大于	1	1	1	1	1	1	1

续表 8-2

指标	牌号						
	A-200	A-180	A-140	A-100 甲	A-100 乙	A-60 甲	A-60 乙
蒸发后针入度比(%),不小于	50	60	60	65	65	70	70
闪点(开口)(℃),不小于	180	200	230	230	230	230	230

道路沥青牌号较多,使用时应根据地区气候条件、施工季节温度、路面类型、施工方法等具体情况按有关标准选用。

重交通道路石油沥青是用于高速公路、一级公路和城市快速路、主干道路面的沥青,主要分为 AH-50、AH-70、AH-90、AH-110、AH-130 五个牌号,各牌号技术指标如表 8-3 所示。重交通道路石油沥青对针入度、软化点和延度等指标提出了更高的要求,并增加了含蜡量、密度和 15 ℃延度的要求,大气稳定性的测定采用薄膜烘箱试验取代了加热试验。

表 8-3 重交通道路石油沥青技术指标

指标		牌号				
		AH-130	AH-110	AH-90	AH-70	AH-50
针入度(25 ℃,100 g,5 s)(1/10 mm)		120~140	100~120	80~100	60~80	40~60
延度(15 ℃,5 cm/min)(cm),不小于		100	100	100	100	80
软化点(环球法)(℃)		40~50	41~51	42~52	44~54	45~55
溶解度(三氯乙烯)(%),不小于		99				
含蜡量(蒸馏法)(%),不大于		3				
密度(15 ℃)(g/cm³)		实测记录				
薄膜烘箱试验(160 ℃,5 h)	质量损失(%),不大于	1.3	1.2	1.0	0.8	0.6
	针入度比(%),不小于	45	48	50	55	58
	延度(25 ℃)(cm),不小于	75	75	75	50	40
	延度(15 ℃)(cm)	实测记录				
闪点(开口)(℃),不小于		230				

3. 普通石油沥青

普通石油沥青石蜡含量较多,一般均大于 5%,有的高达 20%以上,故又称为多蜡石油沥青。普通石油沥青温度敏感性较强,达到液态时的温度与其软化点相差很小,与软化点大体相同的建筑石油沥青相比,针入度较大,黏性较小,塑性较差。建筑工程中不宜单独使用,只能与其他种类的石油沥青掺配后使用。

4. 沥青的掺配

在工程中,往往某一种牌号的石油沥青不能满足工程技术要求,因此经常需要用不同牌号的沥青进行掺配。

在进行掺配时,为了不使掺配后的沥青胶体结构破坏,应选用表面张力相近和化学性质相似的沥青。试验证明,同产源的沥青容易保证掺配后的沥青胶体结构的均匀性。所

谓同产源,是指同属石油沥青或同属煤沥青。当采用两种沥青进行掺配时,每种沥青的配合量可用下列公式估算:

$$Q_1 = \frac{T_2 - T}{T_2 - T_1} \times 100\% \tag{8-1}$$

$$Q_2 = 100\% - Q_1 \tag{8-2}$$

式中 Q_1——牌号较高沥青用量(%);

Q_2——牌号较低沥青用量(%);

T——掺配后的沥青软化点,℃;

T_1——牌号较高沥青软化点,℃;

T_2——牌号较低沥青软化点,℃。

根据上述公式估算出两种沥青的掺配比例后,在其邻近的比例(±5%)进行试配,测定掺配后沥青的软化点,然后绘制掺配比—软化点曲线,即可从曲线上确定所要求的掺配比例。也可采用针入度指标按上述方法进行估算及试配。

当采用三种沥青进行掺配时,可先算出两种沥青的掺配比例,再与第三种沥青进行配比计算,然后进行试配。

二、煤沥青

煤沥青是烟煤炼焦或制煤气时,从干馏所挥发的物质中冷凝出煤焦油,将煤焦油再继续蒸馏以后剩余的残渣。根据蒸馏程度不同分为低温沥青、中温沥青和高温沥青。建筑上所采用的煤沥青多为黏稠或半固体的低温沥青。

煤沥青的化学成分和性质与石油沥青大致相同,但煤沥青的质量和耐久性均次于石油沥青,其塑性、大气稳定性差,温度敏感性较大,冬季易脆、夏季易软化,老化快,但防腐和黏结性能较好。

由于煤沥青的主要技术性质都比不上石油沥青,且有毒、易污染水质,所以建筑工程上较少使用。煤沥青具有很好的防腐和黏结性能,主要用于配制防腐涂料、胶粘剂、防水涂料、油膏以及制作油毡等,适用于地下防水层或材料防腐,适量掺入石油沥青中,可增强石油沥青的黏结力。

三、改性沥青

工程中应用的沥青在不同的温度和加工使用条件下要求具有各种不同的物理性质和黏结性,而通常石油加工厂加工制备的沥青不一定能全面满足这些要求,因此常对沥青进行氧化、乳化、催化或者掺入橡胶树脂等物质,使沥青的性质得到不同程度的改善,改善后的沥青即为改性沥青,掺入的材料称为改性材料。

(一)橡胶改性沥青

橡胶是沥青的重要改性材料,它与沥青有较好的混溶性,并能使沥青具有橡胶的很多优点,如高温变形性较小,低温时具有一定的塑性。所使用的橡胶品种及掺入的方法不同,形成的改性沥青性能也有所不同。

常用于改性沥青的橡胶有氯丁橡胶、丁基橡胶、再生橡胶等。石油沥青中掺入氯丁橡胶后,可使其气密性、低温柔性、耐化学腐蚀性、耐光、耐臭氧性、耐候性和耐燃性等得到大大改善。丁基橡胶沥青具有优异的耐分解性,并有较好的低温抗裂性能和耐热性能。再生橡胶掺入石油沥青中,同样可大大提高石油沥青的气密性、低温柔性、耐光性、耐热性、耐臭氧性及耐候性,且价格低廉。

(二)树脂改性沥青

用树脂改性石油沥青,可以改善沥青的耐寒性、耐热性、黏结性和不透气性,在生产卷材、密封材料和防水涂料等产品时均需应用。常用的树脂有古马隆树脂、聚乙烯、聚丙烯、酚醛树脂及天然松香等。

(三)橡胶和树脂改性沥青

橡胶和树脂同时用于改善沥青的性质,使沥青同时具有橡胶和树脂的特性,橡胶和树脂又有较好的混溶性,故效果较好。

(四)矿物填料改性沥青

在沥青中加入一定数量的矿物填充料,可以提高沥青的黏性和耐热性,减小沥青的温度敏感性,同时减少了沥青的耗用量,主要适用于生产沥青胶。常用矿物填料有滑石粉、石灰石粉、硅藻土、石棉绒和云母粉等。由于沥青对矿物填充料的润湿和吸附作用,沥青可以单分子状态排列在矿物颗粒(或纤维)表面,形成结合牢固的沥青薄膜,称为结构沥青。结构沥青具有较高的黏性和耐热性等,但是矿物填充料的掺入量要适当,一般掺量为20%~40%时,可以形成恰当的结构沥青膜层。

【工程实例分析 8-1】 沥青路面产生裂缝。

现象:某公路沥青路面每到冬天都会出现一些裂缝,裂缝多为横向分布,且裂缝间距基本相等,气温较低时裂缝尤为明显,试分析裂缝的原因。

原因分析:由于裂缝多为横向分布,如果是路面强度不足,在车辆荷载作用下产生的裂缝应大多呈网裂和龟裂,因此排除了由于强度不足而产生裂缝的原因。

案例中的路面裂缝应是沥青材料老化及低温所致。沥青老化变硬后脆性增加,延度下降,低温稳定性变差,容易产生裂缝、松散。而冬季气温下降,沥青材料受基层约束不能收缩,产生应力导致开裂,因此气温较低时裂缝尤为明显。

四、沥青混合料

沥青混合料是由沥青与级配合适的矿物质材料(粗骨料、细骨料和填料)拌和均匀配制而成的混合材料。通常,它包括沥青混凝土混合料和沥青碎(砾)石混合料两类。

沥青混合料是一种黏弹塑性材料,具有良好的力学性能、一定的高温稳定性和低温柔性,修筑路面不需设置接缝,行车较舒适,而且施工方便、速度快,能及时开放交通,并可再生利用。因此,沥青混合料是高等级道路修筑中的一种主要路面材料。

(一)沥青混合料的分类

沥青混合料常按施工方法、矿料最大粒径及矿料颗粒级配分成不同种类。

1.按施工方法分类

(1)热拌热用沥青混合料。施工时先将矿料加热,沥青熔化,然后在热的状态下进行搅拌、摊铺、压实,待温度下降后即硬化。这种沥青混合料的质量较高,水工建筑的防水结构及道路路面多采用这种沥青混合料。

(2)热拌冷用沥青混合料。施工时先将组成材料分别加热后进行拌和,然后在常温下进行摊铺、压实。这种沥青混合料多采用黏滞性小的沥青。

(3)冷拌冷用沥青混合料。施工时用稀释剂将沥青溶成胶体,在常温下与矿物质材料拌和,使用时待稀释剂挥发后沥青混合料即硬化。这种方法施工方便,但要消耗大量的有机稀释剂,建筑工程上应用较少,常用于维修工程。

2. 按矿料最大粒径分类

(1)砂粒式沥青混合料。骨料最大粒径小于或等于4.75 mm的沥青混合料。

(2)细粒式沥青混合料。骨料最大粒径为9.5 mm或13.2 mm的沥青混合料。

(3)中粒式沥青混合料。骨料最大粒径为16 mm或19 mm的沥青混合料。

(4)粗粒式沥青混合料。骨料最大粒径为26.5 mm或31.5 mm的沥青混合料。

(5)特粗式沥青碎石混合料。骨料最大粒径大于或等于37.5 mm的沥青混合料。

工程中常将粗粒式、中粒式及细粒式沥青混合料称为沥青混凝土,把砂粒式沥青混合料称为沥青砂浆。

3. 按矿料颗粒级配分类

(1)密级配沥青混合料。各种粒径的颗粒级配连续,相互嵌挤密实的矿料,与沥青拌和而成,压实后剩余空隙率小于10%的沥青混合料。

(2)半开级配沥青混合料。由适当比例的粗骨料、细骨料及少量填料(或不加填料)与沥青拌和而成,压实后剩余空隙率在10%以上的半开式改性沥青,也称为改性沥青碎石混合料。

(3)开级配沥青混合料。矿料级配主要由粗骨料组成,细骨料较少,矿料相互拨开,压实后空隙率大于15%。

(4)间断级配沥青混合料。矿料级配组成中缺少1个或几个档次而形成的级配间断的沥青混合料。

(二)沥青混合料的组成材料

沥青混合料的组成材料主要有沥青和矿物。沥青混合料的技术性质随着各组成材料的性质、配合比和制备工艺等因素的差异而改变。因此,制备沥青混合料时,应严格控制其组成材料的质量。

1. 沥青材料

不同型号的沥青材料具有不同的技术指标,适用于不同等级、不同类型的路面。在选择沥青材料时,要考虑到气候条件、交通量、施工方法等情况,寒冷地区宜选用稠度较小、延度较大的沥青,以免冬季产生裂缝;较热地区选用稠度较大、软化点高的沥青,以免夏季泛油、发软。

2. 矿物质材料

沥青混合料的粗骨料要求洁净、干燥、无风化、无杂质,并且具有足够的强度和耐磨性。一般选用高强、碱性的岩石轧制成接近于立方体、表面粗糙、具有棱角的颗粒,这是因为碱性石料与沥青具有良好的黏结性。

细骨料可采用天然砂或人工砂,粒径比水泥混凝土的细骨料更小,要求级配良好、清洁、坚固、耐久,不含有害杂质。

填充料又称矿粉,由石灰岩或岩浆岩中的碱性岩石磨制而成,要求洁净、干燥,并且与沥青具有较好的黏结性。其含水率应小于1%且不含团块,应全部通过0.6 mm的筛,通过0.074 mm的筛余量应大于80%,也可采用工业粉末、废料、粉煤灰代替,但用量不宜超过矿料总量的2%,其中粉煤灰的用量不宜超过填料总量的50%,粉煤灰的烧失量应小于12%,塑性指数应小于4。矿粉能提高沥青混合料的强度、热稳定性及耐久性。

3. 外加剂

为改善沥青混合料的性能而掺入的少量物质称为外加剂。常用的有石棉、消石灰、聚酰胺树脂及其他物质。掺入石棉可提高沥青混凝土的热稳定性、抗弯强度、抗裂性等,一般选用短纤维石棉,掺量为矿质材料的1%~2%。掺入消石灰、聚酰胺树脂可提高沥青与酸性矿料的黏聚性、水稳定性,消石灰掺量为矿质材料的2%~3%,聚酰胺树脂掺量为沥青用量的0.02%。

(三)沥青混合料的技术性质

沥青混合料作为沥青路面的面层材料,承受车辆行驶反复荷载和气候因素的作用,为保证行车安全、舒适及耐久,沥青混合料应具有抗高温变形、抗低温脆裂、抗滑、耐久等技术性质以及施工和易性。

1. 高温稳定性

高温稳定性是指沥青混合料在高温条件下,能承受多次重复荷载作用而不发生过大的累积塑性变形的能力。高温稳定性良好的沥青混合料在长期交通荷载作用下,能抵抗高温的作用,保持稳定而不产生车辙、波浪和油包等破坏现象。

沥青混合料的高温稳定性,通常采用高温强度与稳定性作为主要技术指标。常用的测试评定方法有马歇尔试验法和史密斯三轴试验法等。

马歇尔试验法比较简便,既可以用于混合料的配合比设计,也便于工地现场质量检验,因而使用较为广泛。马歇尔试验是对标准击实的试件在规定的温度和速度条件下受压,测定沥青混合料的稳定度和流值等指标。马歇尔稳定度是指标准尺寸试件在规定温度和加荷速度下,在马歇尔仪中的最大破坏荷载(kN);流值是达到最大破坏荷载时试件的垂直变形(0.1 mm)。除测定马歇尔稳定度和流值外,还要测定沥青混合料的密度、空隙率和饱和度,用这五个指标共同控制沥青混合料的技术性质。

随着高等级公路的兴起,对路面的稳定性提出了更高的要求,对一级公路及高速公路需要采用车辙试验来测定沥青混合料的高温稳定性。车辙试验测定的是动稳定度,沥青混合料的动稳定度是指标准试件在规定温度下,一定荷载的试验车轮在同一轨迹上、一定时间内反复行走(形成一定的车辙深度)产生1 mm变形所需的行走次数(次/mm)。

2. 低温抗裂性

沥青混合料不仅应具备高温稳定性,同时应具备低温抗裂性,以保证路面在冬季低温时不产生裂缝。

当温度较低时,沥青混合料的变形能力大大降低。在外部荷载产生的应力和温度下降引起材料的收缩应力联合作用下,沥青路面可能发生断裂,产生低温裂缝。沥青混合料的低温开裂是由混合料的低温脆化、低温收缩和温度疲劳引起的。沥青混合料的低温脆性一般用不同温度下的弯拉破坏试验来评定,低温收缩可采用低温收缩试验评定,而温度疲劳则可以用低频疲劳试验来评定。

3. 耐久性

沥青混合料在路面中,长期受自然因素(阳光、热、水分等)的作用,为使路面具有较长的使用年限,必须具有较好的耐久性。

沥青混合料的耐久性与组成材料的性质和配合比有密切关系。首先,沥青在大气因素作用下,组分会产生转化,油分减少,地沥青质增加,使沥青的塑性逐渐减小,脆性增加,路面的使用品质下降。其次,以耐久性考虑,沥青混合料应有较高的密实度和较小的空隙率,但是,空隙率过小,将影响沥青混合料的高温稳定性。因此,在我国的有关规范中,对空隙率和饱和度均提出了要求。

目前,沥青混合料的耐久性常用马歇尔试验评价,评价指标为采用马歇尔试验测得的空隙率、沥青饱和度和残留稳定度等。

4. 抗滑性

随着现代交通的发展,车辆行驶速度不断提高,对沥青混合料路面的抗滑性提出了更高的要求。沥青混合料的抗滑性能主要与骨料的表面结构(粗糙度)、级配组成、沥青用量等因素有关。为保证抗滑性能,面层骨料应选用质地坚硬具有棱角的碎石,通常采用玄武岩。采取适当增大骨料粒径、减少沥青用量及控制沥青的含蜡量等措施,均可提高路面的抗滑性。

5. 施工和易性

为保证室内配料在现场条件下顺利施工,沥青混合料应具备良好的施工和易性,使混合料易于拌和、摊铺和碾压施工。影响施工和易性的因素很多,主要有矿料级配、沥青用量、环境温度、施工机械条件等。

从混合料的材料性质来看,混合料级配、沥青用量对施工和易性影响较大。若粗、细骨料的颗粒大小相差过大,缺乏中间尺寸的颗粒,混合料容易分层层积;若细骨料太少,沥青层不容易均匀地包裹在粗颗粒表面;若细骨料过多,则增加拌和难度。沥青用量过少,或矿粉用量过多时,混合料容易出现疏松,不易压实;而沥青用量过多,或矿粉质量不好,则混合料容易黏结成块,不易摊铺。实际工程中,对于沥青混合料的和易性一般根据经验来判定。

【工程实例分析 8-2】 高速公路沥青路面水损害。

现象:沈阳至山海关高速公路2000年建成通车以后,2001年有些路段即出现了水损害现象。开始出现少量唧浆(指外界水从裂缝等处渗入,在行车作用下被挤压,从裂缝处唧出的现象),并伴有轻微沉陷。特别是长期降雨后,路面的唧浆越来越多,并出现轮迹处路面向两边推挤而隆起的现象,随着时间延长日益严重,靠近轮迹的隆起部分破损,很快就出现松散、坑洞。松散的骨料表面光秃,沥青膜剥落贻尽。

原因分析:沥青路面产生水损害现象既有内因也有外因。

水损害的内因主要包括:

(1)沥青混凝土的空隙率较大以及压实度偏低。

(2)沥青与碎石的黏结力不足。

(3)路面设计时未考虑路面结构层排水,没有设置有效的防水层。这样既不能很好地阻止水侵入结构内部,对进入内部的水又不能很快地排出。

水损害的外因主要与降水量、交通量、交通组成和行车速度有关。通常降水量大的多雨潮湿地区,水损害现象较为严重。交通量大,超载车辆多,并且行车速度快的高速公路水损害现象非常突出。

任务二　新型防水卷材

一、高聚物改性沥青防水卷材

高聚物改性沥青防水卷材是以合成高分子聚合物改性沥青为涂盖层,纤维织物或纤维毡为胎体,粉状、粒状、片状或薄膜材料为覆面材料制成可卷曲的片状材料, 厚度一般为 3 mm、4 mm、5 mm。

高聚物改性沥青防水卷材一般可分为弹性体聚合物改性沥青防水卷材、塑性体聚合物改性沥青防水卷材、橡塑共混体聚合物改性沥青防水卷材三大类,各类可再按聚合物改性体做进一步分类。例如,弹性体聚合物改性沥青防水卷材可进一步分为 SBS 改性沥青防水卷材、SBR 改性沥青防水卷材、再生胶改性沥青防水卷材等。

(一)弹性体改性沥青防水卷材(SBS)

SBS 是以热塑性弹性体为改性剂,将石油沥青改性后作为浸渍涂盖材料,以玻纤毡或聚酯毡等增强材料为胎体,以塑料薄膜、矿物粒、片料等作为防粘隔离层,经过选材、配料、共熔、浸渍、复合成型、卷曲、检验、分卷、包装等工序,加工而制成的一种柔性中、高档的可卷曲的片状防水材料,属弹性体沥青防水卷材中有代表性的品种。

SBS 按胎基分为聚酯毡(PY)、玻纤毡(G)、玻纤增强聚酯毡(PYG);按上表面隔离材料分为聚乙烯膜(PE)、细砂(S)、矿物粒料(M);按下表面隔离材料分为细砂(S)、聚乙烯膜(PE);按材料性能分为Ⅰ型和Ⅱ型。

SBS 公称宽度为 1 000 mm,聚酯毡卷材公称厚度为 3 mm、4 mm、5 mm,每卷卷材公称面积为 7.5 m^2、10 m^2、15 m^2。

SBS 适用于工业、民用建筑,如屋面、地下室、墙体、卫生间、水池、水渠、地铁、洞库、公路、桥梁和机场跑道等防水保护工程,并适用于金属容器、管道防腐保护,是一种用途广泛、性能优异的防水材料,既可单层,也可复层使用;既可热熔施工,亦可冷粘。玻纤增强聚酯毡卷材可用于机械固定单层防水,但需要通过抗风荷载试验,玻纤毡卷材适用于多层防水的底层防水,外露使用采用上表面隔离材料为不透明的矿物粒料的防水卷材,地下工程防水采用表面隔离材料为细砂的防水卷材。

SBS 的技术性能应满足《弹性体改性沥青防水卷材》(GB 18242—2008)的规定,如表 8-4 所示。

(二)塑性体(APP)改性沥青防水卷材

APP 改性沥青防水卷材是利用无规聚丙烯(APP)等高分子聚合物和其他化工原料与沥青按照严格的工艺、科学的配方,在高温状态下将各种物料制成的混合物,然后采用聚酯无纺布做胎基,双面均匀浸渍APP改性沥青复合物,表层分别用PE膜、细砂、板岩覆面等工艺过程制成的一种新型防水卷材。

表 8-4 弹性沥青防水卷材技术性能

序号	项目		指标				
			Ⅰ		Ⅱ		
			PY	G	PY	G	PYG
1	可溶物含量(g/m^2),≥	3 mm	2 100				—
		4 mm	2 900				—
		5 mm	3 500				
		试验现象	—	胎基不燃	—	胎基不燃	—
2	耐热性	℃	90		105		
		≤mm	2				
		试验现象	无流淌、滴落				
3	低温柔性(℃)		-20		-25		
			无裂缝				
4	不透水性 30 min		0.3 MPa	0.2 MPa	0.3 MPa		
5	拉力	最大峰拉力(N/50 mm),≥	500	350	800	500	900
		次峰拉力(N/50 mm),≥	—	—	—	—	800
		试验现象	拉伸过程中,试件中部无沥青涂盖层开裂或与胎基分离现象				
6	延伸率	最大峰时延伸率(%)	30	—	40	—	—
		第二峰时延伸率(%)	—		—		15
7	浸水后质量增加(%)≤	PE、S	1.0				
		M	2.0				
8	热老化	拉力保持率(%),≥	90				
		延伸率保持率(%),≥	80				
		低温柔性(℃)	-15		-20		
		尺寸变化率(%),≤	无裂缝				
		质量损失率(%),≤	0.7	—	0.7	—	0.3

续表 8-4

<table>
<tr><td rowspan="3">序号</td><td rowspan="3" colspan="2">项目</td><td colspan="5">指标</td></tr>
<tr><td colspan="2">Ⅰ</td><td colspan="3">Ⅱ</td></tr>
<tr><td>PY</td><td>G</td><td>PY</td><td>G</td><td>PYG</td></tr>
<tr><td>9</td><td>渗油性</td><td>张数,≤</td><td colspan="5">2.0</td></tr>
<tr><td>10</td><td colspan="2">接缝剥离强度(N/mm),≥</td><td colspan="5">1.5</td></tr>
<tr><td>11</td><td colspan="2">钉杆撕裂强度[a](N),≥</td><td colspan="4">—</td><td>300</td></tr>
<tr><td>12</td><td colspan="2">矿物粒料黏附性[b](g),≤</td><td colspan="5">2.0</td></tr>
<tr><td>13</td><td colspan="2">卷材下表面沥青涂盖层厚度[c](mm),≥</td><td colspan="5">1.0</td></tr>
<tr><td rowspan="4">14</td><td rowspan="4">人工气候加速老化</td><td>外观</td><td colspan="5">无滑动、流淌、滴落</td></tr>
<tr><td>拉力保持率(%),≥</td><td colspan="5">80</td></tr>
<tr><td rowspan="2">低温柔性(℃)</td><td colspan="2">-15</td><td colspan="3">-20</td></tr>
<tr><td colspan="5">无裂缝</td></tr>
</table>

注:a. 仅适用于单层机械固定施工方式卷材。
b. 仅适用于矿物粒料表面的卷材。
c. 仅适用于热熔施工的卷材。

APP 改性沥青防水卷材按胎体材料不同,分为聚酯毡胎、玻纤毡胎和玻纤增强聚酯毡胎;按卷材物理力学性能分为Ⅰ型和Ⅱ型;按上表面隔离材料分为聚乙烯膜(PE)、细砂(S)和矿物粒(片)料(M)三种。施工方法可采用热熔法或冷粘法。

APP 改性沥青防水卷材,不透水性好,使用寿命长,综合造价低,具有较高的抗拉强度和延伸率,又有良好的耐高低温性能。与 SBS 改性沥青防水卷材相比,APP 改性沥青防水卷材具有更好的耐高温性能,更适宜用于炎热地区。

APP 改性沥青防水卷材技术性能应能满足《塑性体改性沥青防水卷材》(GB 18243—2008)的规定,如表 8-5 所示。

二、合成高分子防水卷材

合成高分子防水卷材是以合成橡胶、合成树脂或此两者的共混体为基料,加入适量的化学助剂和填充料等,经不同工序(混炼、压延或挤出)加工而成的可卷曲的片状防水材料,或把上述材料与合成纤维等复合形成两层或两层以上可卷曲的片状防水材料。

合成高分子防水卷材的性能指标较高,是新型高档防水卷材。如有优异的弹性和抗拉强度,使卷材对基层变形的适应性增强;优异的耐候性能,使卷材在正常的维护条件下,使用年限更长,可减少维修、翻新的费用。

基于原料组成及性能,合成高分子防水卷材分为三元乙丙橡胶防水卷材、聚氯乙烯防水卷材、氯化聚乙烯防水卷材、氯化聚乙烯-橡胶共混防水卷材等。

表 8-5　塑性体改性沥青防水卷材技术性能

序号	项目		指标				
			Ⅰ		Ⅱ		
			PY	G	PY	G	PYG
1	可溶物含量(g/m²),≥	3 mm	2 100				—
		4 mm	2 900				—
		5 mm	3 500				
		试验现象	—	胎基不燃	—	胎基不燃	—
2	耐热性	℃	110		130		
		≤,mm	2				
		试验现象	无流淌、滴落				
3	低温柔性(℃)		−7		−15		
			无裂缝				
4	不透水性 30 min		0.3 MPa	0.2 MPa	0.3 MPa		
5	拉力	最大峰拉力(N/50 mm),≥	500	350	800	500	900
		次高峰拉力(N/50 mm),≥	—	—	—	—	800
		试验现象	拉伸过程中,试件中部无沥青涂盖层开裂或与胎基分离现象				
6	延伸率	最大峰时延伸率(%),≥	25	—	40	—	—
		第二峰时延伸率(%),≥	—		—		15
7	浸水后质量增加(%),≤	PE,S	1.0				
		M	2.0				
8	热老化	拉力保持率(%),≥	90				
		延伸率保持(%),≥	80				
		低温柔性(℃)	−2		−10		
			无裂缝				
		尺寸变化率(%),≤	0.7	—	0.7	—	0.3
		质量损失(%),≤	1.0				
9	接缝剥离强度(N/mm),≥		1.0				
10	钉杆撕裂强度[a](N),≥		—				300
11	矿物粒料黏附性[b](g),≤		2.0				
12	卷材下表面沥青涂盖层厚度[c](mm),≥		1.0				
13	人工气候加速老化	外观	无滑动、流淌、滴落				
		拉力保持率(%),≥	80				
		低温柔性(℃)	−2		−10		
			无裂缝				

注:a. 仅适用于单层机械固定施工方式卷材。

b. 仅适用于矿物粒料表面的卷材。

c. 仅适用于热熔施工的卷材。

(一)三元乙丙(EPDM)橡胶防水卷材

三元乙丙橡胶防水卷材是以三元乙丙橡胶为主体,掺入适当的化学助剂和一定量的填充材料,经过配料、密炼、混炼、过滤、挤出成型、硫化、检验、分卷、包装等工序加工制成的高弹性橡胶防水卷材。

三元乙丙橡胶防水卷材的耐老化性能最好,优良的耐候性、耐臭氧性、耐热性和低温柔性甚至超过氯丁与丁基橡胶,比塑料优越得多。它还具有质量轻(1.2~2.0 kg/m^2)、拉伸强度高、伸长率大、使用寿命长、耐强碱腐蚀等特点,属于高档防水材料。

三元乙丙橡胶防水卷材可用于防水要求高、耐久年限长的工业与民用建筑的屋面及卫生间等防水工程,也可用于桥梁、隧道、地下室、蓄水池等工程的防水。

(二)聚氯乙烯(PVC)防水卷材

聚氯乙烯防水卷材是以聚氯乙烯树脂为主要原料,添加颜料、填料和各种助剂经加工而成的合成高分子防水材料,产品具有拉伸强度高、延伸率大、收缩率小、低温柔性好、使用寿命长等特点。

聚氯乙烯防水卷材按有无复合层分类有:无复合层的为 N 类、用纤维单面复合的为 L 类、织物内增强的为 W 类,每类产品按理化性能分为Ⅰ型和Ⅱ型。卷材长度规格为 10 m、15 m、20 m,厚度规格为 1.2 mm、1.5 mm、2.0 mm。其他长度、厚度规格可由供需双方商定,厚度规格不得小于 1.2 mm。

聚氯乙烯防水卷材适用于工业与民用建筑的各种屋面防水,包括种植屋面、平屋面、坡屋面;建筑物地下防水,包括水库、堤坝、水渠以及地下室各种部位防水防渗;隧道、高速公路、高架桥梁、粮库、人防工程、垃圾填埋场、人工湖等。

(三)氯化聚乙烯(CPE)防水卷材

氯化聚乙烯(CPE)防水卷材指以氯化聚乙烯树脂为主要原料,加入多种化学助剂,经混炼、挤出成型和硫化等工序加工制成的防水卷材。

氯化聚乙烯防水卷材按有无复合层分类有:无复合层的为 N 类、用纤维单面复合的为 L 类、织物内增强的为 W 类,每类产品按理化性能分为Ⅰ型和Ⅱ型。卷材宽度规格:1 000 mm、1 100 mm、1 200 mm,厚度规格:1.2 mm、1.5 mm、2.0 mm,长度规格:10 m、15 m、20 m。

执行标准为《氯化聚乙烯防水卷材》(GB 12953—2003),在高速铁路等工程项目中广泛应用。

(四)氯化聚乙烯-橡胶共混防水卷材

氯化聚乙烯-橡胶共混防水卷材指以氯化聚乙烯树脂和适量的丁苯橡胶为主要原料,加入多种化学助剂,经密炼、过滤、挤出成型和硫化等工序加工制成的防水卷材。

卷材宽度规格:1 000 mm、1 100 mm、1 200 mm,厚度规格:1.2 mm、1.5 mm、2.0 mm,长度规格:20 m。

该类卷材属于橡塑共混类合成高分子防水卷材,兼具氯化聚乙烯优异的力学性能、耐老化性能和橡胶的高弹性。除尺寸稳定性(加热收缩率)不如三元乙丙防水卷材外,其他材性指标均与三元乙丙防水卷材相当。施工时采用冷粘法或自粘法。

这种卷材特别适用于寒冷地区或变形较大的建筑防水工程,也可用于有保护层的层面、地下室、贮水池等防水工程。

任务三　防水涂料

防水涂料是一种流态或半流态物质,可用刷、喷等工艺涂布在基层表面,经溶剂、水分挥发或各组分间的化学反应,形成具有一定弹性和一定厚度的连续薄膜,使基层表面与水隔绝,起到防水、防潮的作用。防水涂料有良好的温度适应性,操作简便,易于维修与维护。

防水涂料一般按涂料的类型分为溶剂型、水乳型和反应型三类。溶剂型的涂料黏结性较好,但污染环境;水乳型的涂料价格低,但黏结性较差。按涂料成膜物质的主要成分分为沥青基防水涂料、改性沥青类防水涂料和合成高分子类防水涂料。

一、沥青基防水涂料

沥青基防水涂料是以沥青为基料配制而成的水乳型防水涂料或溶剂型防水涂料。水乳型防水涂料即乳化沥青,溶剂型防水涂料即液化沥青(冷底子油)。这类涂料主要有石灰膏乳化沥青、膨润土乳化沥青和水性石棉沥青防水涂料。

(一)冷底子油

冷底子油是用汽油、煤油、柴油、工业苯等有机溶剂与沥青材料融合制得的沥青涂料。它的黏度小,能渗入木材、砂浆、混凝土等材料的毛细孔隙中,待溶剂挥发后,沥青微粒在材料表面聚拢,形成一层连续的沥青膜层,并与基材牢固结合,使基面具有一定的憎水性,为黏结同类材料创造了有利条件。因它多在常温下用于防水工程的底层,故称为冷底子油。

冷底子油应涂刷于干燥的基面上,不宜在有雨、雾、露的环境中施工,通常要求,与冷底子油相接触的水泥砂浆的含水率小于或等于10%。冷底子油涂层要求薄而均匀,不留空白。若找平层表面过于粗糙,则应先涂刷一道快挥发性冷底子油,待干燥后再刷第二层冷底子油。两道冷底子油的间隔时间一般为4~6 h,用手指轻按第一遍冷底子油,表面不留痕迹即可。

冷底子油为石油沥青加溶剂溶解而成,可按表8-6配制。

表8-6　冷底子油配制原料

10号或30号石油沥青	溶剂	
	轻柴油或煤油	汽油
40%	60%	—
30%	—	70%

配置时,第一种方法:将沥青加热熔化,使其脱水不再起泡为止,再将熔好的沥青倒入桶中冷却,待温度达到110~140 ℃时,使沥青呈细流状慢慢注入一定量的溶剂中,并不停地搅拌,直至沥青完全加完、溶解均匀;第二种方法:与上述方法一样将熔化沥青倒入桶或壶中,待温度冷却至110~140 ℃后,将溶剂按配合比要求分批注入沥青熔液中,边加边不停地搅拌,直至加完、溶解均匀。

(二)沥青胶

沥青胶是以石油沥青为基体的矿物胶粘剂,为了提高沥青的耐热性,降低沥青层的低温脆性,在沥青材料中加入填料进行改性而制成的液体。填料有粉状(如滑石粉、石灰粉、白云粉)、纤维状(如石棉屑、木纤维等),或者两者混用。

沥青胶分为热熔型、溶剂型和乳液型等三种:热熔型由沥青与煤焦油、再生橡胶、废PVC塑料等熔融而得;溶剂型由沥青在溶剂中加入环氧树脂、再生橡胶、石棉粉而得;乳液型由沥青加入乳化剂、分散剂形成分散稳定乳液而得。一般工地施工时热用较多。

沥青胶主要用于粘贴防水卷材,也可用于防水涂层、沥青砂浆防水层的底层级接头密封等,用于屋面防水时,应根据屋面坡度及历年室外最高气温等条件来选择。

二、改性沥青类防水涂料

改性沥青类防水涂料指运用高分子合成技术,加入了环氧树脂和树脂基团使本产品集多功能、环保于一体,赋予新产品更具防水、防腐、防潮、防霉等功效。选用进口材料和国内优质辅料,按照国家行业标准最高等级指示生产的优质产品。改性沥青类防水涂料被列为国家住房和城乡建设部重点推广产品,其寿命长,施工方便,长期浸泡水里的寿命在50年以上。

常用产品有氯丁橡胶沥青防水涂料、水乳型橡胶沥青防水涂料、APP改性沥青防水涂料、SBS改性沥青防水涂料。

改性沥青类防水涂料固化后呈橡胶状,在顶面、立面、斜面等各种干燥基面上黏结牢固,可形成连续封闭体系,在任何形状复杂、管道纵横的部位都容易施工,解决了传统防水防腐材料可能出现的卷材接缝、接头、平面空鼓、立面下滑、复杂部位操作困难等难题,属于1级防水防腐材料。所以,广泛适用于各种工业、民用建筑物、屋顶、天沟、阳台、外墙、卫生间、厨房、地下室、水池、下水道、矿井、隧道、管道、桥梁灌缝、地下地上金属管道、高低温管道、保温管内外壁等防水、防潮、防腐蚀等工程。

三、合成高分子类防水涂料

合成高分子类防水涂料是指以合成橡胶或合成树脂为成膜物质制成的单组分或多组分的防水涂料。

合成高分子类防水涂料具有高弹性、高耐久性及优良的耐高低温性能。常用产品有聚合物乳液建筑防水涂料、聚合物水泥防水涂料、聚氯乙烯防水涂料等,适用于高防水等级的屋面、地下室、水池及卫生间的防水工程。

合成高分子类防水涂料的优点有:耐老化性能优良,产品在紫外线、光、热和氧的作用下性能稳定,材料使用寿命在20年以上;黏结力强,产品对混凝土基层、玻璃、陶瓷、塑料、金属、石棉瓦、楼面瓦及原有防水材料基面等常用建材均有极好的修补和黏结性能,在外力作用下不剥离、不分层,能形成稳定的防水整体;渗透性好,由于材料渗透性好,涂刷材料时可以渗透到水泥基材料的孔隙中,堵塞了渗水通道,防水效果可靠;延伸率好,产品断裂伸长率大于或等于600%,其抗裂性优良,对基层的裂缝有很高的遮蔽作用,即使基层因外界因素产生微小裂缝,也不会发生断裂和渗漏现象。

任务四　密封材料

建筑密封材料是指能承受位移嵌入建筑接缝中起气密或水密作用的定形和不定形的材料。它既起到防水作用,同时起到防尘、隔气与隔声的作用。为了使建筑物或构筑物工程中各种构件的接缝能够形成连续体,并具有高水密性与气密性,密封材料应具有良好的变形性能、压缩循环性能和耐候性及耐水性。

密封材料主要可分为定形和不定形两大类。定形密封材料是指具有一定形状和尺寸的密封材料,如密封条、止水带、密封垫等;不定形密封材料又称密封胶、密封膏,通常是黏稠状的材料,分为弹性密封材料和非弹性密封材料。密封材料按构成类型又可分为溶剂型、乳液型和反应型;按使用时的组分分为单组分密封材料和多组分密封材料;按组成材料分为改性沥青密封材料和合成高分子密封材料。常用的密封材料主要有下面几种。

一、沥青嵌缝油膏

沥青嵌缝油膏是以石油沥青为基料,加入改性材料、稀释剂及填充料混合制成的冷用膏状密封材料。主要用于各种混凝土屋面板、墙板等建筑构件节点的防水密封。

二、聚氨酯密封膏

聚氨酯密封膏是一种常温固化弹性密封材料。具有以下特点:弹性、黏结性及耐候老化性能特别好,与混凝土的黏结性也很好,因此不易流坠,施工可操作性也比较好,在-50 ℃时仍具有弹性,但耐热性差。

聚氨酯密封膏广泛应用于各种装配式建筑的屋面板、楼地板阳台、窗框、卫生间等部位的接缝,施工缝的密封,给水排水管道、贮水池、游泳池、引水渠及公路、机场跑道等的接缝密封,混凝土裂缝的修补。

三、聚硫密封膏

聚硫密封膏是由液态硫橡胶为主剂,与金属过氧化物等硫化剂反应,在常温下形成的弹性体密封膏。

聚硫密封膏是一种饱和聚合物,其硫化物在大气作用下有较好的抗老化性能。它与一般橡胶相似,在高温下变软、低温下变硬,适用于金属幕墙、预制混凝土、玻璃窗、游泳池、贮水槽、地坪及构筑物接缝的防水处理及黏结。

四、硅酮密封胶

硅酮密封胶是以聚硅氧烷为主要成分的单组分和双组分室温固化型的建筑密封材料。目前,大多为单组分系统。硅酮密封胶具有优异的耐热、耐寒性和良好的耐候性,与各种材料都有较好的黏结能力,压缩循环性能和耐水性好。

硅酮密封胶根据其功能主要分为耐候密封胶(简称耐候胶)和结构密封胶(简称结构胶)。前者是指用于嵌缝的、具有较高变形能力的低模数密封胶,主要用于铝合金、玻璃、石材等的嵌缝;后者是指用于玻璃幕墙结构中玻璃与铝合金构件、玻璃板与玻璃板等之间黏结的密封胶。

密封材料的选用,应首先考虑它的黏结性能和使用部位。密封材料与被粘基层的良好黏结是保证密封的必要条件,因此应根据被粘基层的材质、表面状态和性质来选择黏结性良好的密封材料;建筑物中不同部位的接缝,对密封材料的要求不同,如室外的接缝要求有较高的耐候性,而伸缩缝则要求有较好的弹塑性和压缩循环性能。

小　结

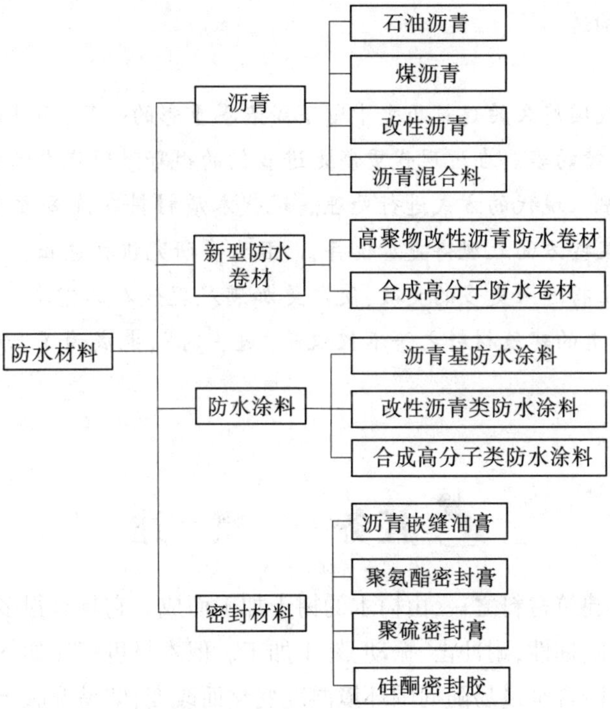

项目九 木 材

【学习指导】

通过学习,应掌握木材的物理力学性质及其影响因素、木材的应用;了解木材的分类、构造与缺陷。

重点:木材的物理力学性质及其影响因素。

难点:木材的构造。

【课程思政】

木材,不仅在我国悠久的建筑历史中留下了浓墨重彩的一笔,而且以一种高效、时尚、环保、多功能、可持续的姿态在近现代重新走进我们的视野。现代木结构建筑既保留了传统的精髓,同时又融入现代的方式进行处理。现代木质材料在许多方面已经不弱于混凝土和钢材,甚至在某些方面表现得更加优异,而且众多研究机构也正在加紧研究新的改进方法,木材在功能上将迎来更多的突破,使之更加满足现代人的需求。传承与创新,让木材这个世界上最古老的建筑材料之一不仅仅是“过去时”,也成为了“现在时”,更将拥有“未来时”!

任务一 概 述

木材是重要的建筑材料之一,由树木的树干加工而成。它具有很多优良性能,如轻质高强,有较高的弹性、韧性,耐冲击、振动,易于加工。但木材也存在如下缺点:内部构造不均匀,导致各向异性;含水量易随周围环境湿度变化而改变,即易湿胀干缩;易腐朽及被虫蛀;易燃烧,天然疵病较多;尺寸受到限制等。随着木材加工和处理技术的提高,这些缺点得到很大程度的改善。树木总的分为针叶树(如杉木、红松、白松、黄花松等)、阔叶树(如榆木、水曲柳、柞木等)两大类。

针叶树叶子呈针状,树干直而高大,纹理顺直,木质较软,故又称软木。针叶树表观密度和胀缩变形小,防腐蚀性较强,是建筑上常用的木材,建筑工程中常将松、杉、柏用于承重结构。

阔叶树叶子宽大,大多材质坚硬,故又称硬木。硬木表观密度较大,加工较难,易胀缩、翘曲,产生裂缝,不宜用于承重结构,如榆木、水曲柳等适用于内部装饰、次要承重构件、制作胶合板等。

任务二　木材的组织构造

一、木材的宏观构造

木材的宏观构造用肉眼和放大镜就能观察到,通常从树干的三个切面上来进行剖析,即横切面(垂直于树轴的面)、径切面(通过树轴的纵切面)和弦切面(平行于树轴的纵切面)。木材的宏观构造如图 9-1 所示。

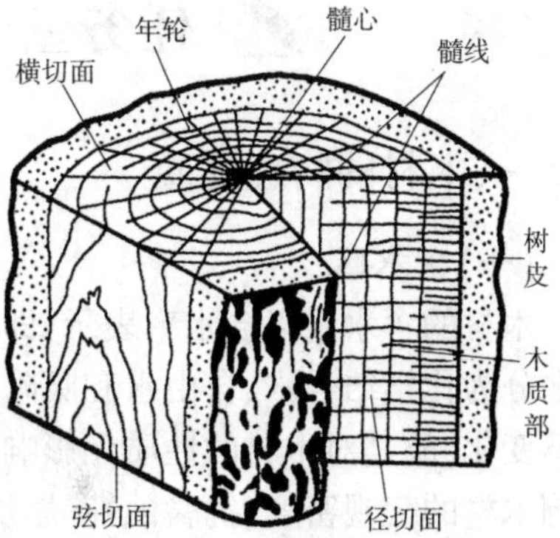

图 9-1　木材的宏观构造

由图 9-1 可知,树木是由树皮、木质部和髓心等部分组成的。

(1)树皮。是指木材外表面的整个组织,起保护树木的作用,建筑上用途不大。针叶树材树皮一般呈红褐色,阔叶树材树皮多呈褐色。

(2)木质部。是髓心和树皮之间的部分,是木材的主体。木材主要使用木质部。在木质部中,靠近髓心的部分颜色较深,称为心材;靠近树皮的部分颜色较浅,称为边材。一般来说,心材是由树干中心部分较老的细胞,随着树龄的增加而逐渐失去生活机能所形成的,仅起支持树干的力学作用。心材储有较多的树脂和单宁酸等物质,含水量较少,所以湿胀干缩较小,抗腐蚀能力也较强。边材含水量较多,易翘曲变形,抗腐蚀性不如心材。通常心材的利用价值比边材大。

从横切面上可以看到深浅相间的同心圆环,即年轮。年轮由春材(早材)和夏材(晚材)两部分组成,春材是春天生长的木质,色较浅,材质松软;夏材是夏秋两季生长的木质,色较深,材质坚硬。相同树种,年轮越密且均匀则材质就越好,夏材部分越多,木材强度越高。

(3)髓心。在树干中心由第一轮年轮组成的初生木质部分称为髓心。其细胞已无生活机能,材质松软,强度低,易腐朽开裂。从髓心向外的辐射线称为髓线,它与周围联结差,干燥时易沿此开裂,年轮和髓线组成了木材美丽的天然纹理。

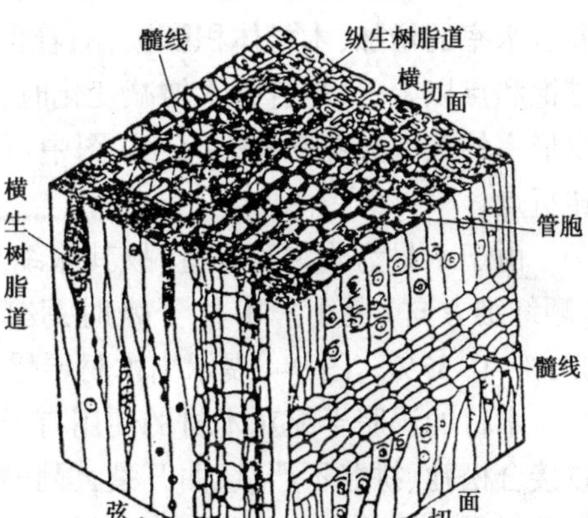

图 9-2　马尾松的微观构造

二、木材的微观构造

微观构造是在显微镜下观察的木材组织,它是由无数管状细胞结合而成的,如图 9-2 所示。它们大部分纵向排列,少数横向排列(如髓线)。每个细胞分细胞壁和细胞腔两部分,细胞壁由细纤维组成,其纵向联结较横向牢固。细纤维间具有极小的空隙,能吸附和渗透水分,木材的细胞壁愈厚,腔愈小,木材组织愈均匀,木材愈密实,表观密度大,强度也较高,但干缩率则随细胞壁厚度增大而增大。春材细胞壁薄腔大,夏材则细胞壁厚腔小。

任务三　木材的物理力学性质

一、木材的物理性质

(一)含水率

木材的含水量以含水率表示,即木材中水分质量占干燥木材质量的百分比。木材中的水分为化学结合水、自由水和吸附水三种。化学结合水即为木材中的化合水,它在常温下不变化,故其对木材的性质无影响;自由水是存在于木材细胞腔和细胞间隙中的水,它影响木材的表观密度、抗腐蚀性、燃烧性和干燥性;吸附水是被吸附在细胞壁内细纤维之间的水,吸附水的变化影响木材强度和木材胀缩变形性能。

1. 木材的纤维饱和点

当木材中细胞壁内吸附水达到饱和时,木材的含水率称为纤维饱和点。木材的纤维饱和点随树种而异,一般为25%~35%,通常取其平均值,约为30%。纤维饱和点是木材物理力学性质发生变化的转折点。

2. 木材的平衡含水率

木材中所含的水分是随着环境的温度和湿度的变化而改变的,当木材长时间处于一定温度和湿度的环境中时,木材中的含水量最后会达到与周围环境湿度相平衡,这时木材的含水率称为平衡含水率。木材的平衡含水率是木材进行干燥时的重要指标,木材的平衡含水率随其所在地区不同而异,一般北方为12%左右,长江流域为15%左右,南方约为18%。

(二)湿胀干缩

木材具有很显著的湿胀干缩性,其规律是:当木材的含水率在纤维饱和点以下时,随着含水率的增加,木材体积膨胀,随着含水率的减小,木材体积收缩;而当木材含水率在纤维饱和点以上,只是自由水增减变化时,木材的体积不发生变化。木材的含水率与其胀缩变形率的关系如图9-3所示。从图中可以看出,纤维饱和点是木材发生湿胀干缩变形的转折点。

由于木材为非匀质构造,故其胀缩变形各向不同,其中以弦向最大,径向次之,纵向(顺纤维方向)最小。木材干燥时,弦向干缩6%~12%,径向干缩3%~6%,纵向仅为0.1%~0.35%。图9-4展示出木材干燥后其横截面上各部位的不同变化情况。

木材的湿胀干缩对木材的使用有严重影响,干缩使木材结构构件连接处产生缝隙而致接合松弛、拼缝不严、翘曲开裂,湿胀则造成凸起变形,强度降低。为了避免这种情况,工程上最常用的方法是预先将木材进行干燥至使用情况下的平衡含水率,或采用径向切板的方法,另外可使用油漆涂刷防潮层等方法来降低木材的湿胀变形。

(三)密度、表观密度

各种木材的分子构造基本相同,因而木材的密度基本相等,平均约为1.55 g/cm^3。木

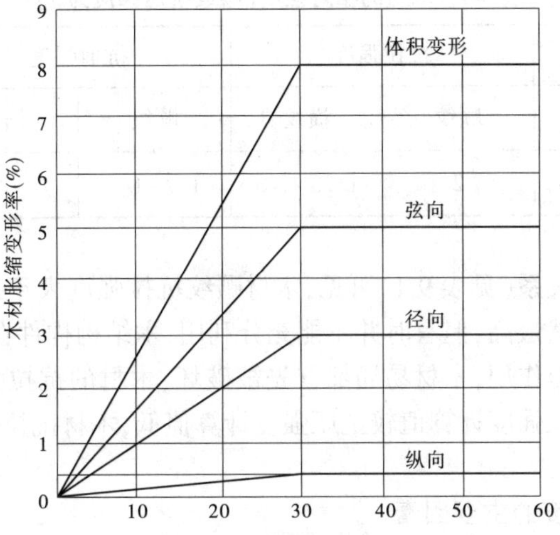

图 9-3　木材含水率与胀缩变形率的关系

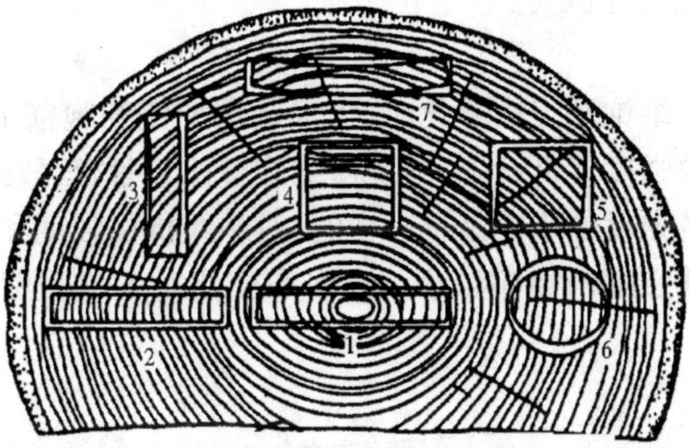

1—通过髓心的径锯板呈凸形；2—边材径锯板收缩较均匀；3—板面与年轮呈 40°角发生翘曲；
4—两边与年轮平行的正方形变长方形；5—与年轮成对角线的正方形变菱形；
6—圆形变椭圆形；7—弦锯板呈翘曲

图 9-4　木材干燥后其横截面形状的改变

材细胞组织中的细胞壁中存在大量微小的孔隙，使得木材的表观密度较小，一般只有 300～800 kg/m^3，孔隙率很大，可达 50%～80%。

木材的表观密度除与组织构造有关外，含水率对其影响也很大，使用时通常以含水率 15%的表观密度为标准。

二、木材的力学性质

（一）强度

木材按受力状态分为抗拉、抗压、抗弯和抗剪四种强度，而抗拉、抗压、抗剪三种强度又有顺纹（作用力方向与纤维方向平行）与横纹（作用力方向与纤维方向垂直）之分。木材的顺纹与横纹强度有很大差别，木材四种强度之间的关系如表 9-1 所示。

表 9-1 木材的相对强度(顺纹抗压强度为 1)

抗压强度		抗拉强度		抗剪强度		抗弯强度
顺纹	横纹	顺纹	横纹	顺纹	横纹	
1	1/10~1/3	2	1/20~1/3	1/7~1/3	1/2	1.2

由各强度之间的关系(见表 9-1)可见,木材顺纹抗拉强度大于抗弯强度和抗压强度。木材顺纹抗拉强度虽然最高,但有时并不能充分利用,木结构构件在承受顺纹拉力的同时会受到剪切作用和压力作用,木材易局部首先被破坏,木材的抗拉强度不易发挥。因此,设计中采用的木材抗拉强度计算值较抗压强度计算值低,木材抗拉强度很不稳定,很少被利用。

(二)影响木材强度的主要因素

1. 木材纤维组织的影响

木材受力时,主要靠细胞壁承受外力,细胞壁越均匀密实,强度就越高;当晚材率高时,木材的强度高,表观密度也大。

2. 含水率的影响

木材的含水率在纤维饱和点内变化时,含水量增加使细胞壁中的木纤维之间的联结力减弱,细胞壁软化,故强度降低;水分减少使细胞壁比较紧密,故强度增高。

含水率的变化对各强度的影响是不一样的,对顺纹抗压强度和抗弯强度的影响较大,对顺纹抗拉强度和抗剪强度的影响较小。含水率变化对木材强度的影响(以松木为例)如图 9-5 所示。

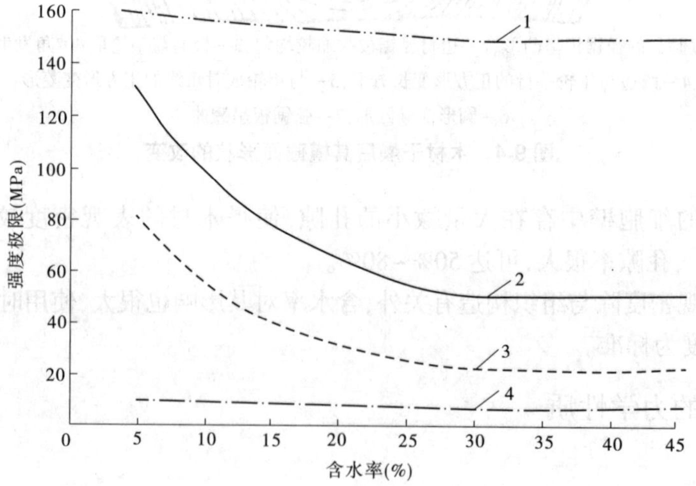

1—顺纹受拉;2—弯曲;3—顺纹受压;4—顺纹受剪

图 9-5 含水率变化对木材强度的影响

我国规定,测定木材强度以含水率为 12%(称木材的标准含水率)时的强度测值作为标准，其他含水率时的强度测值可按式(9-1)换算：

$$f_{12}=f_{w}[1+\alpha(W_{h}-12)] \tag{9-1}$$

式中 f_{12}——含水率为12%时的强度，MPa；

f_{w}——含水率为 W_{h} 时的强度，MPa；

W_{h}——木材的含水率；

α——校正系数，随作用力和树种不同而异，如顺纹抗压时所有树种均为0.05，顺纹抗拉时阔叶树为0.015，针叶树为0，抗弯时所有树种为0.04，顺纹抗剪时所有树种为0.03。

3. 负荷时间的影响

木材的长期承载能力远低于暂时承载能力。这是因为在长期承载情况下，木材会发生纤维等速蠕滑，累积后产生较大变形而降低了承载能力。

木材在长期荷载作用下不致引起破坏的最大强度，称为持久强度。木材的持久强度比其极限强度小得多，一般为极限强度的50%~60%。一切木结构都处于某一种负荷的长期作用下，因此在设计木结构时，应考虑负荷时间对木材强度的影响。

4. 温度的影响

木材随环境温度的升高强度会降低。当温度由25 ℃升到50 ℃时，针叶树抗拉强度降低10%~15%，抗压强度降低20%~40%。当木材长期处于60~100 ℃时，会引起水分和所含挥发物的蒸发而呈暗褐色，强度下降，变形增大。当温度超过140 ℃时，木材中的纤维素发生热裂解，色渐变黑，强度明显下降。因此，长期处于高温的建筑物，不宜采用木结构。

5. 木材的疵病

木材在生长、采伐及保存过程中，会产生内部和外部的缺陷，这些缺陷称为疵病。木材的疵病主要有木节、斜纹、腐朽及虫害等，这些疵病将影响木材的力学性质，但同一疵病对木材不同强度的影响不尽相同。

木节分为活节、死节、松软节、腐朽节等几种，活节影响较小。木节使木材顺纹抗拉强度显著降低，对顺纹抗压强度影响较小。在木材受横纹抗压和剪切时，木节反而增加其强度。

斜纹为木纤维与树轴成一定夹角，使木材严重降低其顺纹抗拉强度，抗弯强度次之，对顺纹抗压强度影响较小。裂纹、腐朽、虫害等疵病会造成木材构造的不连续性或破坏其组织，因此严重影响木材的力学性质，有时甚至能使木材完全失去使用价值。

表9-2列举了一些建筑上常用木材的表观密度及力学性质。

表9-2 几种常见木材的表观密度及力学性质

树种	产地	表观密度 (g/cm^3)	强度(MPa)			
			顺纹抗压强度	抗弯强度	顺纹抗拉强度	顺纹抗剪强度（径面）
杉木	湖南	0.371	37.8	63.8	77.2	4.2
红松	东北	0.440	33.4	65.3	98.1	6.3

续表 9-2

树种	产地	表观密度(g/cm³)	强度(MPa)			
			顺纹抗压强度	抗弯强度	顺纹抗拉强度	顺纹抗剪强度(径面)
马尾松	湖南	0.519	44.4	91.0	104.9	7.5
落叶松	东北	0.614	57.6	118.3	129.9	8.5
鱼鳞云杉	东北	0.417	35.2	69.9	96.7	6.2
冷杉	四川	0.433	35.5	70.0	97.3	4.9
柏木	湖北	0.600	54.3	100.5	117.1	6.2
柞木	东北	0.777	55.6	124.0	155.4	11.8

【工程实例分析 9-1】 客厅木地板所选用的树种。

现象:某客厅采用白松实木地板装修,使用一段时间后多处磨损,请分析原因。

原因分析:白松属针叶树木,其木质软、硬度低、耐磨性差。虽受潮后不易变形,但用于走动频繁的客厅则不妥,可考虑改用质量好的复合木地板,其板面坚硬耐磨,使用寿命长。

任务四　木材的应用与防腐

一、木材种类与规格

木材按加工程度和用途不同,可分为原条、原木、普通锯材和枕木四类。建筑用木材的主要产品有原条、原木、普通锯材及人造板材等。

木材的分类见表 9-3。

表 9-3　木材的分类

分类名称	说明	主要用途
原条	指除去皮、根、树梢的木料,但尚未按一定尺寸加工成规定直径和长度	建筑工程中的脚手架、建筑用材、家具等
原木	指已经除去皮、根、树梢的木料,并已按一定尺寸加工成规定直径和长度的木料	直接使用的原木:用于建筑工程,桩木、电杆、枕木等; 加工原木:用于胶合板、车辆、机械模型及一般加工用材等
锯材	指已经加工锯解成材的木料,凡宽度为厚度3倍或3倍以上的,称为板材;不足3倍的称为枋材	建筑工程、桥梁、家具、车辆、包装箱等

常用的板材按其厚度与宽度可分为薄板、中板、厚板,如表 9-4 所示。

表 9-4 板材宽度、厚度　　　　(单位:mm)

分类	厚度	宽度
薄板	12、15、18、21	50~240
中板	25、30	50~260
厚板	40、50、60	60~300

锯材按质量等级可以分为普通锯材和特等锯材两种,普通锯材又分为一等、二等、三等。各等级锯材技术指标如表 9-5 所示。

人造板材是利用木材或含有一定量纤维的其他植物做原料,采用一般物理方法和化学方法加工而成的。这类板材与天然木材相比,不仅具有板面宽,表面平整光洁,没有节子、虫眼和各向异性等特点,而且不翘曲、不开裂,经加工处理后具有防火、防水、防腐、防酸等性能。

表 9-5 各等级锯材技术指标

缺陷名称	检量方法	容许限度							
		针叶树				阔叶树			
		特等锯材	普通锯材			特等锯材	普通锯材		
			一等	二等	三等		一等	二等	三等
活节、死节	最大尺寸不得超过材宽的比例(%)	10	20	40	不限	10	20	40	不限
	任意材长 1 m 范围内的个数,≤	3	5	10	不限	2	4	6	不限
腐朽	面积不得超过所在材面面积的比例(%)	不许有	不许有	10	25	不许有	不许有	10	25
裂纹、夹皮	长度不得超过材长的比例(%)	5	10	30	不限	10	15	40	不限
虫害	任意材长 1 m 范围内的个数,≤	不许有	不许有	15	不限	不许有	不许有	8	不限
钝棱	最严重缺角尺寸不得大于材宽的比例(%)	10	25	50	80	15	25	50	80
弯曲	横弯,不得大于(%)	0.3	0.5	2	3	0.5	1	2	4
	顺弯,不得大于(%)	1	2	3	不限	1	2	3	不限
斜纹	斜纹倾斜高不得大于水平长的比例(%)	5	10	20	不限	5	10	20	不限

常用的人造板材有胶合板、纤维板、刨花板等。

(1)胶合板。是用原木旋切成薄片,经干燥处理后,再用胶粘剂按奇数层数,以各层纤维相互垂直的方向,黏合、热压而成的人造板材,一般为3~13层,工程中常用的是三合板和五合板。针叶树和阔叶树均可制作胶合板。

胶合板的特点是材质均匀、强度高,无明显纤维饱和点存在,吸湿性小,不翘曲、不开裂,无疵病,面幅大,使用方便,装饰性好。

(2)纤维板。是将树皮、刨花、树枝等废料,经破碎浸泡,研磨成木浆,加入胶粘剂或利用木材自身和胶黏物质作用,经热压成型、干燥处理而制成的人造板材,因成型时温度和压力不同,纤维板分为硬质、半硬质和软质三种。

纤维板对木材的利用率高,且材质均匀,各向同性,弯曲强度高,不易胀缩和翘曲开裂,完全避免了木材的各种缺陷。

(3)刨花板。是利用木材加工时产生的碎片、刨花,经干燥、拌胶,再压制而成的板材,也称为碎木板。

刨花板表观密度小,强度低,主要用作绝热和吸声材料。

二、木材的腐朽与防腐措施

木材的腐朽是由真菌寄生引起的。真菌是一种低等的植物,它在木材中生存和繁殖,必须同时具备三个条件,即适当的水分、足够的空气、适宜的温度。当木材含水率为35%~50%,温度为15~30 ℃,又有足够的空气时,适宜其繁殖,木材最易腐朽。当含水率在20%以下,温度高于60 ℃时,真菌将停止生存和繁殖。

除真菌外,木材还会遭到诸如白蚁、天牛、蠹虫等昆虫的蛀蚀。

木材的防腐通常采取两种措施:一种是创造条件,使木材不适于真菌寄生和繁殖;另一种是进行药物处理,消灭或制止真菌生长。

第一种措施主要将木材干燥,使其含水率小于20%,使用时注意通风除湿。

第二种措施是用化学防腐剂对木材进行处理,这是一种比较有效的防腐措施。防腐剂的种类较多,主要有水溶性防腐剂和油溶性防腐剂。处理木材的方法有喷涂法、浸渍法、压力渗透法等。

水溶性防腐剂多用于内部木构件的防腐,常用氯化锌、氟化钠、硫酸铜等;油溶性防腐剂药力持久,毒性大,不易被水冲走,不吸湿,但有臭味,多用于室外、地下、水下,常用的有煤焦油、蒽油、杂酚油等。

【工程实例分析9-2】 西藏三大文物维修木材防腐处理。

现象:以木结构为承重主体的古建筑,易发生木材腐朽和虫蛀,严重的腐朽、虫蛀使木材变质,强度丧失,对木结构产生危害并危害建筑安全。西藏布达拉宫、罗布林卡和萨迦寺都存在这些现象。因此,在对这三大文物建筑进行维修时,其木材防腐处理成为整个维修工程重要的项目组成部分。

原因分析:木材防腐项目主要包括建筑木构件的木材树种选择鉴定、木材质量把关、木材防腐防虫处理、木材干燥及含水率检测和力学性能检测等，这些工作由中国林业科学院木材工业研究所承担。

据了解，在三大文物维修工程木材防腐处理技术上，采用了包括CuAz在内的多种木材防腐防虫剂，在处理方法上采用加压处理、浸泡处理和喷淋、涂刷、注射处理等方法，处理后的木材是未处理木材使用寿命的3~5倍。这种采用多种药剂进行综合性防腐处理的做法为西藏木材保护特别是古建筑木材保护开创了先例。

三大文物维修工程从2002年开工以来，历经7年多的时间，已经完成了绝大部分维修项目。木材防腐处理高达6 800 m^3。

小 结

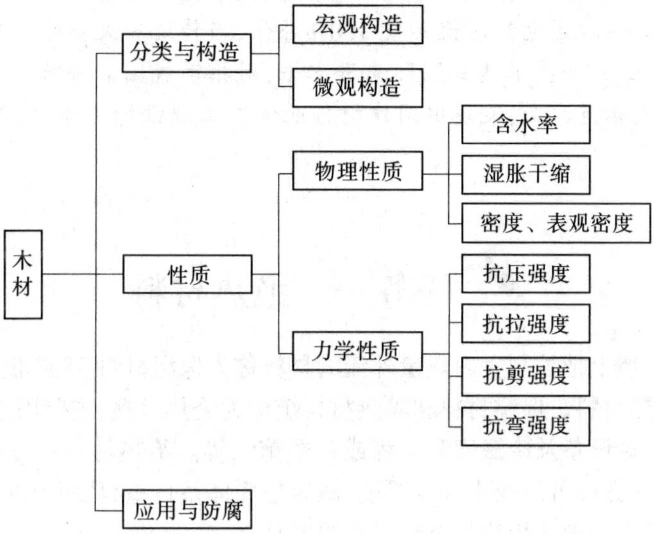

项目十　其他种类建筑材料

【学习指导】

掌握绝热材料及吸声、隔声材料的性能要求及应用,土工织物在工程中的应用;熟悉绝热材料、吸声材料、隔声材料及合成纤维常用类型;了解建筑塑料的组成及应用。

【课程思政】

党的二十大报告提出,建设现代化产业体系,坚持把发展经济的着力点放在实体经济上,推进新型工业化,加快建设制造强国、质量强国、航天强国、交通强国、网络强国、数字中国。通过淘汰落后产能,置换高能耗生产线,积极运用物联网、大数据、云计算、先进过程控制等技术应用,推动建材行业转型发展。中国建材集团开展的电熔法2.4 m幅宽岩棉制品生产线项目实现了电能对天然气100%替代,与传统冲天炉生产对比吨产品综合能耗降低40%以上,综合技术达到国际先进水平,对推动我国岩棉行业技术进步和低碳节能生产具有重大示范意义,荣获中国建材行业优秀工程设计一等奖,入选工信部2021年二十大低碳技术。

任务一　绝热材料

在工程中,习惯上把控制室内热量外流的材料称为保温材料,把防止室外热量进入室内的材料称为隔热材料。保温材料和隔热材料统称为绝热材料,主要用于墙体及屋顶、热工设备及管道、冷藏设备及冷藏库等工程或冬季施工等。绝热材料一方面可以减少热损失、节约能源;另一方面可以减小外墙厚度、减轻屋面体系自重,从而节约材料、降低造价。因此,在建筑工程中合理使用绝热材料具有重要意义。

一、绝热材料的性能要求

绝热材料最基本的性能要求是导热性低。导热性指材料传递热量的能力,材料的导热性能用导热系数表示,工程上将导热系数小于0.23 W/(m·K)的材料称为绝热材料。影响材料导热系数的主要因素包括材料的物质构成、孔隙率及材料的含水率和外界的温度等。

除导热系数外,绝热材料还应具有一定的强度、抗冻性、耐水性、防火性、耐热性和耐低温性,有时还需要具有较小的吸湿性和吸水性等。选用绝热材料时,应考虑其主要性能达到如下指标,即导热系数不宜大于0.23 W/(m·K),表观密度或堆积密度不宜大于600 kg/m^3,块状材料的抗压强度不低于0.3 MPa,绝热材料的温度稳定性应高于实际使用温度。在实际应用中,由于绝热材料抗压强度一般都很低,常将绝热材料与承重复合使用。另外,由于大多数绝热材料都具有一定的吸水、吸湿能力,故在实际使用时,需在表层加防水层或隔汽层。

室内外之间的热交换除通过材料的传导传热方式外,辐射传热也是一种重要的传热方式。铝箔等金属薄膜,由于具有很强的反射能力,具有隔绝辐射传热的作用,因而也是理想的绝热材料。

二、常用绝热材料

(一)无机绝热材料

1. 散粒状无机绝热材料

1)膨胀蛭石

蛭石是一种有代表性的多孔轻质类无机绝热材料,为复杂的镁、铁含水铝硅酸盐矿物,由云母类矿物经风化而成,具有层状结构。将天然蛭石经破碎、预热后快速通过煅烧带可使蛭石膨胀 20~30 倍。膨胀蛭石的导热系数为 0.046~0.070 W/(m·K),可在 1 000~1 100 ℃的高温下使用。主要用于建筑夹层,但需注意防潮。膨胀蛭石也可用水泥、水玻璃等胶结材胶结成板,用作板壁绝热,但导热系数值比松散状要大,一般为 0.08~0.10 W/(m·K)。

2)膨胀珍珠岩

膨胀珍珠岩是以天然珍珠岩、黑曜石或松脂岩为原料,经煅烧体积急剧膨胀(约 20 倍)而得蜂窝状白色或灰白色松散颗粒。堆积密度为 40~300 kg/m^3,导热系数为 0.025~0.048 W/(m·K),耐热 800 ℃,为高效能保温保冷填充材料。可以膨胀珍珠岩为骨料,配以适量胶凝材料,经拌和、成型、养护(或干燥、或焙烧)后制成板、砖、管等膨胀珍珠岩制品。

2. 纤维状无机绝热材料

1)石棉

石棉是一种天然矿物纤维,主要化学成分是含水硅酸镁,具有耐火、耐热、耐酸碱、绝热、防腐、隔声及绝缘等特性。常制成石棉粉、石棉纸板、石棉毡等制品,用于建筑工程的高效能保温及防火覆盖等。

2)矿物棉

岩棉和矿渣棉统称为矿物棉,由熔融的岩石经喷吹制成的纤维材料称为岩棉,由熔融矿渣经喷吹制成的纤维材料称为矿渣棉。将矿物棉与有机胶粘剂结合可以制成矿棉板、毡、管壳等制品。矿物棉也可制成粒状棉用作填充材料,其缺点是吸水性大、弹性小。

3)玻璃纤维

玻璃纤维一般分为长纤维和短纤维。短纤维由于相互纵横交错在一起,构成了多孔结构的玻璃棉,常用作绝热材料。玻璃纤维制品的纤维直径对其导热系数有较大影响,导热系数随纤维直径增大而增大。以玻璃纤维为主要原料的保温隔热制品主要有沥青玻璃棉毡和酚醛玻璃棉板,以及各种玻璃毡、玻璃毯等,通常用于房屋建筑的墙体保温层。

3. 多孔状无机绝热材料

1)泡沫玻璃

泡沫玻璃是用玻璃细粉和发泡剂(石灰石、碳化钙和焦炭)经粉磨、混合、装模、煅烧而得到的多孔材料。泡沫玻璃导热系数小、抗压强度高、抗冻性好、耐久性好,并且对水分、水蒸气和其他气体具有不渗透性,还容易进行机械加工,可锯、钻、车及打钉等。泡沫玻璃作为绝热材料在建筑上主要用于保温墙体、地板、天花板及屋顶保温。可用于寒冷地区低层的建筑物。

2)多孔混凝土

多孔混凝土是指具有大量均匀分布、直径小于2 mm的封闭气孔的轻质混凝土,主要有泡沫混凝土和加气混凝土。随着表观密度减小,多孔混凝土的绝热效果增加,但强度下降。

3)微孔硅酸钙制品

微孔硅酸钙制品是用粉状二氧化硅(硅藻土)、石灰、纤维增强材料及水等,经搅拌、成型、蒸压处理和干燥等工序制成的。用于围护结构及管道保温。

(二)有机绝热材料

1. 泡沫塑料

泡沫塑料是以各种树脂为基料,加入各种辅助料经加热发泡制得的轻质保温材料。泡沫塑料目前广泛用作建筑上的保温隔声材料,其表观密度很小,隔热性能好,加工使用方便。常用的泡沫塑料有聚苯乙烯泡沫塑料、脲醛泡沫塑料、聚氨酯泡沫塑料、聚氯乙烯泡沫塑料、泡沫酚醛塑料等。

2. 硬质泡沫橡胶

硬质泡沫橡胶用化学发泡法制成。特点是导热系数小而强度大。表观密度越小,保温性能越好,但强度越低。硬质泡沫橡胶抗碱和抗盐的侵蚀能力较强,但强的无机酸及有机酸对它有侵蚀作用。它不溶于醇等弱溶剂,但易被某些强有机溶剂软化溶解。硬质泡沫橡胶为热塑性材料,耐热性不好,在65 ℃左右开始软化。硬质泡沫橡胶有良好的抗低温性能,低温下强度较高且有较好的体积稳定性,可用于冷冻库。

3. 植物纤维复合板

植物纤维复合板是以植物纤维为主要材料加入胶结料和填料而制成的。如木丝板是以木材下脚料制成木丝,加入硅酸钠溶液及普通硅酸盐水泥混合,经成型、冷压、养护、干燥而成。甘蔗板是以甘蔗渣为原料,经过蒸制、加压、干燥等工序制成的一种轻质、吸声、保温材料。

4. 软木板

软木也叫栓木。软木板是以栓皮、栎树皮或黄菠萝皮为原料,经破碎后与皮胶溶液拌和,再加压成型,在80 ℃的干燥室中干燥一昼夜而制成。软木板具有表观密度小、导热性低、抗渗和防腐性能高等特点。

【工程实例分析10-1】 绝热材料的应用。

现象:某冰库原采用水玻璃胶结膨胀蛭石作为隔热材料,经过一段时间后,隔热效果逐渐变差。后来采用聚苯乙烯泡沫作为墙体隔热夹心板,在内墙喷涂聚氨酯泡沫作为绝热材料,取得良好的效果。

原因分析:水玻璃胶结膨胀蛭石板用于冰库易受潮,受潮后其绝热性能下降。而聚苯乙烯泡沫隔热夹心板和聚氨酯泡沫层均不易受潮,且有较好的低温使用性能,故用于冰库可取得良好的效果。

任务二　吸声、隔声材料

当前噪声已成为一种严重的环境污染，建筑物的声环境问题越来越受到人们的关注和重视。选用适当的材料对建筑物进行吸声和隔声处理是建筑物噪声控制过程中最常用、最基本的技术措施之一。

一、吸声材料

吸声材料是一种能在较大程度上吸收由空气传递的声波能量的建筑材料，主要用于音乐厅、影剧院、大会堂、播音室等内部的墙面、地面、天棚等部位。适当采用吸声材料，能改善声波在室内传播的质量，获得良好的音响效果。

（一）吸声材料的性能要求

衡量材料吸声性能的重要指标是吸声系数，即被材料吸收的声能与传递给材料的全部入射声能之比，一般材料的吸声系数为 0~1。材料的吸声系数越大，吸声效果越好。

任何材料都具有一定的吸声能力，只是吸收的程度有所不同。材料的吸声性能除与声波方向有关外，还与声波的频率有关，同一材料对于高、中、低不同频率声波的吸声系数不同。为了全面反映材料的吸声特性，通常取 125 Hz、250 Hz、500 Hz、1 000 Hz、2 000 Hz、4 000 Hz 六个频率的平均吸声系数来表示材料的吸声频率特性。只有六个频率的平均吸声系数大于 0.2 的材料，才称为吸声材料。

材料的吸声性能主要受到材料的孔隙特征、表观密度及厚度影响。为发挥吸声材料的作用，材料的气孔应是开放的，且应相互连通。气孔越多，吸声性能越好。大多数吸声材料强度较低，设置时要注意避免撞坏。多孔的吸声材料易于吸湿，安装时应考虑到胀缩的影响，还应考虑防火、防腐、防蛀等问题。

（二）常用吸声材料类型及其结构形式

吸声材料按吸声机制的不同可分为两类：一类是靠从表面至内部许多细小的敞开孔道使声波衰减的多孔吸声材料，另一类是靠共振作用吸声的柔性材料、膜状材料、板状材料和穿孔板。建筑中常用的吸声材料及其吸声结构有以下几种。

1. 多孔吸声材料

多孔吸声材料是比较常用的一种吸声材料，其吸声性能与材料的表观密度和内部构造有关。声波进入材料内部互相贯通的孔隙，空气分子受到摩擦和黏滞阻力，使空气产生振动，从而使声能转化为机械能，最后摩擦而转变为热能被吸收。多孔吸声材料的吸声系数一般从低频到高频逐渐增大，故对中频和高频的声音吸收效果较好。材料中开放的、互相连通的、细致的气孔越多，其吸声性能越好。

2. 薄板振动吸声结构

薄板振动吸声结构具有良好的低频的吸声效果，同时有助于声波的扩散。建筑中通常是把胶合板、薄木板、硬质纤维板、石膏板、石棉水泥板或金属板等周边固定在墙或顶棚的龙骨上，并在背后留有空气层，即构成薄板振动吸声结构。由于低频声波比高频声波容易激起薄板产生振动，所以薄板振动吸声结构具有低频的吸声特性。

3. 共振吸声结构

共振吸声结构具有封闭的空腔和较小的开口,很像个瓶子。当瓶腔内空气受到外力激荡时,会按一定的频率振动,这就是共振吸声器。每个单独的共振吸声器都有一个共振频率,在其共振频率附近,由于颈部空气分子在声波的作用下像活塞一样进行往复运动摩擦,会使声能损耗。若在腔口蒙一层细布或疏松的棉絮,可以加宽共振频率范围和提高吸声量。为了获得较宽频带的吸声性能,常采用组合共振吸声结构。

4. 穿孔板组合共振吸声结构

穿孔板组合共振吸声结构与单独的共振吸声器相似,可看作是许多个单独共振吸声器并联而成的。穿孔板厚度、穿孔率、孔径、背后空气层厚度,以及是否填充多孔吸声材料等,都直接影响吸声结构的吸声性能。穿孔板组合共振吸声结构具有适合中频的吸声特性。这种吸声结构由穿孔的胶合板、硬质纤维板、石膏板、铝合板、薄钢板等,将周边固定在龙骨上,并在背后设置空气层而构成。这种吸声结构在建筑中使用比较普遍。

5. 柔性吸声材料

柔性吸声材料是具有密闭气孔和一定弹性的材料(如聚氯乙烯泡沫塑料),表面为多孔材料,但因其具有密闭气孔,声波引起的空气振动不易直接传递至材料内部,只能相应地产生振动,在振动过程中由于克服材料内部的摩擦而消耗了声能,引起声波衰减。这种材料的吸声特性是在一定的频率范围内出现一个或更多个吸收频率。

6. 悬挂空间吸声体

悬挂于空间的吸声体,由于声波与吸声材料的两个或两个以上的表面相接触,增加了有效的吸声面积,产生边缘效应,加上声波的衍射作用,大大提高了实际的吸声效果。实际使用时,可根据不同的使用地点和要求,设计成各种形式的悬挂在顶棚下的空间吸声体。空间吸声体有平板形、球形、圆锥形、棱锥形等多种形式。

7. 帘幕吸声体

帘幕吸声体是用具有通气性能的纺织品,安装在离墙面或窗洞一定距离处,背后设置空气层。这种吸声体对中、高频都有一定的吸声效果。帘幕的吸声效果与材料种类和褶纹有关。帘幕吸声体安装、拆卸方便,兼具装饰作用,应用价值较高。

二、隔声材料

建筑上把主要起隔绝声音作用的材料称为隔声材料。材料吸声与隔声的区别在于:材料吸声着眼于声源一侧反射声能的大小,目标是反射声能要小;材料隔声着眼于入射声源另一侧的透射声能的大小,目标是透射声能要小。

隔声材料主要用于外墙、门窗、隔墙及隔断等。隔声可分为隔绝空气声(通过空气传播的声音)和隔绝固体声(通过撞击或振动传播的声音)。两者的隔声原理截然不同。

对于空气声,根据声学中的质量定律,其传声的大小主要取决于墙或板的单位面积质量,质量越大,越不易振动,则隔声效果越好。可以认为,固体声的隔绝主要是吸收,这和吸声材料是一致的;而空气声的隔绝主要是反射,因此必须选择密实、沉重的,如黏土砖、钢板等作为隔声材料。

对于隔绝固体声最有效的措施是采用不连续结构处理,即在墙壁和承重梁之间,房屋的框架和墙壁及楼板之间加弹性衬垫,这些衬垫的材料大多可以采用上述的吸声材料,如毛毡、软木、橡皮等。将固体声转换成空气声后而被吸声材料吸收。

【工程实例分析 10-2】 吸声材料的应用。

某地铁站台站厅为钢筋混凝土结构,建成后存在严重的声学问题。发一次信号枪,枪声经久不息,存在严重的低频声多次回声现象。经过声学处理后声环境得到了极大的改善,多次回声现象得到了很好的消除。该声学处理主要采用了以下几种吸声材料:

(1)阻燃轻质吸声材料。该材料是由天然植物纤维素,如碎纸、废棉絮等经防火和防尘处理后,吸声保温性能接近玻璃棉,在现场喷贴或成品铺装而成的。

(2)矿棉吸声板。

(3)穿孔铝合金板和穿孔 FC 板。

任务三　建筑塑料

塑料在建筑中大部分用于非结构材料,仅有一小部分用于制造承受轻荷载的结构构件,如各种塑料管道卫生设备、塑料波形瓦、塑料门窗、候车棚、商亭、贮水塔罐、充气结构等。然而更多的是与其他材料复合使用,可以充分发挥塑料的特性,如用作电线的被覆绝缘材料、人造板的贴面材料,有泡沫塑料夹心层的各种复合外墙板、屋面板等。

塑料是以聚合物(或树脂)为主要成分,在一定的温度、压力等条件下制成一定形状,且在常温下能保持其形状不变的有机材料。建筑塑料较传统的建筑材料有许多优点:

(1)表观密度小。与木材密度相接近。

(2)比强度高。接近或超过钢材,是一种很好的轻质高强材料。

(3)可加工性好。可加工成各种薄板、管材、门窗异型材等,可切割和焊接。

(4)耐化学腐蚀性好,耐酸碱。适用于化工厂的门窗、地面、墙壁等。

(5)抗震、吸声和保温性好。

(6)耐水性和耐水蒸气性强。吸水率和透气性很低,可用于防潮防水工程。

(7)装饰性强。可电镀、压花、印刷等。

(8)电绝缘性优良。

建筑塑料的缺点:弹性模量低、易老化、不耐高温和易燃,燃烧后有毒。

一、塑料的组成

(一)聚合物

聚合物是由一种或多种有机小分子通过主价键一个接一个地连接而成的链状或网状分子。分子量都在 10 000 以上,有的可高达数十万乃至数百万。

聚合物是塑料中的基本组分,一般含量为 40%~100%,它的性能在很大程度上决定了塑料的性能,因此塑料的名称也按其所包含的聚合物的名称来命名。

聚合物最简单的连接方式呈线型,在其两侧还可以形成一些支链。

许多线型或支链型大分子由化学键连接而形成体型结构,如图 10-1 所示。

线型结构的聚合物一般具有热塑性。体型结构的聚合物一般具有热固性。

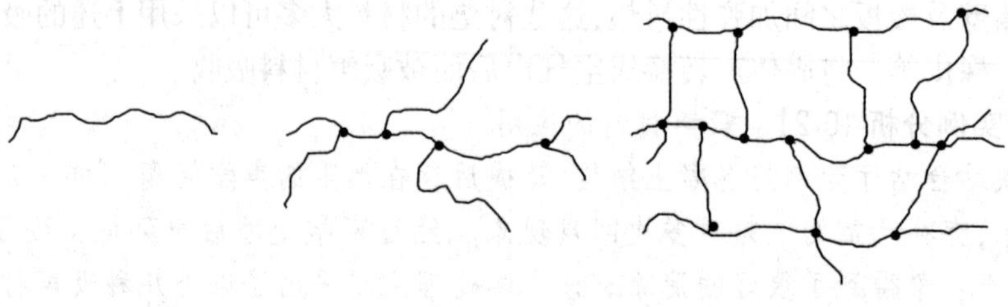
(a)线型　　(b)支链型　　(c)体型

图10-1　聚合物的分子形状

热塑性聚合物指具有受热时软化,冷却时凝固硬化,再加热又会变软的特征,经过多次重复仍能保持这种性能,如聚氯乙烯、聚乙烯等。

热固性聚合物在初次加热时变软,同时发生化学反应而变成坚硬的体型分子结构,成为不熔的物质。再受热则不再变软,遇强热则分解破坏,不能反复加工使用。

(二)填充料

填充料又称填料,在塑料中掺加填料可以提高强度、硬度和耐热性,同时能降低成本。无机填料有云母、硅藻土、滑石粉、石棉、玻璃纤维等。有机填料可用木粉、纸屑、废棉、废布等。塑料中填料掺量(以质量计)为40%~70%。

(三)添加剂

为了改善或调节塑料的某些性能,以适应加工和使用时的特殊要求,可在塑料中添加各种不同的助剂,如增塑剂、固化剂、着色剂、稳定剂、润滑剂、阻燃剂等,这些助剂又称添加剂。

增塑剂能降低塑料的硬度和脆性,使塑料具有较好的塑性、韧性和柔顺性等机械性能;固化剂能在室温或加热条件下促进或调节固化反应,形成坚硬和稳定的塑料制品;着色剂是为了使塑料制品有鲜艳的颜色;稳定剂可以防止塑料在热、光及其他条件下过早老化;润滑剂有助于塑料在生产过程中脱模;阻燃剂能提高塑料的耐热性和自熄性。

二、常用建筑塑料

(一)热塑性塑料

1. 聚氯乙烯(PVC)塑料及其建筑制品

目前,建筑上使用最多的是聚氯乙烯塑料制品。它成本低、产量大,耐久性较好,加入不同添加剂可加工成软质和硬质的多种产品。

硬质PVC塑料是建筑上最常用的一种塑料,力学强度较高,具有很好的耐风化性能和良好的抗腐蚀性能,但使用温度低。硬质PVC塑料适于做给水排水管道、瓦楞板、门窗、装饰板、建筑零配件等。

软质PVC塑料可挤压、注射成薄板、薄膜、管道、壁纸、墙纸、墙布、地板砖等,还可磨细悬浮于增塑剂中制成低黏度的增塑溶胶,作为喷塑或涂刷于屋面、金属构件上的防水防蚀材料。用软质PVC塑料制成的止水带适用于地下防水工程的变形缝处,抗腐蚀性能优于金属止水带。

PVC 塑料加入一定量的发泡剂可制成 PVC 泡沫塑料,是一种新型软质保温隔热、吸声防振材料。

PVC 塑料管道和塑钢门窗近年来发展迅猛。

2. 聚乙烯(PE)塑料及其建筑制品

用 PE 生产的建筑塑料制品有管道、冷水箱,制成柔软薄膜可用于防水工程。低压 PE 塑料主要用于喷涂金属表面作为防蚀耐磨层。

3. 聚丙烯(PP)塑料及其建筑制品

PP 塑料常用来生产管道、容器、建筑零件、耐腐蚀衬板等。

4. 聚苯乙烯(PS)塑料及其建筑制品

PS 塑料主要用于制作泡沫隔热材料(苯板)。

为改善 PS 塑料的抗冲击性和耐热性,发展了一系列改性聚苯乙烯,ABS 塑料是其中最重要的一种,它是丙烯腈、丁二烯、苯乙烯三种单体组成的热塑性塑料。ABS 塑料可生产建筑五金和各种管材。

热塑性塑料的特点是质轻、耐磨、润滑性好、着色力强、加工方法多等,但耐热性差、尺寸稳定性差、易老化。

(二)热固性塑料

1. 酚醛(PF)塑料及其建筑制品

将热固性酚醛树脂加入木粉填料可模压成人们熟知的用于电工器材的“电木”。将各种片状填料(棉布、玻璃布、石棉布、纸等)浸以热固性酚醛树脂,可多次叠放热压成各种层压板和玻璃纤维增强塑料。

2. 聚酯(UP)塑料及其建筑制品

UP 塑料主要用于制作玻璃纤维增强塑料、涂料和聚酯装饰板等。

3. 环氧(EP)塑料及其建筑制品

EP 塑料主要用于制作玻璃纤维增强塑料,另外的重要应用是做黏合剂。

4. 有机硅(SI)塑料及其建筑制品

有机硅塑料的主要特点是不燃,介电性能优异,耐水(常做防水材料),耐高温,可在 250 ℃以下长期使用。

热固性塑料的特点是耐热性好、刚性大、制品尺寸稳定性好。主要在隔热、耐磨、绝缘、耐高压电等恶劣环境中使用,最常用的应该是炒锅锅把手和高低压电器。

(三)玻璃纤维增强塑料

玻璃纤维增强塑料又称玻璃钢制品,是一种优良的纤维增强复合材料,因其比强度很高而被越来越多地用于一些新型建筑结构中。常用于建筑中的透明或半透明的波形瓦、采光天窗、浴盆、整体卫生间、泡沫夹层板、通风管道、混凝土模壳等。

玻璃钢最主要的特点是密度小、强度高,其比强度接近甚至超过高级合金钢,因此得名玻璃钢。玻璃钢的比强度为钢的 4~5 倍,这对于高层建筑和空间结构有特别重要的意义。但玻璃钢最大的缺点是刚度不如金属。

玻璃钢的成型方法,一般采用手糊成型、喷涂成型、卷绕成型和模压成型。手糊成型是先在模壳表面喷涂一层有色的胶状表层,使产品在脱模后有美观、光泽的表面。然后,在胶状层上用手工涂敷浸有树脂混合液的玻璃布或玻璃毡层,待固化后即可脱模。喷涂法是使用一种特制喷枪,将树脂混合液与长 2~3 cm 的短玻璃纤维,同时直接均匀地喷附在模壳表面。虽然采用短纤维使玻璃钢的强度有所降低,但其生产效率高,可节约劳动力。玻璃钢管材或罐体多采用卷绕成型法,即将浸有树脂混合液的玻璃纤维编织带或长玻璃纤维束,按产品受力方向卷绕在旋转的胎模上,固化后脱模而成。有些罐体内部衬有铝质内胎,以增强罐体的密封性。模压成型法是将薄片状浸有树脂的玻璃纤维棉毡或布,均匀叠置于模型中,经热压而成各种成品,如浴盆、洗脸池等。模压成型法产品的内外两面均有美观耐磨的表层,并且生产效率高,产品质量好。目前,正在迅速发展的建筑用玻璃钢制品有冷却水塔、贮水塔、整体式组装卫生间、半组装式卫生间等。

【工程实例分析 10-3】 硬质聚氯乙烯(UPVC)下水管破裂。

现象:南方某企业生产硬质聚氯乙烯(UPVC)下水管,在当地许多建筑工程中被使用,由于其质量优良而受到广泛好评,当该产品销到北方使用时,施工队反映在冬季进行下水道安装时,经常发生水管破裂的现象。

原因分析:经技术专家分析,认为主要是水管的配方所致。因为该水管主要在南方使用,当地温度高,该 UPVC 下水管的抗冲击强度可以满足使用要求。但到北方,冬天地下温度相当低,这时的 UPVC 材料变硬、变脆,抗冲击强度已达不到要求。北方市场的 UPVC 下水管需要重新配方,厂家在 UPVC 配方中多加了抗冲击改性剂,结果解决了水管易破裂的问题。

任务四 合成纤维

合成纤维是指用合成高分子化合物做原料而制得的化学纤维的统称。聚酰胺纤维、聚酯纤维、聚丙烯腈纤维、聚乙烯醇缩甲醛纤维是我国合成纤维的四大品种。

一、合成纤维的分类

(1)合成纤维按主链结构可分为碳链合成纤维[如聚丙烯纤维(丙纶)、聚丙烯腈纤维(腈纶)、聚乙烯醇缩甲醛纤维(维尼纶)]、杂链合成纤维[如聚酰胺纤维(锦纶)、聚对苯二甲酸乙二酯(涤纶)]等。

(2)合成纤维按性能功用可分为耐高温纤维(如聚苯咪唑纤维)、耐高温腐蚀纤维(如聚四氟乙烯)、高强度纤维(如聚对苯二甲酰对苯二胺)、耐辐射纤维(如聚酰亚胺纤维),还有阻燃纤维、高分子光导纤维等。

二、合成纤维的应用

(一)土工织物

土工织物由高分子聚合物通过纺丝制成纤维而合成,是各种聚合材料的总称,也称为土工合成材料或土工聚合物。土工织物有多种形式,如以聚合物材料丝编织而成的土工网,以聚合物体冲孔并拉伸制成的土工格栅,以及工程上要求不透水的土工膜等。

土工织物在工程中的应用始于 20 世纪 50 年代末,随着土工合成材料研究的不断深入,其物理、力学性能不断得到改善,应用于工程中可以产生多种作用(效果),因此已在我国的水利、铁路、公路、港口、建筑、矿冶和电力等领域中逐步推广应用。

1. 土工织物的分类

(1)按原料的种类分,土工织物可分为天然纤维土工布和合成纤维土工布。天然纤维土工布主要有棉纤维土工布和麻纤维(黄麻)土工布。

(2)按形状分,土工织物可分为平面状土工布、管状土工布、带状土工布、格栅状土工布(或网状土工布、蜂窝状土工布)、绳索状土工布和其他异型土工布。

(3)按加工方法分,土工织物可分为机织土工布、编织土工布和非织造土工布。

(4)按用途分,土工织物可分为滤水型土工布、不透水型土工布及保温型土工布。

2. 土工织物的作用

1)加固作用

土工织物的加固功能是利用土工布的拉伸性能来改善土壤层机械性能的。由于土工织物具有较高的抗拉强度,在土体中可增强地基的承载能力,同时可以改善土体的整体受力情况。主要用在软弱地基处理、斜坡、挡土墙等边坡稳定方面。

2)隔离作用

将土工织物放在两种不同的材料之间或同一材料不同粒径之间,防止相邻的异质土壤或填充料的相互混合,使各层结构分离,形成稳定的界面,按照要求发挥各自的特性及整体作用。

隔离用的土工织物必须有较高的强度来承受外部荷载作用时产生的应力,保证结构的整体性。主要用在铁路、机场、公路路基、土石坝工程、软弱基础处理及河道整治工程。

3)排水作用

排水是将雨水、地下水或其他流体在土工织物或土工织物相关产品平面的收集和传输。土工织物是良好的透水材料,无论是织物的法向面还是水平面,均具有较好的排水能力,能将土体内的水积聚到织物内部形成一排水通道排出土体。

土工织物主要用在土坝、路基、挡土墙、运动场地下排水及软土基础排水固结等方面。

4)过滤作用

过滤是使流体通过的同时,保持住受液力作用的土壤或其他颗粒。作为滤层材料必须具备两个条件:一是必须有良好的透水性能,当水流通过滤层后,水的流量不减小;二是必须有较多的孔隙,其孔径又比较小,以阻止土体内土颗粒的大量流失,防止产生土体破坏现象。土工织物完全具备上述两个条件,不仅有良好的透水、透气性能,而且有较小的孔径,孔径又可根据土的颗粒情况在制作时加以调整,因此当水流垂直土工织物平面方向流过时,可使大部分土颗粒不被水流带走,起到了过滤作用。

过滤作用是土工织物的主要功能,主要用在水利、铁路、公路、挡土墙等各项工程中,特别是在水利工程中做堤坝基础或边坡反滤层已极为普遍。在砂石料紧缺的地区,用土工织物做反滤层,更显出它的优越性。

5)防护作用

土工织物可以将比较集中的应力扩散开予以减小,也可由一种物体传递到另一种物体,使应力分解,防止土体受外力作用破坏,起到对材料的防护作用。防护分两种情况:一是表面防护,即将土工织物放置于土体表面,保护土体不受外力影响破坏;二是内部接触面保护,即将土工织物置于两种材料之间,当一种材料受集中应力作用时,而不使另一种材料破坏。主要用于护岸、护坡、河道整治、海岸防护等工程方面。

6)防渗作用

主要作用是防止水和有毒液体的渗漏,这类用途的土工织物一般都采用涂层土工布或高分子聚合物制成的土工膜。涂层土工布一般在布上涂一层树脂或橡胶等防水材料,土工膜以薄型非织造布与薄膜复合较多,非织造布与薄膜厚度按要求而定。涂层土工布、土工膜主要应用在水利工程堤坝、水库中起防渗作用,也可用在渠道、蓄水池、污水池、游泳池等作为防渗、防漏、防潮材料。

在土工布的各种应用中,往往都是几种功能同时发挥作用,但在不同的场合下,往往是其中的一种功能起主导作用,其他功能起次要作用或不起作用。

3. 土工织物的主要技术性质

土工织物在各项工程中应用时,虽然由于应用目的、工程地质条件、工程结构设计等各种因素不同,对土工织物类型的选择及技术指标要求有所不同,但总的来说对土工布的性能要求不外乎以下几个方面。

1)物理性能

土工布应具有各向同性和均质性,各个方向的强度、刚度、弹性、弹性伸长率、渗透性能等要基本相同,其厚度和单位面积质量等要均匀。

(1)厚度。指在承受一定压力的条件下,织物两个平面之间的距离,单位以mm表示。

(2)单位面积质量。指单位面积土工织物具有的质量,即每平方米土工织物具有的质量,单位以 g/m^2 表示。

(3)等效孔径。相当于织物的表观最大孔径,也是能通过的土颗粒的最大粒径,单位以mm表示。

(4)孔隙率。指其所含孔隙体积与总体积之比。

2)力学性能

(1)抗拉强度。指土工织物试样在无侧限条件下,受拉力作用至拉伸撕裂时,所获得的单位宽度的土工织物承受的最大拉力,单位以kN/m或N/m表示。拉伸强度和伸长率是土工织物力学性能的最重要指标。

(2)梯形撕裂强度。指采用梯形撕裂法对已剪有裂口的试样施加拉力,使其裂口扩展至试样破损所需的最大拉力即梯形撕裂强度,单位以N表示。

(3)顶破强度。指土工织物在垂直于平面方向上的顶压荷载作用下,使之产生变形直至破坏时,所需的最大顶破压力,单位以N表示。

(4)刺破强度。指试样受垂直于平面方向上的小面积、高速率的集中荷载作用,直至将土工织物刺破,此时所需要的最大力,单位以N表示。

(5)动态穿孔。指金属锥体从垂直织物平面上部一定高度处自由落下时,锥尖穿透土工织物的孔眼大小,单位以mm表示。

(6)接头(接缝)强度。指由缝合或结合两块或多块的平面结构材料所形成的联结处的最大拉伸强力，单位以 kN/m 表示。

(7)抗磨损性。指土工织物受其他表面摩擦而产生的损耗。用摩擦前后试样的损失表示。

(8)拉伸蠕变。指在规定的条件下，对土工布分档施加小于断裂强力的拉伸负荷，且长时间作用，直到达到规定的时间或试样断裂，以此测定土工布应力与应变的关系。由于该试验耗时长，且步骤复杂，因此《土工布及其有关产品拉伸蠕变和拉伸蠕变断裂性能的测定》(GB/T 17637—1998)建议不作为日常质量控制试验，故在这里不做详细介绍，如需测试可参照国家标准。

3)水力学性能

(1)垂直渗透系数和透水率。垂直渗透系数是水流垂直于土工织物平面水力梯度等于1时的渗透流速，单位为 cm/s。透水率是水流垂直于土工织物平面水位差等于1时的渗透流速。土工织物的透水性能除取决于织物本身的材料、结构、孔隙的大小和分布外，还与织物平面所受的法向应力、水质、水温和水中含气量等因素有关。

(2)水平渗透系数和导水率。水平渗透系数是水流沿土工织物平面水力梯度等于1时的渗透流速，单位为 cm/s。导水率是水力梯度等于1时，水流沿土工织物平面单位宽度内输导的水量，单位为 cm^2/s。土工织物的水平渗透系数和导水率除与织物的原材料、织物的结构有关外，还与织物平面的法向压力、水流状态、水流方向及织物经纬向夹角、水的含气量和水的温度等因素有关。

4)其他与使用环境有关的性能

(1)老化特性。土工织物在使用中，要受到阳光辐射、温度变化、生物侵蚀、化学腐蚀、水分作用等各种外界因素的影响，使其强度和性能逐渐减弱，直至失去功能和作用，这一过程即土工织物的老化。测定土工合成材料老化性能的试验有自然老化试验与人工老化试验两类。

(2)抗化学腐蚀性。

(3)耐热性。土工布在施工时，往往会与热沥青接触，因此土工布的耐热性也是需要检验的一个重要参数。耐热性试验可通过将试样在一定温度的干热空气中放置3 h，测试它的强力保持率。对于在低温中使用的试样，要进行低温试验，了解材料在低温时的脆性。

(4)摩擦特性(直接剪切试验)。使用直剪仪对砂土与土工布接触面进行直接剪切试验，测定砂土与土工布接触面的摩擦特性。

(二)纤维增强水泥板

纤维增强水泥板是以天然纤维和水泥为原料，经制浆、成型、切割、加压、蒸养而成的一种新型建筑板材。具有轻质、高强、防水、防腐、防火、幅面大、加工性好、施工效率高等优点，广泛用于工业与民用建筑，如被广泛应用于各类建筑物的内外墙体、吊顶、幕墙衬板、吸声屏障、复合墙体面板及家具、玩具、机垫、铝厂、电炉、电工、绝缘、隔热等工业用板领域。

【工程实例分析 10-4】 用土工织物加固挡土墙软土地基的方法。

现象：拟建挡土墙采用重力式毛石挡土墙，墙高为6 m，要求地基土的承载力为250 kPa，而基底的地质情况自上而下为：①黏土，厚0.7~2 m，饱和，软塑；②淤泥质土，厚22~24 m，饱和，流塑为主，局部软塑；③细砂层，厚5~10 m，含淤泥质土及有机质，饱和，稍湿;④卵石层,厚度分布不均,0~2.2 m,稍密;⑤风化中砂岩。其中,黏土及淤泥质土承载力为70 kPa,显然地基要做加固处理。

原因分析:加固可采用换填法,用砂砾石进行换土处理。但由于垫层的松散性,根据以往经验,用砂石垫层处理地基时常存在沉降大、均匀性差的特点,往往造成上部结构裂缝、不均匀沉降的现象。本工程为6 m高的毛石挡土墙,高度大,墙上又有3 m高的围墙,如果出现挡土墙不均匀沉降、裂缝,将会造成较为严重的后果,故用换填法不合适。经过经济技术分析,决定采用对砂砾石垫层进行加筋强化处理。加筋强化处理的方法为:首先开挖至基底设计标高,并铺一层200 mm厚的碎石垫层,然后在其上铺一层土工织物,再在其上铺200 mm厚砂砾石,用黄砂找平后用压路机压实;第二层用装砂石的土工织物袋敷设,其空隙用矿渣填平,土工袋上铺100 mm厚的碎石,压路机压实。其上再重复铺设土工织物→碎石→压实,直到垫层的设计厚度。本工程垫层厚为1 m,共四层土工织物,两层袋装砂石。

小　结

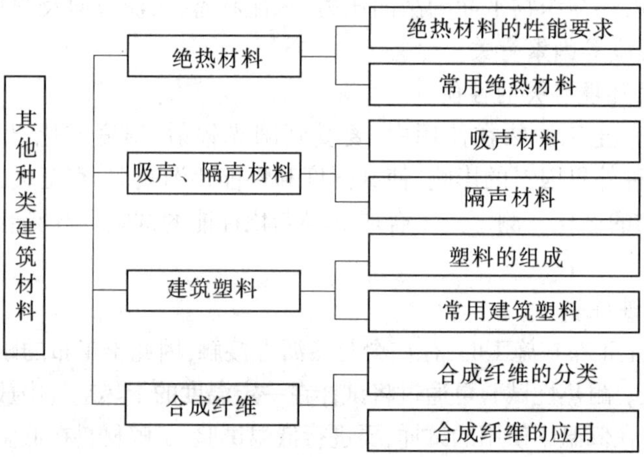

参考文献

[1] 武桂芝,石玉东.建筑材料[M].2版.郑州:黄河水利出版社,2016.
[2] 崔长江,尹红莲,张梦宇.建筑材料[M].4版.郑州:黄河水利出版社,2016.
[3] 宋岩丽,周仲景.建筑材料与检测[M].3版.北京:人民交通出版社,2015.
[4] 高琼英.建筑材料[M].武汉:武汉理工大学出版社.2009.
[5] 施惠生.土木工程材料性能、应用与生态环境[M].北京:中国电力出版社,2008.
[6] 傅凌云.建筑材料[M].北京:中国水利水电出版社,2005.
[7] 建设部信息中心.绿色节能建筑材料选用手册[M].北京:中国建筑工业出版社,2008.
[8] 邓钫印.建筑材料实用手册[M].北京:中国建筑工业出版社,2007.
[9] 陈宝璠.土木工程材料[M].2版.北京:中国建材工业出版社,2012.
[10] 王立久.建筑材料学[M].3版.北京:中国水利水电出版社,2013.
[11] 中国建筑学会建筑材料分会.建筑材料新进展及工程应用[M].北京:中国建材工业出版社,2008.
[12] 中国水利工程协会,丁凯,曹征齐.混凝土工程类[M].郑州:黄河水利出版社,2008.
[13] 史纪安,张意敏.粉煤灰在黄河东安桩坝混凝土中的掺和技术及应用[J].中国水利,2002(5):38-39.
[14] 陈磊,周悦.粉煤灰混凝土超强原因分析[J].粉煤灰综合利用,2002(3):38-39.
[15] 苏达根.土木工程材料[M].4版.北京:高等教育出版社,2019.
[16] 霍洪媛,等.建筑材料[M].北京:中央广播电视大学出版社,2002.
[17] 李林.建筑新材料[M].郑州:黄河水利出版社,2003.
[18] 钱觉时.建筑材料学[M].武汉:武汉理工大学出版社,2007.
[19] 湖南大学,天津大学,同济大学,等.土木工程材料[M].北京:中国建筑工业出版社,2002.
[20] 李亚杰,方坤河.建筑材料[M].6版.北京:中国水利水电出版社,2009.
[21] 傅凌云,郑睿,李新猷.建筑材料[M].北京:中国水利水电出版社,2005.
[22] 郭秋兰.建筑材料[M].哈尔滨:哈尔滨工业大学出版社,2013.
[23] 胡敏辉,黄宏亮,武桂芝.水工建筑材料[M].武汉:华中科技大学出版社,2013.
[24] 魏鸿汉.建筑材料[M].5版.北京:中国建筑工业出版社,2018.
[25] 陈桂萍.建筑材料与检测[M].大连:大连理工大学出版社,2014.

参考文献

[illegible]